[增订版]

Revised and Expanded
Edition

设计心理学 —— 1

日常的设计

The Design of Everyday Things

[美] 唐纳德·A·诺曼 著　小柯 译

Donald Arthur Norman

U0258462

中信出版集团·CHINA**CITIC**PRESS·北京

图书在版编目（CIP）数据

设计心理学 1：日常的设计／（美）诺曼著；小柯译 . —北京：中信出版社，2015.5（2024.4重印）

书名原文：THE DESIGN OF EVERYDAY THINGS, Revised and Expanded Edition

ISBN 978 – 7 – 5086 – 4833 – 0

Ⅰ . ①设… Ⅱ . ①诺… ②小… Ⅲ . ①工业设计—应用心理学 Ⅳ . ①TB47 – 05

中国版本图书馆 CIP 数据核字（2014）第 277937 号

The Design of Everyday Things

Copyright ⓒ 2002 by Donald A. Norman

Chinese（Simplified Characters only）Trade Paperback copyright ⓒ 2015 by CITIC Press Corporation

Published by arrangement with Basic Books, a Subsidiary of Perseus Books LLC

through Arts & Licensing International, Inc. , USA

ALL RIGHTS RESERVED

本书仅限中国大陆地区发行销售

设计心理学 1——日常的设计

著　　者：［美］唐纳德·A·诺曼

译　　者：小　柯

策划推广：中信出版社（China CITIC Press）

出版发行：中信出版集团股份有限公司

　　　　　（北京市朝阳区东三环北路27号嘉铭中心　邮编　100020）

　　　　　（CITIC Publishing Group）

承 印 者：北京通州皇家印刷厂

开　　本：787mm×1092mm　1/16　　　　　印　　张：22.5　　　　字　　数：265 千字

版　　次：2015 年10月第 1 版　　　　　　印　　次：2024 年 4 月第 51 次印刷

书　　号：ISBN 978 – 7 – 5086 – 4833 – 0/G·1173　　　定　　价：42.00 元

京权图字：01 – 2013 – 4097

目 录

本书第一版，即《设计心理学》（*The Psychology of Everyday Things*，POET），开篇我如此写道："这是一本我一直很想写的书，除了那些我不懂的……"现在我懂了，所以简单地说"这是一本我一直很想写的书"。

本书是优良设计的入门工具包。对普通读者、技术人员、设计师或非设计者，阅读这本书会既长见识又饶有趣味。写作本书的目的之一便是将读者转变为优秀的观察者，分辨出那些给现代生活尤其是现代科技带来很多问题的不合理的、糟糕的设计，还能引导读者观察那些优秀的设计，以及那些使我们的生活更加轻松和顺畅的有思想的设计师是如何工作的。通常，优秀的设计比糟糕的设计更难被注意到，部分原因是优秀的设计很好地契合了我们的需求，融入我们的生活，难以被察觉。相反，那些糟糕的设计因为自身的不完善，而更加引人注目。

依此，我列出了一些能够减少问题，并给日常生活带来快乐和舒适的产品设计基本原则。将良好的观察技能和优秀的设计原理结合起来，这是非常强大的工具，每个人都能使用，即使你不是专业设计人员。为什么？因为我们每个人都是设计师，基于我们都在深思熟虑地设计自己的生活，自己的屋子，自己做事情的方式。我们还能够设计克服现有工具缺陷的变通方案。所以这本书的目的之一，就是将掌控生活中物品的权利归还于你：知道如何选择有用的、合理的产品，以及如何修复那些不好用、不合理的产品。

这本书的初版已经成功发行了很长时间，书名很快就变为"日常的设计"（*Design of Everyday Things*，DOET），这个书名描述性更多，但少了些可爱。大众读者和设计师都在读这本书。它被指定为教科书，很多公司把这本书作为必读书发给员工。现在，初版后 20 多年，它依然很受欢迎。我非常高兴得到读者的反馈，还有很多人发来更多他们观察到的不体贴的、愚蠢的设计案例，偶尔有一些精彩的设计案例。很多读者告诉我这本书如何改变了他们的生活，使他们对于日常生活中的问题和人们的需求更加敏感。还有些人因为这本书改变了职业规划，成为设计师。诸如此类的反馈非常有趣。

为什么增订内容呢？

从这本书第一版发行，到现在已经过去了 25 年，其间科技发展日新月异。我写这本书的时候，无论手机还是互联网都还没有如此普及。当时，家庭网络还闻所未闻。按照摩尔定律，电脑处理器的速度每两年就翻一倍，这意味着现在的电脑速度是此书最初撰写时的 5000 倍。

尽管《设计心理学》的基本设计原则依旧像第一版那样适用和重要，但案例已经陈旧过时。"什么是胶片投影仪？"学生问。即使什么内容都不改变，案例也不得不更新。

有效设计的理论也需要更新。本书第一版时，以人为本的设计悄然兴起，部分是因为此书的影响。此增订版里有一章阐述产品研发过程中的人性化设计。此书第一版关注如何设计出合理而易用的产品。但是对一个产品的全部体验远远超出产品的易用性，譬如审美、愉悦和乐趣发挥着至关重要的作用。第一版没有讨论愉悦、乐趣或者情感。情感是如此重要，我为此专门写了一本书《情感设计》（*Emotional Design*）来讨论情感在设计中的作用。现在这个主题已经纳入到增订版里了。

　　工业设计的经验让我知道真实世界的复杂性：成本和时间都非常关键，要注意竞争对手，以及在设计中多部门团队合作的重要性。我知道了成功的产品必须能够吸引客户，令人诧异的是，客户决定购买的关键因素与产品使用中起关键作用的要素仅有稍许重合。最好的产品并非总能成功，出色的技术或许数十年后才能被人们接受。了解产品，仅仅了解设计或技术是不够的，了解商业运作才是关键。

增订了什么内容？

　　对于已经熟悉旧版《设计心理学》的读者，我们简单浏览一下增订版里增添的内容。

　　增订了什么内容？不多，所有内容。

　　刚开始的时候，我认为旧版的基本理论还适用，我所要做的只是更新一下案例，但最终我重写了所有内容，为什么？在初版 25 年之后，尽管所有的理论仍然适用，但我们已经学到了很多东西，而且我知道哪些东西理解起来比较困难，因此需要更多的解释。在这漫长的 25 年期间，我写了很多论文以及六本相关题材的书，其中有一些观点很重要，我认为应当被吸纳进增订版。例如，旧版本根本没有提到"用户体验"（User Experience，20 世纪 90 年代早期我第一次使用这个术语，当时我在苹果公司领导一个叫作"用户体验设计办公室"的部门）。这个内容现在应该包含在增订版里。

　　后来，在产业界的历练让我明白了在现实中产品是如何面世的，所以我增加了一部分关于预算、计划和竞争压力的内容。当写作初版的时候，我只是个学院的学者。如今，我已经是苹果公司、惠普公司和其他一些创业公司的高管，还是许多企业的顾问和一些公司的董事会成员。我必须将自己这些经历中的心得归纳于此。

最后，旧版的一个重要特色是简洁。这本书是一般性的基础介绍，适合快速阅读。我想保持简洁的特点。我尽量一边增加内容一边删除内容，这样可以保持书的篇幅不变（但我失败了）。由于此书的目的是简要介绍，为了保持内容的紧凑，一些深入讨论的主题和大量重要且更深入的主题都略去了。旧版从 1988 年持续出版到 2013 年，如果增订版也会持续这么长时间，即从 2013 年到 2038 年，我必须非常小心地选择书里的案例，以免从现在起再过 25 年就过时了。鉴于此，我尽量不选取特定公司的案例。毕竟，谁还记得哪个 25 年前的公司？在下一个 25 年，谁能预见会出现哪些新公司？哪些现有公司会消失？哪些新技术会涌现出来？我唯一能够肯定预测的是，人类心理学的基本理论不变，这也意味着基于心理学，基于人类认知的本质、情感、行为，以及与外部世界互动的设计理论不会改变。

以下是对每个章节增补的简短总结。

第一章：日用品心理学

这一章增加了非常重要的内容"意符"，我首次在《设计心理学 2：如何管理复杂》中提出这个概念。本书第一版重点关注了"示能"，尽管在设计物质世界的产品中，"示能"很有意义，但在虚拟世界的设计中，这个词经常带来疑惑。因而，示能给设计界带来很多麻烦。示能定义了可能发生的行为，而意符提示人们发现这些的可能性。意符是一种信号，提示用户如何操作。对于设计者来说，意符远比示能重要得多。因此，本章对意符进行了细致的讨论。

我还增加了非常简要的一节来介绍以人为本的设计，当本书第一版发行时，还没有这个词。不过回顾一下，我们会发现整本书都体现了关于以人为本的设计理念。

除了以上内容，没有其他变动，尽管更新了所有照片和图片，但案例基本维持原状。

第二章：日常行为心理学

在初版的基础上，本章主要增加了情感设计的内容。事实证明，行动的七个阶段模型很有影响，在我的著作《设计心理学3：情感设计》一书里已经介绍过设计的三个层次。在这一章我会讲它们之间的互动，不同的阶段产生不同的情感，以及在设计的三个层次中哪一个阶段占据主要位置（本能，是促生动作的表现及感知的最基本因素；行为，确认动作以及对结果进行初步诠释；反思，设计目标和方案，并且对最终行为进行评估的最后一步）。

第三章：头脑中的知识与外界知识

除了丰富和更新案例外，本章主要增加了一节关于文化的内容，包括我对"自然映射"讨论中最重要的内容。在一种文化里看起来自然而然的东西，未必在另外一种文化里继续适用。这一节讨论不同的文化看待时间的方式可能会令你惊喜。

第四章：知晓：约束、可视性和反馈

本章有一些重大的修订，添加了更好的案例。详尽阐述了两种强制功能：自锁和反锁。还有一节讨论目标层控制电梯，让你了解，即使对于专业人员有一些改变也会令人极端困惑，尽管改变的初衷是为了产品更加完善。

第五章：人为差错？不，拙劣的设计

这一章基本内容虽不变，但已大量修订。我更新了差错的分类方式，以适应自第一版出版以来的发展。特别要指出，现在我把失误分为两大类——基于行动的失误，和记忆失效。将错误分为三类——基于规则的错误，基于知识的错误，和记忆失效。（这种区分现在比较常见，但我会用一个稍微不同的方式来介绍记忆失效。）

虽然初版中提供的多种分类方法仍然有效，但许多类型的差错对设计影响很小，或没有影响，我已经将它们从修订版中去除了。我提供了更多与设计相关的例子。我还揭示了差错，包括失误和错误，与行动的七个阶段模型之间的关系，在修订版里有一些新的内容。

本章结尾的部分，简要地讨论了自动化带来的争议（源于我的另外一本书《设计心理学4：未来设计》），以及我认为在设计中消除或减少人为差错最好的新方法：修补回复工程。

第六章：设计思维

本章是全新的内容。我从两个角度讨论了"以人为本"的设计：英国设计委员会的双钻模型，和传统的"以人为本"的迭代流程，即观察、激发创意、打样和测试。在双钻模型中，第一个菱形先发散，再聚焦，以便确定适当的问题。第二个菱形仍然是发散—聚焦的方式，以确定一个合适的解决方案。我还介绍了以活动为中心的设计，在许多情况下它是"以人为本"的设计最接近的变体。这部分包含一些理论探讨。

随后，本章在态度上有一个根本性的转变，以"我刚告诉你什么？那根本行不通"的标题开头，我介绍了诺曼法则：产品开发团队的宣布成立

之日，就已经落后于进度和超过预算。

我讨论了在公司进行设计所面临的挑战，计划、预算和来自不同部门相互冲突的要求，所有这些对设计的结果产生了重要的制约因素。行业里的读者已经告诉我，他们喜欢这部分内容，因为它捕捉到他们身上真实的压力。

本章的结尾讨论了标准化的作用（根据初版里类似的讨论修改而来），再加上一些更通用的设计准则。

第七章：全球商业化中的设计

这一章的内容也是全新的，延续了第六章里关于现实世界中的设计这个主题。我在这里讨论了"功能主义"，新技术的发明迫使我们进行变革，只不过是渐进式创新与颠覆式创新之间的区别。每个人都想要颠覆式创新，但事实是，大多数颠覆式创新会失败，即使真的能够成功，也需要几十年才能够被人们所接受。因此，颠覆式创新相对来说比较少见，渐进式创新随处可见。

以人为本的设计思想适合于渐进式创新：它不能引发颠覆式创新。

本章最后讨论即将到来的发展趋势，书籍的未来，设计的道义责任和"草根的崛起"，DIY（自己设计，自己制作）正在掀起一场革命，产品构思和进入市场的方式将被改变：我称之为"草根的崛起"。

结语

随着时间的推移，人们的心理保持不变，但周围世界的工具和对象发生了变化。文化变了，科技也变了。设计的原则仍然保持不变，但应用它们的方式需要调整，以适应新活动、新技术、新的沟通与互动方式

的需要。《设计心理学》适用于 20 世纪，《设计心理学 1：日常的设计》
则是为 21 世纪所写的。

唐纳德·A·诺曼

加利福尼亚州硅谷

www.jnd.org

第一章

日用品心理学^①

如果身处于现代喷气式飞机的驾驶舱内，我不会惊讶和困惑于自己的无能为力。但为什么我还要为门和灯的开关、水龙头和煤气炉烦恼呢？"门？"我听到读者说，"你开门时遇到麻烦？"是的。我去推一扇本应被拉开的门，去拉一扇本应被推开的门，而且，走进一个既不用推也不用拉的门时，才发现它是滑动的。而且，我观察到其他人也碰到同样的问题——不必要的麻烦。我对门的质疑已经众所周知，以至于这些令人困惑的门被称为"诺曼门"。想想看，因为门而出名可不是什么好事，我敢肯定这不在父母的培养计划之内。（试着在你常用的搜索引擎里输入"诺曼门"，当然要加上一个引号：这样你就能找到非常有趣的结果。）

像开门这么简单的事情怎么如此令人困惑？门看起来是再简单不过的东西。除了开和关，你还能做什么？假设你在一幢写字楼里，步入走廊，碰到一扇门。怎么开？推，还是拉？向左，还是向右？也许这门是滑动的。如果是滑动门，应该朝哪个方向滑动？我可见过向左滑，向右滑，还有向上滑入天花的门。门的设计，应当在没有任何标识的情况下还能显示出如何开关，当然不需要人们反复尝试。

一位朋友向我讲述了他被困在欧洲某城市一家邮局的门道里出不来的情景。邮局的入口很气派，六扇双开式弹簧玻璃门排成一排，紧接着里面还有一排同样式的门。这是一种标准设计，目的是为了减少空气的流通，从而保持楼内的温度。这个门没有明显的硬件：显然门可以向任何方向旋转，一个人要做的就是推动门的一侧，然后进入大楼。

我的这位朋友推开了外边的一扇门，门向内旋转，他走进了大楼。接着，他来到第二排玻璃门之前，他因某事分心，转了个身，当时没有意识到自己往右移动了一点。因此，当他到第二排门前，用力一推，没反应。"一定是锁上了。"他心想，于是又去推旁边的那扇门，还是打不开。我的朋友一脸迷惑，决定沿原路返回，便转身去推外面的那扇门，没动静。他又去推旁边的那一扇，仍旧没有反应。他刚刚从这扇门走进来，现在却打

图 1.1 专为受虐狂设计的卡雷尔曼咖啡壶。

在法国艺术家雅克·卡雷尔曼（Jac-ques Carelman）编写的名为《无法找到的物品》（*Catalogue d'objets in-trouvables*）的系列书中，可以看到一些非常有趣的日用品。这些日用品设计得很怪，或者甚至具有病态的外观，根本无法使用。如图示，我最喜欢的一个就叫"专给受虐狂的卡雷尔曼咖啡壶"，是加州大学圣迭戈分校的同事送给我的一个复制品。它是我的宝贝藏品之一。（摄影：艾米·沙曼）

不开了。他又转过身，试了试里面的那排门，还是打不开。他开始担心起来，甚至有些惊慌——自己被困在门道里了！正在这时，一群人从入口处的另外一边（我朋友的右边）很轻松地通过了这两道门。于是他赶紧跑过去，跟着他们进了邮局。

怎么会发生这样的事？双开式弹簧门有两个边，一边有固定旋转轴和铰链，另一边可以自由开关。开门时，你必须推或拉能够自由开关的那一边，如果推有铰链的那一边，门就不可能打开。在上述情况中，设计人员只注意了门的美观，而未注意门的适用性。结果是，用户在使用这些门时，看不到旋转轴，也看不到铰链。一个普通的用户怎么可能知道从哪一边推门？当我的朋友心不在焉时，走到了有固定旋转轴的那一边，他用力推有铰链的那一侧，难怪那扇门纹丝不动。不过这些门却相当漂亮雅致，可能还荣获过设计大奖呢。

好的设计有两个重要特征：可视性（discoverability）及易通性（understanding）。可视性指：所设计的产品能不能让用户明白怎样操作是合理的，在什么位置及如何操作。易通性指：所有设计的意图是什么，产品的预设用途是什么，所有不同的控制和装置起到什么作用。

上面故事里的门，就描述了当可视性原则失效时产生的后果。不管所设计的物品是一扇门，一套炉具，一部手机还是核电站，相关的部件必须是可以看到的，而且必须能传达出正确的信息：什么样的操作是合理的？在什么位置以及如何完成这些操作？对于一扇需要推开的门，设计师必须给出可以自然提示所推位置的信息，这些信息又不能破坏美观。在门用来推开的一边贴一个垂直方向的平板，或者让门把手清晰可见。竖牌或门把手是自然的信号，可以轻松地暗示用户做什么，不需要任何标牌。

对于复杂的设备，实现可视性及易通性需要操作手册或人性化的使用说明。如果设备确实很复杂，我们能接受这种方式，但对于简单的物品就无须操作手册或使用说明。许多产品仅仅因为具有过于繁杂的功能和控制，竟公然违背易通性原则。我认为那些简单的家电，像灶具、洗衣机、音响和电视机等，不应该看起来像好莱坞大片里的宇宙飞船控制室。那样的控制面板已经让我们惊惶失措。面对一排排令人眼花缭乱的按键及显示器，我们所能记住的仅仅是一两个满足使用需要的固定设置。

在英国时，我曾去朋友家做客。他家有一台意大利制造的样式新颖的洗衣—烘干两用机，具备你所能想到的全部清洗和烘干衣物的功能。这家的男主人（工程心理学家）说他拒绝使用这台洗衣机，他的妻子（医生）则说自己也只是记住了一种操作方法，其他的则尽量不予理会。我看了一下使用说明书，发现它与洗衣机一样混乱。整个设计的目的就不明确。

复杂的现代设备

所有的人工产品都是设计出来的，无论是屋里的家具陈设，花园或丛林里的小径，还是复杂的电器设备。某个人或一群人为它们设计了布局、操作方式和机械。并非所有设计的产品都有具有物理结构。比如服务、演讲、规则、流程以及商业和政府组织结构等等都没有有形的物理结构，但必须设计它们的运作规则，这些规则有时是非正式的，有时需要精确地记录和规定下来。

尽管从史前时期人类就开始设计东西，但是设计学科相对比较新，而且分成许多专业领域。因为每一个事物都是被设计出来的，所以存在数不清的设计领域，涵盖范围从时尚设计、家具设计到复杂的控制中心和桥梁设计等等。这本书主要涉及日用品的设计，关注科技与人的互动，确保设计出的产品确实符合人们所需，并且易学易用。最理想的情况是，产品应该宜人且合意，这就意味着设计不仅仅要满足工程、创造和人机工程的要求，还必须关注用户的整体体验，也就是要满足形式美和人机互动的质量。本书主要关注的设计领域是工业设计、交互设计和体验设计。没有哪个领域有明确的界定，但是关注的重点还是有所不同。工业设计师注重外形和材料，交互设计师注重易懂性和易用性，体验设计师则注重情感在设计中的影响。它们的基本定义如下：

工业设计：是一种专业的服务，为使用者和生产者双方的利益而创造和开发产品与系统的概念和规范，旨在优化功能、价值和外观。（来自美国工业设计协会网站。）

交互设计：重点关注人与技术的互动。目标是增强人们理解可以做什么，正在发生什么，以及已经发生了什么。交互设计借鉴了心理学、设计、艺术和情感等基本原则来保证用户得到积极的、愉悦的体验。

体验设计：设计产品、流程，服务，以及事件和环境的实践，重点关注整体体验的质量和愉悦感。

设计，关注物品是如何运转，如何操控，以及人和技术之间互动的机理。如果设计做得好，会产生出色的、令人愉悦的产品。当做得不好时，设计的产品会不好用，令人懊恼和沮丧。或许这样的产品可以勉强使用，但只会让我们按照产品所希望的方式来使用，而不是我们自己希望的方式使用它。

毕竟，是人构思、设计和制造了机器。相对人类而言，机器的作用非常有限。它们不像人类那样拥有同样丰富的历史，与另一个人有相同的体验，基于共有的默契使得我们能够与其他人交流。相反，机器通常遵循相当简单、刻板的行为规则。如果我们错误地定义了规则，哪怕是轻微的差错，不管多么无理或不合逻辑，机器会照样遵循用户输入的指令。人类充满想象，有创意，有常识，即那些经年累月的经验建立起有价值的知识。机器不可能利用这些优势，它们要求我们精细和准确，而这些恰恰是我们所不擅长的。机器不会变通，没有常识。再者，只有机器和它们的设计者清楚机器所遵循的许多规则。

　　当人们不能遵循这些古怪的、秘密的规则，机器就会出问题，它们的操作者会因为不了解设备，不遵守严格的规范而受到责备。如果是日常用品，其结果令人沮丧。如果是复杂的设备、商品和工业流程，产生的麻烦可能导致事故，造成伤害甚至死亡。该改变观念了：去抱怨机器和它们的设计者吧，是机器以及它们的设计出了问题。责任在于机器，和设计机器满足使用者要求的人。了解专横的、无法理解的设备操作指南不是用户的责任。

　　造成人机交互不畅的原因有很多。一些是由于当下的技术限制；一些则由于设计者自己强加的限定，通常是为了控制成本；但更多的问题来自设计者完全缺乏对有效的人机交互设计原则的理解。为什么？因为很多设计是由工程师完成的，他们是技术专家却缺乏对人的理解。工程师认为，"我们自己就是人，所以我们了解人"。事实上，人类不可思议，极其复杂，那些没有学习过人类行为学的人经常想当然地认为它很简单。再者，工程师错误地认为，只要他们的设计合乎逻辑就足够了，"如果人们读一读使用说明，什么事就都没有了"。

　　工程师受到逻辑思维的训练。结果他们认为其他所有人也应该都这么思考，所以他们就如此设计他们的机器。当用户碰到麻烦，工程师也很苦恼，但经常没有找到问题的根源。"看看这些人做了什么！"他们很诧异，"为什么他们要那么做？"大多数工程师碰到的设计问题恰恰是设计过于合乎逻辑。我们必须接受人类行为的本来方式，而不是我们希望它应有的方式。

　　我曾经是个工程师，专注于实现技术要求，根本忽略了人的要求。即使后来转入心理和认知科学领域，我还是停留在工程师的逻辑和机械思维里。经历了很长时间，我才意识到自己对人类行为的研究与我对科技方面的设计兴趣是相关的。当我看到人们纠结于技术，感到困惑时，显而易见，困难来自技术，而不是人。

我曾经受邀去帮助分析美国三英里岛核电站泄漏事故（三英里岛的名称来源于此岛在河流中，距宾州米德尔敦以南三英里处）。在这次事故中，一个简单的机械故障被漏检。这导致了随后几天出现麻烦和混乱，反应堆完全毁坏，差点儿造成严重的核泄漏。所有这些让全美的核电站都停止运转。人们指责操作人员造成了这些差错："人为差错"是直接的事故分析结果。但是我所在的调查委员会却发现核电站的主控间设计得很糟糕，以致差错不可避免：设计有缺陷，不是操作人员的错误。事故的教训很简单：我们为人们设计产品，因而需要同时了解技术和人。对很多工程师来说是困难的：机器是如此合乎逻辑，如此有理有序，如果没有人的参与，任何事情都会运转得很好。是的，过去我也是这么认为的。

在调查委员会的工作经历改变了我对设计的看法。现在，我意识到设计代表了技术和心理学迷人的互相影响，设计师必须通晓二者。工程师仍然倾心于逻辑思维。他们经常用大量的逻辑细节，向我解释为何他们的设计好、高效和出色。"为什么人们还碰到问题？"他们疑惑。"你太理性了，"我说，"你以你希望的方式为用户设计，而不是用户真正想要的方式。"

当有工程师反对时，我问他们是否犯过错，譬如说打开或关闭了错误的灯或是炉灶。"哦，是的，"他们回答，"但这些是差错。"这就是关键：即使是专家也会出差错。所以我们设计机器时必须要以用户会犯错的假设为前提。（第五章将会详细分析人为差错。）

以人为本的设计

人们为一些日常用品而沮丧。从越来越复杂的汽车仪表到家里越来越多的自动化用品，像家庭里为了娱乐和沟通而使用的互联网，复杂的音响设备，视频和游戏系统，还有不断增加的自动化厨具。每天的生活看起来像一场永不休止的战斗，对抗困惑、沮丧、此起彼伏的差错，还要不断循环地升级与维护我们所拥有的物品。

　　距这本书初版已经有数十年过去了，设计也越来越好。现在有很多关于设计的书籍和课程。尽管设计水准有了很大提高，科技更新的速度还是超过设计的发展。新技术、新应用和新的交互模式正不断地产生和发展着。新公司涌现出来。每一个新的开发就像重复早前的错误，每个新领域都需要一定的时间来应用优良设计理论。每个新科技的发明或是交互技术，充分实施优良设计原理前都要试验和研究，所以，是的，东西越来越好，但是随之而来的挑战也出现了。

　　以人为本的设计就是解决之道，这种理念将用户的需求、能力和行为方式先行分析，然后用设计来满足人们的需求、能力和行为方式。良好的设计起始于对心理和技术的理解。优秀的设计需要良好的沟通，尤其是从机器到人的沟通，指示出什么是可能的操作，会发生什么，会产生什么结果。当事情出了问题，沟通是非常重要的。如果一切正常，工作起来顺当融洽，这样的设计相对容易一些。但是一旦出了事情或存在误解，问题就来了。这就是优良设计的重要之处。设计师需要关注可能出错的地方，而不是仅仅停留于让一切按照计划进行。实际上，这就是最贴心的地方：当设备出了问题，并且提示了故障，用户就能知道出了问题，采取正确的措施，并解决问题。当这个过程自然而然地发生时，人与机器的协作会感觉很棒。

　　以人为本的设计是一种设计理念。意味着设计以充分了解和满足用户的需求为基础。这种理解主要通过观察。人们往往并不知道自己的真正需求，也不清楚他们将要面对的困难。定义所设计对象的规格就是设计最困难的一个部分，因而以人为本的设计原则就是尽可能地避免限定问题，然后不断地反复验证，寻找问题的真相。解决方法就是快速测试不同的概念，每次测试后都有所改进，从而找到问题所在，产品最终才能真正满足用户需求。在产业中，严苛的时间、预算和其他种种限制对实施以人为本的设计是一种挑战。本书第六章将探讨这些问题。

在之前提到的几种不同的设计形式中，尤其是像工业设计、交互设计、体验设计等，以人为本的设计处于什么位置？其实这些设计方法都能和谐共处。以人为本的设计是一种理念和一套流程，而其他几种设计领域有不同的侧重点（见表1.1）。无论是产品还是服务，无论你关注什么，以人为本的设计的思想和流程在设计过程中增加了对用户需求的深层考虑和研究。

表1.1　以人为本的设计与专业设计的角色区分

体验设计	
工业设计	这是一些侧重点各不相同的领域
交互设计	
以人为本的设计	为了确保设计符合潜在用户需求和能力的一种设计流程

交互设计的基本原则

优秀的设计师提供愉悦的体验。体验？对，就是这个词！工程师却不大喜欢，认为它太主观了。但当我问到他们自己心仪的汽车或测试设备，他们用会心的微笑谈论它们的紧凑、内饰、加速时的推背感、漂移和转向时的轻松掌控，以及操作面板上按钮和开关的美妙触感。这就是体验。

体验非常重要，因为它体现了用户有多么怀念他们同产品的互动。互动时，人们总体感觉是正面的，还是令人沮丧和困惑？当家用科技产品难以理解，我们会迷茫、失望甚至生气，所有这些都是强烈的负面情绪。如果产品的易通性很好，人们会感到掌控、满足甚至骄傲所有这些强烈的积极情绪。认知和情感紧密地联系在一起，这意味着设计师在设计时必须牢记二者。

当与一个产品互动时，我们需要弄清楚如何操作。这意味着搞明白它做什么，它是如何工作的，以及如何操作，即可视性。可视性得自适当地运用五种基本心理学概念：示能，意符，约束，映射和反馈，这些在接下来的几章中会有所涉及。但还有第六个原则，或许是所有里面最重要的：系统的概念模型。概念模型让用户真正理解产品。所以，现在我开始逐一介绍这些基本原则，从示能、意符、映射到反馈，然后再介绍概念模型。在第三章和第四章将会涵盖约束的内容。

示能（Affordance）

我们生活在一个充满物质的世界里，许多东西是自然的，其余则是人工制品。每天我们都会遇到成千上万的物品，对我们来说，它们中的许多东西都是新的。许多新的物品同那些我们已经知道的物品很相似，也有很多物品比较独特，然而我们使用得也不错。这是怎么做到的？为什么当我们遇到很多不寻常的自然物品，我们知道如何与它们互动？为什么我们碰到如此多的手工制造和机器制造的产品，会有似曾相识的感觉？答案取决于几个基本原则。其中一些最重要的原则来自对示能的研究。

"示能"这个词，是指一个物理对象与人之间的关系（无论是动物还是人类，甚至机器和机器人，它们之间发生的任何交互作用）。示能是物品的特性与决定物品预设用途的主体的能力之间的关系。一把椅子提供了（"目的"）支撑，因此可以用来坐。大多数椅子可以单人携带（它们能够被搬动），但一些椅子只能由一个强壮的人或一群人来搬动，如果青少年或体质有点弱的人就无法搬动一把椅子，那么对这些人来说，椅子没有可移动性，因为它不支持搬移。

示能的体现，由物品的品质同与之交互的主体的能力共同决定。这个相互联系的示能定义，让许多人理解起来相当困难。我们习惯上认为，属性与物品相关。但示能不是一个属性，是一种关系。示能的存在与否取决于物品和主体的属性。

玻璃是透明的。同时，其物理结构阻挡了大多数有形物质的通过。结果就是，玻璃既提供视觉通透性，还提供支撑，但玻璃不是空气或大多数有形物质的通道（但粒子可以穿过玻璃）。通道的堵塞可以被认为是一种反示能，对交互作用的抵制。为了更有效，示能和反示能都必须被揭示出来，即可被觉察到。对玻璃来说有些困难。我们喜欢玻璃的原因是其相对透明，但是窗户这个非常有用的特性，同时隐藏了它阻挡其他物质的反示能的一面。结果就是，鸟儿们经常试图穿越窗户，却常常碰壁。而且每年有很多人在走路或跑步通过关闭的玻璃门或大落地玻璃窗时受伤。如果示能和反示能不能够被觉察到，就需要标识出来，有一些手段可以做到：我把这个属性叫意符（在下一节讨论）。

示能的概念和内涵来源于吉普森（J. J. Gibson）[2]。他是一位帮助我们理解人类感知的著名心理学家。我和他交往多年，有时在正式的会议和研讨会上，但更多富有成效的讨论发生在深夜的一堆啤酒旁。我们几乎对所有的事情都有不同看法。我曾是一名工程师，后来成了一名认知心理学家，试图了解大脑是如何工作的。他起初是一个格式塔心理学家，然后发展出以他的名字命名的理论：吉普森心理学（Gibsonian psychology），一种知觉的生态论。他认为世界中充斥着线索，人们仅仅需要运用"直接知觉"，把它们捡拾起来就可以了。我反驳说，没有什么是直接的，大脑需要处理那些到达感觉器官的信息，组成一个连贯的解释。"胡说，"他大声说，"不需要解释：它可以被直接感知。"然后他就把手放到他的耳朵边，得意扬扬地挥舞着，关掉他的助听器：意味着我的反驳会落在聋子的耳朵里。

当我思索自己的问题——当面临一个新的状况时，人们怎么知道如何采取行动？我知道大部分答案将在吉普森的著作里。他指出，我们通过综合所有感官协同工作的结果得到关于世界的信息。"信息拾取"是他最喜欢的词语之一。吉普森认为，被我们所有的感觉器官接受并综合处理的信息——如景象、声音、气味、触摸、平衡、运动、加速度和身体的位置等——决定了我们的感知，没有内部处理或认知的必要。我和他对于人类大脑在内部处理中扮演的角色有不同意见，他的成就是关注出现在现实世界里的丰富信息。此外，关于有形物品如何传达出人们与它们互动的重要信息，这个特性被吉普森命名为"示能"。

示能是存在的，即使它们是不可见的。对于设计师来说示能的可见性至关重要：可见的示能对操控提供了有力线索。装在门把手位置的一小块平板暗示门可以被推开。球形门把手则意为旋转、推开或者拉开。狭长的槽是用来插东西的。球是用来被抛掷或弹跳的。不需要标签或说明书的帮助，预设用途（perceived affordances）帮助人们了解可以采取什么行动来操作。我把示能的符号提示功能叫作意符。

意符（Signifiers）

示能对设计师重要吗？在本书的第一版，我将术语"示能"介绍给设计界。设计圈喜欢这个概念，示能很快传播到设计教学和写作中。我很快就发现这个词无处不在。唉，这个词逐渐以与原来无关的方式使用着。

许多人觉得示能难以理解，因为它指的是一种相互关系，而不是物品或材料的属性。设计师习惯于处理固有的属性，因而有一个倾向说属性是一种示能。这还不是示能这个概念唯一的问题。

设计师要处理现实问题。他们要知道如何设计物品并让人理解。他们很快就发现为电子显示屏做图形设计时，需要一种方法来标示哪些部分可以感触，上滑、下滑，或侧滑，或点击。这个动作可以用鼠标、手写笔或手指来完成。在人们不碰任何物理装置的情况下，有些系统可以对身体的动作、手势和说话做出反应。设计师怎样描述它们正在做什么？没有合适的词来描述，所以他们使用了最接近的现成的词"示能"。不久，设计师们就会说"我放了一个示能在那里"，以此来描述它们为什么在屏幕上显示一个圆圈，表明那里可以触摸，无论是用鼠标或手指。"不，"我说，"这不是示能，这是一种表示触摸的沟通方式。你是在表明哪里可以触摸，在整个屏幕上都存在触摸的示能，你在试着表示应触摸的地方。那同说明可能进行什么操作不是一回事。"

不仅我的解释不能让设计圈满意，我自己也不开心。最终我放弃了：设计师需要一个词来描述他们正在做了什么，因而他们选择示能。他们能有什么选择呢？我决定提供一个更好的答案：意符。示能决定可能进行哪些操作。意符则点明操作的位置。这两者我们都需要。

人们需要某种方式了解他们将要使用的产品或服务，某些标识表明的用途，会发生什么，有什么样的替代方案。人们寻找蛛丝马迹，寻找任何可以帮助他们应对和理解的符号。任何可能标识出有意义的信息的符号非常重要。设计师需要提供这些线索。人们所需要的和设计师必须提供的，就是意符。除此之外，优良的设计要求对产品的目的、结构和设备的操作与使用者进行良好的交代。那就是意符的作用。

在古怪的偏重于标识和符号的符号学研究领域，"意符"这个词有漫长而辉煌的历史。但正如我以不同于初始者的意图，在设计界使用示能一词一样，我对意符的使用也与它在符号学领域的初始预期有所不同。对我来说，"意符"这个词指的是能告诉人们正确操作方式的任何可感知的标记或声音。

意符可以是蓄意的，故意为之，如门上设计"推"（PUSH）的标志，

图 1.2 有问题的门：需要意符。

在没有提示的情况下，门上的硬件可以暗示正确的操作，是推，还是拉。上面 A 图中的两个门是一样的，但一个应当推开，另一个则应当拉开。扁平的横向把手明显地暗示着推的动作，但就像图中所标识的，左侧的门要向外拉，右侧的门要朝里推。下面 B 和 C 两幅图中，没有可见的意符或示能，怎么知道要推哪一边？试一下，也许会错。如果给门这样简单的物品也要加上外在的意符，即标识，那就是糟糕的设计。(摄影：作者)

但也可能是偶然和意外的，例如我们根据前人走过田地的脚印，或冰雪覆盖的地面上留下的可见足迹来决定最佳路线。抑或我们根据在火车站候车的人的出现或离去，来确定我们是否错过火车。（在我的另一本书《设计心理学2：如何管理复杂？》中详细地解释了这些想法。）

意符是接收者的一个重要的沟通手段，不论这种沟通是否有意为之。无论有用的标识是有意放置还是偶然出现，没有必要区分它们。谁会在意一面旗帜是作为风向标有意放置的（如机场或帆船桅杆上的旗帜），还是某个国家的一种宣示或骄傲的象征（如公共建筑物上的旗帜）。当我把摆动的旗帜当作风向标时，不会在意它为什么出现在那儿。

想想看一个书签，当阅读一本书时它是有意放置在某个位置的标识。但是书的物理特性也赋予书签一个附属的意符，即它的位置表明还有多少内容仍然待读。大多数的读者已经学会了使用这个附属的意符帮助他们沉浸在阅读的乐趣中。还有几页了，我们知道快读完了。如果是折磨人的内容，例如学校安排的功课，人们总是通过知道"还有几页就完成了"来安慰自己。电子图书没有纸质书籍的物理结构，所以除非软件设计师特意提供线索，否则读者无法了解任何剩余文本的信息。

不论其性质，有意或无意设置，意符能为自然的世界和社会活动提供有价值的线索。在这个社会化的、科技掌控的世界里，我们需要探究物品的内在运作方式，包括它们是什么，以及它们如何运作。我们竭尽全力从生产厂家方面寻找线索，并以这种方式，像侦探一样，寻找任何我们可能会发现的说明指导。如果幸运，体贴的设计师提供线索。否则，我们必须运用自己的创造力和想象力。

示能、预设用途和意符有许多共同之处，所以让我暂停一下来讲述它们明确的区别。

示能揭示了世界上作为主体的人、动物或机器如何与其他东西进行互动的可能性。一些示能是可感知的，其他则是不可见的。意符指的是信

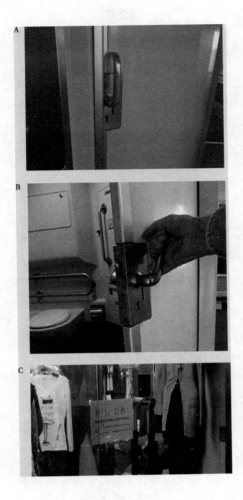

图 1.3　滑动门：很少好用。

很少见到正确标示的滑动门。上面的两幅图片显示了美国铁路公司列车上通向卫生间的滑动门。手柄的形状清楚地暗示着"拉"，但实际上，它需要旋转，然后门向右侧滑动。图 C 显示了中国上海的一个商铺的门，主人用标识解决了问题"勿推!"，它同时用英语和中文标出来。美国铁路公司列车上卫生间的门或许可以使用同样的标识。(摄影：作者)

图1.4　不能排水的洗手池：错误的意符。

图A，我在伦敦一家酒店的洗手池洗手，然后碰到一个问题，如何排掉脏水。我到处寻找控制机构，没有找到。我还试着用钥匙撬开水漏的塞子（图B），也失败了。最终，我不得不离开房间，到前台寻求帮助。（是的，我就是那样做的。）前台告诉我"向下按水漏的塞子"。哦，它打开了（图C和D）。但其他人怎么发现这个诀窍呢？为什么我要把干净的手指伸到脏水里去打开塞子呢？这里的问题已经不仅仅是缺少意符，生产这种水漏塞子，并要求人们在使用时不得不搞脏已经洗干净的手，这本身就是错误的决策。（摄影：作者）

号。一些意符是生活中的符号、标签和图样，如门上用符号标记的"推"、"拉"或"出口"，或指示所要采取行动的箭头和图示，或是朝向某个方向的手势，或其他的说明。一些意符仅仅是预设用途，譬如门的把手，或某个开关的物理结构。请注意，某些预设用途可能并不真实：它们可能看起来像门，或者需要推的位置，或某个入口处的障碍，而事实上它们不是。这些是误导性的符号，往往是无意的，但有时故意如此，比如试图阻止人们做他们还没有准备好的操作，或者就像游戏一样，其中一个挑战就是找出哪些是真实的，哪些不是。

这儿有一个我最喜欢的误导意符的例子，我曾经在公园里看到一排穿越服务区道路的竖直管道。这排管道会挡住在那条道路上行驶的汽车和卡车：它们是反示能的好例子。但令我惊奇的是，我看见一辆公园的车轻松地穿过管道。嗯？我走过去仔细查看了一下：管道是橡胶做的，所以车辆能够轻松地碾过橡胶管。这是个非常聪明的意符，对普通人显示道路封锁了（通过一个明显的反示能），但对于那些了解的人则允许通行。

总结一下：

- 示能是人和环境之间可能的互动。有些示能是可见的，另有一些不是。
- 预设的用途经常表现为意符，但经常模棱两可。
- 意符是一种提示，特别告诉用户可以采取什么行为，以及应该怎么操作。意符必须是可感知的，否则它们不起作用。

在设计中，意符比示能更重要，因为它们起到沟通作用，告知用户如何使用这款设计。一个意符可以是词语、图形化的插图，或仅仅只是预设用途明确的一个装置。富有创造力的设计师将设计中的意符部分串联成一个连贯的体验。大多数情况下，设计师可以专注于意符的设计。

图 1.5 偶然的示能可能会变成强有力的意符。

在韩国科学技术院（KAIST）工业设计系的大楼，图示的这面墙就是反示能的例子，它防止人们滚落到楼梯栏杆以外。墙的顶部是平的，是整个设计偶然附带的设计结果。但平整的表面意味着支撑，一旦有人发现它可以放置丢弃的空饮料瓶，那么废弃的瓶子就变成了意符，告诉其他人这里可以丢弃杂物了。（摄影：作者）

因为示能和意符是优良设计的重要的基本原则，它们经常会出现在本书的字里行间。当你看到用户将手写字母贴在门上、开关上或产品上时，试图说明如何操作，什么该做，什么不该做，那你就看到了糟糕的设计。

对话：示能和意符

一个设计师找到他的导师。该设计师正在开发一种能够根据用户和朋友的喜好给人们推荐餐厅的系统。但在测试中，他发现人们从未使用过所有的功能。"为什么呢？"他求教于自己的导师。（抱歉了，苏格拉底。）

设　计　师	导　师
我很沮丧，用户不能恰当地使用我们提供的应用程序。	告诉我怎么了？
屏幕上显示了我们推荐的餐厅，符合用户的期望，他们的朋友也很喜欢。如果他们想看看其他推介，只需要左右滑动一下。如果想了解这个地方更多的信息，只需要滑到屏幕上边就有菜单，或滑到屏幕下边就能知道是不是有其他朋友在那儿。用户看起来会寻找其他推介，但不会搜索菜单和他们朋友的信息。我不明白。	为什么你会认为这些易于操作？
我不知道。难道要增加一些示能吗？假如在每个边缘放个箭头，然后提示如何操作。	非常好。但为什么叫它示能呢？它们已经能够起作用，难道那里还没有示能吗？
是，您说到点子上了，但示能不是那么明显，我要将它们设计得更明显些。	非常正确，你增加一个如何操作的提示。

（续）

设计师	导　师
好，这不就是我所说的吗？	不完全是——你可以叫它们示能，即使它们并没有增加什么新功能：它们只是提示做什么，以及在哪儿做。它们的正确名称为"意符"。
哦，我明白了，那么为什么设计师需要留心示能呢？或许我们应该关注意符。	你很聪明。沟通是良好设计的关键。沟通的关键是意符。
哦，现在我明白自己的困惑了。是的，意符就是提示的内容，它是一个符号。现在看起来明朗多了。	一旦理解，再艰深的思想都显而易见。

映射（Mapping）

　　映射是一个术语，从数理理论借用而来，表示两组事物要素之间的关系。假设在教室或礼堂的房间天花板上有许多灯，房内前面的墙壁上还有一排灯的开关。开关与灯的映射决定了哪个开关控制哪盏灯。

　　在控制与显示的设计和布局时，映射是一个重要概念。当映射用于空间呼应关系来设计控制部分和被控制设备的布局时，很容易确定如何使用控制器。譬如操控汽车，我们顺时针方向转动方向盘时使车向右转弯：车轮的上端同车的转动方向一致。请注意其他的选择。在早期的汽车中，转向需要通过各种各样的设备，包括控制舵、把手和铰链。现在，仍有一些车辆使用操纵杆，就像电脑游戏中的操控手柄一样。在使用控制舵的汽车上，转向就像船的掌舵：向左移动舵柄来使车向右转。拖拉机，施工设备如推土机、起重机，还有军用坦克等使用履带而不是轮子的车辆，通过控制速度来控制方向：向右转时，左履带加速，右履带减速甚至倒转。这也是轮椅转向的方式。

所有这些操控车辆的映射都起作用，因为每个映射都有一个令人信服的概念模型，关于操作控制如何影响到车辆。因此，如果我们加快轮椅的左轮而停止右轮转动，很容易想到椅子的重心转移到右轮上，轮椅会向右转。在一条小船上，我们可以了解船舵的操作。将舵柄推向左边，引起船舵向右滑动，这样船舵上产生的水的推力会使小船右侧减缓速度，船就会向右转。不管这些概念模型是否精确，重要的是，它们提供了一个清晰的可以记忆和理解的映射。如果能清楚理解控制、行为和预期结果之间的映射，控制和结果之间的关系最容易了解。

自然的映射，我指的是利用空间类比得到直接的理解。例如，需要向上移动物体，就向上移动按键。将灯光开关与灯的布局安排得一样，就可以很容易地确定一个大房间或剧院里灯光的控制关系。有一些自然映射是文化的或生物的，如按照通常的习惯向上移动手势意思是增加，向下移动意味着减少，这也就是为什么适当地使用垂直位置代表强度或者数量。另有一些自然映射遵循知觉的原理，可以对控制和反馈模式进行自然分组或图式化。分组和邻近是格式塔心理学的重要原则，可以用于匹配控制与功能：相关控件应该组合在一起，而且控件应该靠近所要控制的对象。

注意，许多觉得"自然的"映射事实上只针对某个特定的文化：在一种文化里自然的东西在另外一种文化里并非如此。在第三章中，我将讨论不同的文化如何看待时间，针对某些类型的映射，时间具有非常重要的含义。

当一系列可能的操作是可见的，当控制和显示契合自然映射时，设备就会容易使用。原理很简单，但很少有人将其用于指导设计。优秀的设计需要用心、规划、思考和理解人们的行为方式。

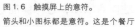

图 1.6　触摸屏上的意符。

箭头和小图标都是意符。这是个餐厅的指南，箭头和小图标提示了可能的操作。向左或向右滑动就能看到餐厅的最新推介；向上翻就看到正在展示的菜单；向下，则是点评这家餐厅的朋友信息。

图 1.7　良好的映射：汽车座椅的自动调节。

这是很精彩的自然映射的例子。操纵钮被设计成座椅本身的形状：映射非常直观。想让座椅前缘升高，就把操纵钮的前半部分向上抬。想让椅背后倾，就将操纵钮向后移动。同样的方法适用于更多日常物品。图示的设计来自于梅赛德斯－奔驰，但现在很多汽车都使用类似的映射形式。（摄影：作者）

反馈（Feedback）

有没有看到过人们在电梯里反复按上楼按钮，或者不停地按街道十字路口人行道的控制按钮？有没有曾经在一个拥挤的交通路口等待很长时间的交通信号灯，而在等待中不住地担心是否信号指示系统注意到了自己的车（骑自行车时的一个常见问题）？在所有这些情况下缺少的是反馈：一些让你知道系统正在处理你的要求的方式。

反馈——沟通行动的结果——是控制论、信息论的著名概念。想象一下，当你看不到目标，却想用球击中目标的状况。即使是简单的任务，譬如用手拿起一个玻璃杯，需要感觉（反馈）到以正确的方式伸出手，抓住玻璃杯，然后拿起它。不合适的手势会将水洒掉，过于用力则会弄碎玻璃杯，而抓握力量不够可能会使水杯掉落。人类的神经系统具备了大量的反馈机制，包括视觉、听觉、触觉传感器，以及可以监控身体姿势和肌肉、肢体的运动的前庭和本体感觉系统。反馈如此重要，令人吃惊的是许多产品却忽略了它。

反馈必须是即时的：即使延迟 1/10 秒就会令人不安。如果拖延太久，人们经常会放弃，而选择其他的活动。当系统花费大量的时间和精力来满足人们的要求时，最后只能发现潜在的对象已经不在那儿了，这是恼人且浪费资源的事情。反馈还必须提供信息。为了省钱，许多公司试图用廉价的灯光或发声器来提供反馈。这些简陋的闪光或发出的哔哔声通常比其有用之处更烦人。它们告诉用户有情况出现，但对发生了什么传达的信息很少，也没有告诉用户应该做些什么。当发出听觉信号，在许多情况下，用户无法判断是哪个装置产生的声音。如果发出光信号，除非用户的眼睛在正确的时间和正确的位置看到它，否则就可能错过它。糟糕的反馈可能比没有反馈更差劲，因为它分散了注意力，不能提供详细信息，并且常常刺激和引发焦虑。

过多的反馈可能比过少的反馈更恼人。我的洗碗机喜欢在凌晨三点嘟嘟叫，告诉我们碗洗完了。我想让它在半夜工作，以免打扰任何人（还能使用便宜的电），结果失败了。所有这些问题中，最糟糕的是不恰当的无法解释的反馈。"指手画脚"造成的烦心已经是尽人皆知，产生了很多小笑话。指手画脚的人通常是正确的，但他们的评论和意见如此之多，唠叨不停，会令人分心，而不是给予帮助。机器如果给出太多的反馈就是指手画脚的人。不断闪烁的灯光、文本提醒、说话的声音或发出的哔哔声等，不仅会分散注意力，而且可能引发危险。太多的警告会让人忽视所有的信息，或在可能的情况下，禁用所有的提示，这意味着关键和重要的信息容易被漏掉。反馈必不可少，但并不包括反馈有碍于其他事物的时候，包括一个平静和放松的环境。

设计拙劣的反馈可能是旨在降低成本的结果，即使它们让人们的生活更加麻烦。过分关注降低成本导致设计使用单一的光源或声音传达多种类型的信息，而不是使用多种信号灯与人机交互的显示，或使用丰富的、动听的音乐搭配不同的图案。如果选择使用灯光，那么一次闪烁可能代表一件事；两次快速闪烁表明其他的意思。一个较长时间的闪烁可能指示一种状态；一个长的闪烁跟随一个短暂的闪烁，又代表了另一种状态。如果选择使用声音，往往选择最廉价的声音设备，那么只能产生高频的哔哔声。就像使用灯光一样，发出不同状态信号的唯一方法是通过不同模式的哔哔声。所有这些不同的模式意味着什么？我们如何才能学习和记住它们？每一种不同的机器使用不同的灯光或声音模式，并非都有帮助，有时同一种模式对于不同的机器意味着相互矛盾的意思。所有的哔哔声听起来都差不多，因而我们常常不可能知道是哪个机器发出的声音。

反馈需要精心策划，需要以一种不显著的方式确认所有的操作。反馈也必须考虑优先权，以不经意的方式表现不重要的信息，使用引人注目的方式呈现重要的信号。当发生重大突发事件，那么要优先展示重要的信号。如果每个设备都显示重大突发事件，从噪音中就无法获得什么信号了。设备里持续的哔哔声和警报是很危险的。在许多突发事件中，工人要花费宝贵的时间来关闭所有的警报，因为声音会干扰解决问题所需的专注。由于过度的反馈、过多的警报和互不相容的信息编码，医院的手术室、急诊病房、核电厂的控制中心和飞机驾驶舱，都可能成为混乱、让人烦躁以及危及生命的地方。反馈十分必要，但必须正确地、合理地使用。

概念模型（Conceptual Models）

概念模型通常是高度简化的说明，告诉你事物是如何工作的。概念模型只要有用就行，不必完整或准确。在电脑屏幕上显示的文件、文件夹和图标，可以帮助人们建立一些概念模型，诸如在计算机上创建文件和文件夹，或者应用软件和驻留在屏幕上的应用程序，都在等着被唤醒。事实上，在计算机内部没有任何文件夹——这些都是有效的概念化设计，让程序更容易使用。然而，有时这些描述会增加混乱。阅读电子邮件或访问网站时，阅读材料会出现在设备上，因为它们在那里显示和处理。但事实上，许多情况下真实的材料“在云端”，位于遥远的服务器上。概念模型是一个连贯的图像，而实际上它可能包含着不同部分，每一个都位于不同的设备，可以分布在世界上任何地方。这种简单化的模型有助于正常使用，但如果连接到云服务的网络中断，结果就会一团糟。信息仍然出现在用户的屏幕上，但用户不能保存或获取新的东西，此时，概念模型不能提供任何解释。只有当支持概念模型的假设实现时，简化的概念模型才有价值。

一种产品或设备经常有多个概念模型。对于混合动力汽车或电动汽车上应用的再生制动方式，普通的司机与技术高超的司机有着完全不同的概念模型，这种差异还存在于使用系统的人中间，还有那些设计系统的人中间。

在技术手册和书籍中，为技术说明而设计的概念模型比较详细和复杂。我们这里所关注的概念模型更简单，就待在使用产品的人心中，所以它们也被称作"心理模式"。顾名思义，心理模式就是在人们的心目中，所理解的事物如何运作的概念模型。同一个东西不同的人可能会有不同的心理模式。事实上，一个人可能对同一物品有多个心理模式，每个心理模式对应操作的不同方面：这些模式甚至会相互冲突。

概念模型通常可以从设备本身推断出来，一些模型通过人与人相授，还有一些来自手册。通常设备本身能够提供的帮助很少，所以概念模型经由经验建立起来。这些模式经常是错误的，因而在使用设备时导致困难。

事物如何操作的主要线索，来自它们可被感知的结构——尤其是意符、示能、约束和映射。为商店、园艺和房子设计的手工工具，往往使它们的关键部位清晰可见，这样就可以轻而易举地得到关于操作和功能的概念模型。想想一把剪刀：你可以看到可能的操作是有限的。显然，孔是用来放进什么东西的，而合乎逻辑的东西只有手指。剪刀上的孔既是示能（它们允许手指插入）又是意符（它们暗示手指插入的位置）。孔的尺寸为限制可能的手指提供了约束：一个大洞，可以容纳几个手指；一个小洞，只能放一个手指。孔和手指之间的映射——可能的操作方式——被孔标示出来并加以约束。此外，剪刀对手指的位置不敏感：如果你用了不恰当的手指（或错误的手），虽然不舒服，仍然能够操作剪刀。所以，你能搞定剪刀，因为它的操作部分是可见的、明确的，并且，剪刀的概念模型非常清楚，有效地使用了意符、示能和约束。

如果设备不能提供一个良好的概念模型，会发生什么？我的数字手表有五个按钮：两个横在顶部，两个在底部，一个在左边（图1.8）。每个按钮是干什么的？你将如何设置时间？没法告诉你——控制与功能之间没有明显的关系，没有限定，没有可见的映射。此外，按钮还有多种使用方法。

当快按或摁住几秒钟时，其中两个按钮起到不同的作用。还有一些操作需要几个按钮同时摁住。想知道如何使用手表的唯一方法是一遍又一遍地阅读说明书。当使用剪刀时，移动手柄，刀刃就会随之移动。而手表上的按钮和可能的操作之间没有可见的联系，操作和最终结果之间也没有可以辨识出的联系。我真的很喜欢这个手表：可惜我不能记住它所有的功能。

当预测事情将如何进行，或者当事情不按计划进行而需要搞清楚问题时，概念模型非常有用。一个好的概念模型使用户能够预测自己行为的结果。没有一个好的概念模型，就只能生搬硬套地盲目操作；用户可能遵循已经知道的方法操作，但无法完全理解为什么，预期的效果是什么，或者事情出错了该怎么办。只要一切正常，用户就可以掌控。然而，当事情出了问题，或者当用户碰到新的情况，就需要对好的概念模型有一个深入的理解。

日用品的概念模型不需要很复杂，毕竟像剪刀、笔和电灯开关等都是相当简单的设备。不需要用户了解自己所拥有的每个设备包含的物理或化学原理，仅仅知道控制和结果之间的关系就够了。当概念模型向用户提供的是不充分或者是错误的信息时（或者，更糟的是根本不存在），用户就有麻烦了。让我来跟你谈谈我的冰箱。

我曾经有个很普通的有两个储物隔间的冰箱，除此而外这个冰箱没有任何特别之处。问题是我不知道如何正确地设定温度。冰箱内有两个控制钮，分别标着"冷藏"和"冷冻"，可以用来调节冷藏室（储存新鲜食品）的温度和冷冻室的温度。那么，问题在哪儿呢？

哦，也许我得提醒你一下，这两个控制钮并非毫无关系。冷冻室控制钮会影响冷藏室的温度，冷藏室控制钮也会影响冷冻室的温度。而且，说明书上警告说"无论是初次设定温度还是重新调节温度，都需要等上24小时以后温度才能稳定"。

图 1.8 Junghans Mega 1000 带数控收音机的电子表。

了解我的手表的操作，没有很好的概念模型。表上有五个按钮，但没有提示每个按钮是干什么的。是的，这些按键在不同的模式下做不同的事情。这是一款非常好看的手表，由于它会核对官方的广播时间，所以时间总是很准。（顶行显示日期：星期三，二月二十日，一年中的第八周。）（摄影：作者）

图 1.9 冰箱的控制。

冰箱有生鲜食物冷藏室和冷冻室两个储物隔间，在冷藏室里还有两个调温控制钮。现在假设冷冻室温度过低，而冷藏室的温度刚好，你要怎样调节，才能让冷冻室的温度升高一些，而冷藏室温度保持不变呢？（摄影：作者）

这台老冰箱的温度调节如此麻烦，是因为厂家为用户提供了一个错误的概念模型。冰箱有两个储物柜和两个控制钮，用户很容易形成这样一个简单的模式：用冷冻室控制钮调节冷冻室的温度，用冷藏室控制钮调节冷藏室的温度，如图1.10A所示。错误。实际上，这台电冰箱只有一套温控器和一套制冷系统。一个控制钮负责温度调节，另一个则负责分配输送到冷藏室和冷冻室内的冷空气流量，这就是为什么要交互使用两个控制钮，如图1.10B所示。除此而外，冰箱应该还有温度传感器，但我们无法知道它们装在哪里。依据控制器所提供的这种概念模型，用户在调节温度时几乎无从下手，颇感受挫。如果拥有一个正确的概念模型，我们的日常生活会轻松得多。

厂家为什么要提供错误的概念模型？我们无从得知。自本书出版以来的25年里，我收到许多读者来信，感谢我讲出了这个让人困惑的冰箱温度调节问题，但冰箱的制造商（通用电气公司）那里没有任何回应。也许设计人员认为正确的概念模型太复杂，他们提供的概念模型更容易调解。但错误的概念模型更糟糕，人们根本几乎无法调节。即便我认为自己知道了正确的模式，我还是不能正确地调节冰箱内的温度，原因在于冰箱的设计使我无法看出哪一个控制钮负责调温，哪一个负责冷空气流量，以及温度传感器装在何处。此外，调节温度时，操作得不到立即反馈也是一个弊端：需要24小时才能知道新的温度设置是否合适。我可不想在调节冰箱温度时带上实验室的笔记本，进行一番温度设置试验。

很高兴地告诉你，我已不再使用那个冰箱。我有了一个新冰箱，具有两套单独的控制系统，一个在新鲜食品冷藏室，一个在冷冻室。每个控制钮都友好地标有刻度，标记其所控制的储物隔层的名字。两个控制室是独立的：当调节一个储物隔层温度的时候，对另一个隔层不受影响。该解决方案尽管完美，但成本会高一些。不过很便宜的解决方案也有可能。使用如今廉价的传感器和电机可以设计一个单一的冷却装置，然后用电动阀将

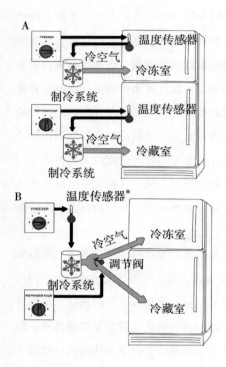

A

FREEZER

温度传感器

冷空气

冷冻室

制冷系统

温度传感器

REFRIGERATOR

冷空气

冷藏室

制冷系统

B

温度传感器*

FREEZER

冷空气

冷冻室

调节阀

制冷系统

REFRIGERATOR

冷藏室

*不知它的具体位置

图 1.10　冰箱的两种概念模型。
图 A 是根据想像的冰箱系统控制的概念模型。每个控制钮调节冰箱标明部分的温度。这意味着每个储物隔间有自己的温度传感器和冷却组件。但这是错误的。图 B 是正确的概念模型。由于无法知道温度传感器的位置，所以温度传感器显示在冰箱之外，冷冻控制调节冷冻室温度（那么传感器在哪儿呢）。冰箱控制钮决定多少冷空气进入到冷冻室，多少进入到冷藏室。

冷空气按照相对比例传输到每个储物隔间。一个简单的廉价的电脑芯片就能调节制冷装置和阀门位置，就能让两个隔室的温度达到设定的目标。工程设计团队要做更多的工作吗？是的，但值得这么做。唉，直到现在，通用电气公司还在生产令人困惑的类似调温机制的冰箱。图 1.9 中的图片就是写作本书时在商店拍到的时下的冰箱。

系统映像

人们会对自己、他人、周围环境以及与他们互动的物品形成心理模式。这些心理模式是从经验、培训和指导中形成的概念模型。这些模式可以作为帮助我们实现目标和理解世界的指南。

我们如何与互动的物品形成一个合理的概念模型？我们与设计师交流，我们只能依赖提供给自己的所有信息。比如设备看起来像什么，从过去使用过的类似东西所了解到的知识，从宣传资料、销售人员和广告得到的信息，或者可能读过的文章，以及产品的网站和说明书所告诉我们的一切。我把提供给用户的适用信息组合叫作"系统映像"。当系统映像是不相干的或不合理的，就像冰箱的例子，那么用户就不能轻松地使用设备。如果它是不完整的或相互矛盾的，还会惹麻烦。

如图 1.11 所示，该产品的设计者和产品的使用者形成一个断开的三角形。设计者的概念模型是设计者对产品的概念，位于三角形的一个顶点。产品本身与设计者已经不在一起，所以作为第二个顶点它是孤立的，也许产品就放在用户的厨房台面上。系统映像可能是已经成形的物理形式（包括文件、说明书、符号或任何从网站和帮助热线获得的可用信息）。通过与产品的互动，阅读与搜寻网上信息，参考产品所能提供的任何说明手册，这些系统映像形成用户的概念模型。设计师希望用户模式与设计模式相一致，但由于设计者往往不能直接与用户进行交流，整个沟通的重任就由系统映像承担。

设计者概念模型　　使用者概念模型

系统映像

图 1.11　设计师模型、用户模型和系统映像。

设计师的概念模型是设计师观看、感受和操作产品时的想法。系统映像来自其物理结构（包括文档）。通过与产品和系统映像的互动产生了用户的心理模型。设计师期望用户的模型与自己的模型完全相同，但是因为他们不能直接与用户沟通，沟通的重担就转移到系统映像上。

图 1.11 表明了为何沟通是优良设计的一个重要方面。无论产品多么辉煌，如果人们无法使用，就会得到差评。由设计师来提供适当的信息使产品易于理解和好用，最重要的就是提供一个很好的概念模型，当事情出问题时能够指导用户操作。如果有一个很好的概念模型，人们可以搞清楚发生了什么，当出了问题知道如何及时纠正。如果没有一个很好的概念模型，用户会很纠结，往往让事情变得更糟。

良好的概念模型是产品易于理解、令人愉悦的关键：良好沟通是建立良好的概念模型的关键。

科技的悖论

科技提供了使人们的生活更轻松、更愉快的可能性，每个新技术都提高了我们的生活品质。同时，越来越复杂的科技使我感到更加吃力和沮丧。技术进步所带来的设计问题比比皆是。就拿手表来说，几十年前，手表很简单。你所要做的就是设置时间，然后旋紧发条。标准的操控器件就是发条：位于手表侧面的一个旋钮。转动旋钮可以上紧弹簧，为手表转动提供动力。拔出旋钮，然后旋转，就可以转动表针。这个操作易学易做。转动旋钮的结果就是转动指针，它们之间有合理的联系。设计时还考虑到人为差错。在正常的位置转动旋钮会给表上发条。你必须拉出旋钮才能调节齿轮去设置时间，意外地转动旋钮则不会造成任何损害。

以前，手表是手工制造的奢侈品，在珠宝店出售。随着时间的推移和数字技术的引进，手表的制造成本迅速下降，同时其准确性和可靠性不断提高。伴随着不断增加的功能，手表成为具有各种各样的风格和形状的工具，从本地的商铺、体育用品商店到电子产品商店，到处都在出售手表。此外，从手机到音乐键盘，精确的时钟被集成进许多电子设备里，许多人感到没有必要再戴手表。手表越来越便宜，普通人可以拥有多只手表。手表成了时尚的饰品，人们会根据出席不同的活动和穿着不同的衣物搭配不同的手表。

现代的数字手表不用再上卷绕式弹簧发条，而是需要更换电池，或使用太阳能手表的时候，只要保证它每周有一定量的光照。这些技术带来了更多的功能：手表可以指示一周、一个月或一年中的某一天；它可以作为秒表（它本身有多种功能），倒数计时器，或闹钟（或两个）；它能够显示不同时区的时间；还可以作为计数器，甚至是计算器。如图 1.8 所示，我的手表有许多功能，甚至有一个无线电接收器，在世界范围内与官方时间同步设定。即便如此，它还是比其他手表简单得多。一些腕表有内置的罗盘、气压计、加速度计和温度计。一些表具有 GPS 和互联网功能，可以显示天气、新闻、电子邮件和最新的社交网络。一些表有内置摄像头。一些表可以使用按钮、旋钮工作，甚至可以靠运动或语音工作。还有一些可以检测手势。手表不再仅仅是一个计时工具：它已成为丰富各种各样日常活动和生活方式的平台。

手表不断增加的功能会导致一些问题：如何将所有功能放进狭小且可穿戴的尺寸里？没有简单的答案。许多人放弃使用手表，他们使用手机而不是手表。手机能实现所有这些功能，比一块迷你手表要好得多，同时还能显示时间。

现在想象一下未来，手机会取代手表，两个产品将合并起来，或戴在手腕上，或像眼镜一样戴在头上，并配有显示屏幕。手机、手表和计算机的器件会形成一个装置。在正常状态下我们使用柔性屏显示少量信息，但可以滚动显示，就有相当大的展示空间。投影仪将会小而轻巧，可以内置在手表或电话里（或戒指和其他首饰里），这样就能方便地在任何表面投影图像。也许我们的设备没有显示，但会在我们的耳旁悄悄私语，或轻松地使用任何可用的显示设备：比如汽车或飞机的座椅背贴显示器，旅馆房间的电视，或者附近的任何显示设备。这种设备可以做很多有用的事，但我担心它们也会令人沮丧，因为要控制太多的事情，却只有那么小的空间用于操作或提示。使用外部的手势或口令是显而易见的解决方案，但如何学习和记住它们呢？正如在稍后的讨论中提到的，我以为最好的办法是建立标准，这样一次我们就能学会所有的操控。但我也会谈到，建立标准是一个复杂的过程，有许多相互竞争的力量阻碍了快速达成解决方案。稍后我们将会看到这些讨论。

技术为每个设备提供更多的功能以使生活更简单，但同样的技术也会让设备变得难学难用，使人们的生活更加复杂。这就是技术的悖论和设计师所面临的挑战。

设计的挑战

设计需要多个部门协作。设计一个成功的产品需要的不同学科的知识，盘根错节。优秀的设计需要伟大的设计师，但这还不够：它也需要出色的设计管理，因为设计产品最难的部分是协调所有的相对独立的部门，它们各自有着不同的目标和优先考虑。每个部门对组成产品的诸多因素的相对重要性都有不同的理解。一个部门认为产品必须是可用的和可以理解的，另一个部门认为产品必须是有吸引力的，还有一个部门则认为产品应当是人们买得起的。此外，产品应当是可靠的，能够制造和维护的。它必须与竞争对手的产品存在区别，在价格、可靠性、外观和提供的功能等关键要素上要超越其他产品。最后，人们必须实际购买产品。一言以蔽之，如果没有人使用产品，再好的产品也没有价值。

通常每个部门都认为自己的独特贡献最重要："价格，"市场营销人员嚷嚷，"价格加上这些功能。""可靠。"工程师坚持说。"在我们现有的工厂应当能够生产它。"制造业的代表如此说。"我们不断接售后服务电话。"支持部门的人说，"我们需要解决设计中存在的问题。""你不可能把所有要求放在一起，却仍然产生一个合理的产品。"设计团队说。谁是正确的？每个人都是正确的。成功的产品必须满足所有这些要求。

最困难的部分是让人们理解别人的观点，放弃他们自己的观点，从那些购买产品和使用产品的人的角度来设计，这些用户往往是不同的人群。商业角度也很重要，因为如果没有人购买，再优秀的产品都无足轻重。如果产品卖不出去，公司必须停止生产，即使它是一个出色的产品。很少有公司能以巨大的成本持续销售无利可图的产品，坚持足够长的时间为其销售盈利。对一般新产品，这一时段通常以年来衡量，有时，就像推出高清晰度电视，得几十年时间。

好设计不容易。制造商希望能够经济地生产，商店想要能吸引客户的产品，买方则有各种要求。在商店里，买家关心价格和外观，或许也在乎声望。在家里，同样的买家会更注重功能性和实用性。维修人员担心可维护性，即产品是否容易拆解、检查和维护？相关人员的需求不同，经常会发生冲突。然而，如果设计团队邀请所有相关方面的代表同一时间参与讨论，经常可以获得令人满意的解决方案来满足各方需求。尤其当每个部门单独发挥影响的时候，常常会起冲突，产品出现缺陷。挑战在于运用以人为本的设计原则产生积极的成果，提高产品的生命力，增加我们的快乐和享受。设计的目标是产生一个出色的产品，一个成功的、客户喜爱的产品。这可以做到。

译者注：

①第一章标题原文为"The Psychopathology of Everyday Things"，请注意，作者在此使用Psychopathology，而在第二章及其他地方使用Psychology。Psychopathology是精神病理学概念，是一个专门研究精神失调、精神压力及非正常或错误习得行为的学科。作者在第一章使用这个词，应该是有意强调设计拙劣的产品对用户带来的心理学影响。在第二章及其他地方更换为Psychology，应该强调从人类行为出发的心理学研究。

②詹姆斯·杰尔姆·吉普森（James Jerome Gibson，1904～1979），是一位美国心理学家，被认为是 20 世纪视知觉领域最重要的心理学家之一。1950 年，他发表了经典著作《视觉世界的知觉》（*The Perception of the Visual World*），根据自己的实验，反对当时流行的行为主义观点。在他后来的著作中，例如《视知觉生态论》（*The Ecological Approach to Visual Perception*，1979），吉普森变得更为哲学化，如同从前批评行为主义一样地批评认知主义。吉普森强烈地主张直接知觉。

第二章

日常行为心理学

　　当我和家人在英国居住的时候，租了一栋家具齐备的房子，房东不在。有一天，女房东回来找一些个人材料。她走向那个陈旧的铁皮文件柜，想打开最上面的抽屉，可是怎么也打不开。无论她前推后拉、左摇右晃、上推下推，都无法打开。这时我主动上前帮忙，晃动了一下抽屉，扭了扭前面板，用力往下压，再用手掌拍了一下前面，结果抽屉就开了。"噢，"她说，"真抱歉，我对一些机械的东西真是没办法。"不，至少她还能关上抽屉。应该道歉的是这个柜子的机械装置——或许它该说："真对不起。我对人很不友好。"

　　我的房东太太碰到了两个问题。首先，虽然她有一个明确的目标（找回一些个人文件），还有达成目标的计划（打开文件柜上层的抽屉，那些文件就放在那儿），一旦计划失败了，她就不知道要做什么。她还有第二个问题：她认为问题出在自己的能力不够，她错误地责备自己。

　　我能帮上忙吗？首先，我拒绝承认对这个错误的自责，即这是房东太太的错：对我来说，这显然是旧文件柜上防止抽屉打开的机械故障。其次，我有好几个如何操作文件柜的概念模型，正常情况下应该有个使柜门关闭的内部机制，我认为抽屉可能没有对齐。这个概念模型让我有个想法：晃动抽屉。结果失败了，这让我改变计划：晃动可能是对的，但力气不够，所以我用蛮力去扭转柜子，想让它回到正常的对齐状态。这次感觉好多了，文件柜的抽屉轻微地移动了一下，但还没有打开。于是我只好用全世界专家都会的方法——使劲地拍打柜子。是的，它打开了。在我心里，我认为（没有任何证据证明）正是我的冲撞使柜子的结构复位，打开了抽屉。

　　这个例子突出了本章的主题。首先，人们如何做事？这是很容易的，结合现有技术学习一些基本的操作步骤是比较容易的（是的，即使打开文件柜也是一门技术）。但是，当事情出错了怎么办？我们如何发现它们坏了，然后我们怎么知道要做什么？为了有助于理解这个问题，我首先会深入探讨人类的心理，还有一个简单的概念模型，即人们如何选择和评估他们的行为。通过一个概念模型，会过渡到对智力和情感的作用的讨论：事情进展顺利时人们会快乐，计划受挫时人们会沮丧。最后，我会归纳本章的经验，总结出一些通用的设计原则。

人们如何做事：执行与评估的鸿沟

当用户使用物品时，他们会面对两个心理鸿沟：一个是执行的鸿沟，在这里，用户试图弄清楚如何操作；另一个是评估的鸿沟，在那里，他们试图弄清楚操作的结果（图2.1）。设计师的作用是帮助使用者消除这两个鸿沟。

在文件柜的例子里，当一切都完美地工作时，有可见的要素消除执行的鸿沟。比如抽屉的拉手显然意味着应该把它拉开，手柄上的滑块暗示了正常情况下应该先移走固定抽屉位置的挡块。然后，当这些操作都失败后，就隐约出现一个大的分歧：还有其他什么操作方法可以打开抽屉？

评估的鸿沟容易弥合。首先，移开固定抽屉的挡块，然后，拉抽屉把手，可是柜子没有动静。这预示着我未能达到目的。当尝试其他操作时，比如边扭边拉，文件柜并没有提供更多的信息，我这样做是否越来越接近目的。

评估的过程反映了努力的程度，人们必须对设备的物理状态做出解释，以便确定是否已经达到自己的期望和意图。当设备以方便的形式提供了它的状态信息，而且容易阐释，符合用户认知系统的方法，那么评估的沟壑就小。帮助消除评价沟壑的主要的设计元素是什么？反馈，再加上一个很好的概念模型。

这种心理上的陌生感体现在许多设备上。有趣的是，很多人都经历了困难，但他们以责备自己来释怀。对于那些他们认为自己应该能够使用的产品——水龙头、冰箱的温控器、炉灶等——他们想当然地认为，"我太笨了"。另外，对于看起来复杂的设备，诸如缝纫机、洗衣机、数字手表，或几乎所有的数码控制产品，他们干脆放弃，认定自己不可能理解它们。这两种理由都是错误的。这些都是日常使用的物品，没有复杂的内在结构，使用中的困难来自它们的设计，而不在于尝试使用它们的用户。

设计师如何帮助消除这个心理鸿沟？要回答这个问题，我们需要更深入地探究人的行为心理学。基本的工具在前面已经讨论论过：我们可以使用意符、约束、映射和概念模型来消除执行的沟壑，也可以使用反馈和概念模型来消除评价的沟壑。

行动的七个阶段

行动有两个步骤：执行动作，然后评估结果，给出解释。执行和评估需要达成共识：事物如何工作以及产生的结果是否一致。执行和评估会影响我们的情绪状态。

假设我坐在沙发上看书，天色已晚，光线越来越暗。我现在的行动是阅读，但由于光线变暗，这个目标即将无法实现。这就催生了一个新的目标：得到更多的光线。该怎么做呢？有很多选择，我可以打开窗帘，坐在光线更多的位置，或者打开附近的灯。这是计划阶段，决定接下来会从许多可能的行动中实施哪一个方案，但即使我确定打开附近的灯，仍要决定如何完成这个动作。我可以叫人帮助我开灯，还可以用自己的左手或右手。即使确定了方案之后，我还要确定怎么操作，我必须执行这个行动。当执行一系列具体动作时，对某个步骤我比较有经验，比较熟练，而对其他很多步骤则是下意识地操作。当我学习怎么做，确定方案，确认次序，并阐释结果的时候，整个过程是有意识的。

假如我正在开车，我的行动计划要求在一个路口左拐。如果我是一个技术熟练的司机，就不需要特意地区分或执行动作的顺序。我想"左转"，然后流畅地执行所需的一系列操作。但如果我正在学习开车，将不得不考虑每个单独的分解动作。转弯前先刹车，然后观察车后面的状况，以及我和车的周围，还有前面的车辆和行人，还要注意是否有必须服从的交通标志或信号。我的脚必须在油门和刹车之间来回切换，我的双手还要打开转向信号灯，然后回来转动方向盘（同时，我努力回忆教练曾经告诉我的，转弯的时候手应该放的位置），我周围的所有活动分散了我的视觉注意力，有时向前看，有时得转动头，有时得使用后视镜和侧视镜。对熟练的司机，做这些动作很容易，如行云流水，而对于新手司机，似乎是一系列不可能的任务。

具体的行动将我们想做的（目标）和所有实现这些目标的可能行动之间的差距缩小。我们分辨出需要执行什么行动后，我们必须实际去做——执行阶段。从目标延续下来的执行有三个步骤：计划，确认和执行（图2.2左边一栏）。评估行动的结果也有三个步骤：第一，感知外部世界发生了什么；第二，赋予它意义（给出诠释）；第三，对比所发生的结果与想要达成的目标（图2.2右边一栏）。

现在我们知道了，行动的七个阶段：一个是目标，三个执行步骤，和三个评估步骤（图2.2）。

1. 目标（确立意图）

2. 计划（确定方案）

3. 确认（行动顺序）

4. 执行（实施行动）

5. 感知（外部世界的状态）

6. 诠释（知觉作用）

7. 对比（目标与结果）

行动的七个阶段模式很简单，但对理解人类行动和指导设计，它提供

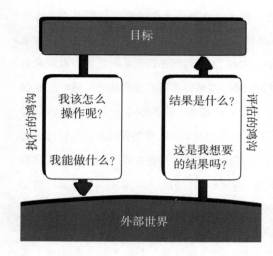

图2.1　执行和评估的鸿沟。

当用户操作一个设备，他们会面对两个心理鸿沟：一个是执行的鸿沟，在这里，用户试图弄清楚如何操作；另一个是评估的鸿沟，在那里，他们试图弄清楚设备处于什么状态，他们采取的行动是否实现了目的。

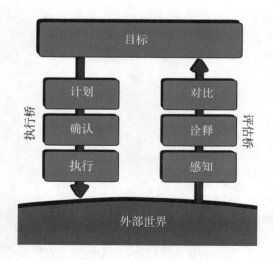

图2.2　行动的七个阶段。

把所有的步骤放在一起，就产生了图中执行的三个阶段（计划、确认和执行）和评估的三个阶段（感知、诠释和对比）。当然，再加上这两个阶段共有的目标，就构成了行动的七个阶段。

了的一个有用的基本框架。在交互设计中，它已被证明有帮助。不是所有阶段的活动都是有意识的。目标的设定或许是有意识的，但也有可能是潜意识的。我们可以做很多动作，当我们浑然不觉这样做的时候，就在反复循环这几个阶段。只有当我们遇到新的东西或碰到某种僵局，有一些问题破坏了行动的正常进行，人们才有必要进行有意识的关注。

　　大多数的行动不需要按顺序经历所有的阶段；然而，单一的行动不能满足大多数活动的需要。必须经过多次反复，整个活动可能会持续几个小时甚至几天。一些行动有多个反馈回路，其中一个活动的结果用于指导下一步的目标，其中主目标分解出子目标，主计划导出子计划。还有一些活动的目标可能被遗忘、抛弃或改写。

　　让我们再回到我要开灯的行动里。这是一个事件驱动行动的案例，一个外部环境事件触发行动，从而建立评估体系和制定目标：光线渐暗，从而影响阅读，这与阅读的目的相冲突，从而导致一个子目标——得到更多的光线。但阅读不是更高一层的目标。对每个子目标，人们不禁要问，"为什么是那样的目标？"为什么读书？因为我试图参照一个新食谱准备一顿饭，所以在开始做饭之前我需要重读它。因此，阅读是一个子目标。但烹饪本身也是一个子目标。我做饭目的是为了吃饭，而吃饭的目的是填饱我的肚子。因此，目标层次大致如下：满足饥饿，吃，备餐，阅读食谱，得到更多的光线。这就是所谓的一个根本原因分析：不断问"为什么"，直到最终找到行动的根本原因。

　　如果行动发端于建立一个新的目标，即从顶部开始，在这种情况下我们称它为目标驱动型的行动。这时候，该行动周期从设立目标开始，然后经过执行的三个步骤。然而行动周期也可以从底层开始，由一些外部世界的事件触发，在这种情况下，我们称它为数据驱动或事件驱动型的行动。这时，该行动从外部世界和周围环境开始，然后经过评估的三个步骤。

　　对许多日常任务来说，目标和意图并不明确：它们更多是机会主义，并没有精心规划。机会主义行为是指充分利用形势的行为。与更为细致的规划和分析相左，我们经常因为机会而从事一天的活动和事情。譬如，我们可能并没有计划去新开的咖啡馆或专程问一个朋友问题。如果恰巧发现自己就在那个咖啡馆附近或者碰巧遇到那个朋友，然后我们会顺应机遇触发后续的活动。否则，我们可能永远不会到那个咖啡馆或者向朋友提问。我们付出特别的努力来确保关键任务的执行。比起有确定的目标和意图的行动，机会主义行动少了些准确和肯定，但它们减轻了人们的心理负担，不会带来不方便，或许还更吸引人。我们之中有一部分人就根据情况来调整自己的生活。有时，即使是目标驱动型的行动，我们也会试图创造外部条件以确保系列行动顺利完成。例如，有时必须完成一个重要的任务，我会找人替我设定一个最后期限。我使用设定最后期限的方式来开始工作。可能在最后期限前的几个小时，我才真的开始工作并完成这项工作，但有一点很重要，最后期限促使工作顺利完成。这种外在驱动下的自我触发完全符合行动的七个阶段分析。

　　行动的七个阶段为开发新产品或服务提供了指导。用户从一开始就有明显的心理鸿沟，不论是执行的鸿沟还是评估的，每条都是改进产品的机会。诀窍就是要培养洞察能力。大多数创新是对现有产品的逐步改进。疯狂的创意是向市场推出新产品吗？要回答这些问题，需要反复思索目标，并持续追问真正的目标是什么：这就叫作"根本原因分析"（Root Cause Analysis）。

　　哈佛商学院市场营销学教授西奥多·莱维特（Theodore Levitt）曾经指出："人们并不想买一个四分之一英寸的钻头。他们想要的是四分之一英寸的孔！"莱维特关于钻头的说法，暗示了真正的目的是孔，然而这也只是部分正确。当人们去商店买一个钻头，那不是他们真正的目的。但为什么会有人想要一个四分之一英寸的孔？显然这只是一个中间目标。或许他们想把架子挂在墙上。莱维特止步得太早了。

一旦意识到用户真的不是想要钻头，或许你也就知道他们也许真的不想要个孔：他们想安装自己的书架。那么为什么不开发一种不需要孔的书架安装方法呢？或者根本不需要书架的书？（是的，我知道：电子化的图书——电子书。）

人的思想：潜意识主导

为什么我们需要了解人类的思维？因为产品是为人们的使用而设计的，如果不能深入地了解人，设计往往会失败，产品将难以使用，难以理解。这就是为什么探讨行动的七个阶段非常有用。思维比行动更难领会。我们大多数人从一开始就相信自己已经了解人的行为和人的思维。毕竟，我们都是人，我们都有自己的生活，认为自己了解自己。但事实是我们不了解人。大多数人的行为是潜意识的结果，我们无法觉察。结果，我们对人们行动方式和我们自己的观念——是错误的。这就是我们有多种社会科学和行为科学的原因，这些学科包括数学、经济学、计算机科学、信息科学和神经科学等。

想想下面简单的实验。只需要三个步骤：

1. 摆动你的食指。
2. 摆动同一只手的中指。
3. 描述你做了两次的不同之处。

表面上看，答案似乎很简单：我想移动我的手指，它们就动了。不同的是，我想每次动一个不同的手指。是的，没错。但那个念头怎么转化为行动，转化为手臂上不同的肌肉控制肌腱摆动手指的命令？这是意识里完全隐藏的部分。

人类的思维非常复杂，在长期进化中产生了许多特殊的思维结构。思维研究是个多学科的课题，包括行为与社会科学、认知科学、神经科学、哲学，和信息与计算机科学。尽管我们对它的理解有了很大进展，但仍有许多神秘的部分需要探究。其中之一，就是探讨那些有意识的行动同那些无意识的行动之间的内在性质和区别。大脑的大部分运行是潜意识的，隐藏在我们的意识背后。只有唯一的最上面的一层是有意识的，我称作"反思"（reflective）。

学习事物必须有意识地集中注意力，但过了学习的初始阶段，经过不断地实践和研究，有时候需要数年成千上万小时的重复，才会产生心理学家所说的"过度学习"（overlearning），一旦经过过度学习掌握了技巧，表现出来才似乎毫不费力，自动完成，其中很少或根本没有意识。例如，回答下面这些问题：

> 某个朋友的电话号码是什么？
>
> 贝多芬的电话号码是什么？
>
> 以下国家的首都是哪里：
>
> - 巴西
>
> - 威尔士
>
> - 美国
>
> - 爱沙尼亚

想想你该如何回答这些问题。答案立刻就出现在你的脑海中，但你并没有意识到是怎样发生的。你只是"知道"答案。即使答错了，那些答案也会在没有任何意识的情况下出现在脑子里。你可能已经有些迟疑，但不知道那个答案如何进入你的意识。对于那些你不知道答案的国家，你或许明白不经过努力你不可能立即知道。即使你知道自己所知道的，但不能完全回忆起它。或者当你试图回忆发生了什么，你却不知道自己是怎么知道的。

你可能很难记住一个朋友的电话号码，因为我们大多数人都让科技帮助我们存储电话号码。我不记得任何人的电话号码——我自己的都几乎不记得。当我想给某人打电话，我只是在我的联系人名单里做一个快速的搜索，然后用电话呼叫这个号码。或者我只是按住手机上的"2"键几秒钟，它就会自动拨号到我家。如果在开车，我可以简单地说："打家里电话。"电话号码是什么？我不知道，但我的科技设备知道。我们把技术当作我们的记忆系统，或者思维过程，或心灵的延伸吗？

那么贝多芬的电话号码呢？如果我问电脑，它将需要很长时间查询，因为它将不得不搜索我认识的所有人，看看是否有一个人是贝多芬。但你会立即意识到此问题是荒谬的。你本人不认识贝多芬。而且不管怎么说，他已经死了。此外，他在19世纪早期就死了，而直到19世纪晚期才发明电话。我们怎么这么快就知道我们并不知道呢？还有些我们知道的事情需要用很长时间才能回忆起来。例如，回答这个问题：

三小时前在你待过的房子，当你走进前门时，门把手在左边还是右边？

现在你不得不使用有意识的、深思熟虑式的问题解决方案，首先回顾谈论的是哪个房子，然后正确答案是什么。大多数人能够确定是哪个房子，但很难回答这个问题，因为他们可以很容易就想到门两边都有把手。解决这个问题的方法就是想象做一些行动，比如双手拿着沉重的包裹，走到大门前：你会怎么开门？或者，想象自己在屋里，冲到门前为客人开门。

通常这种想象中的场景能够提供答案。但是，请注意，对于这个问题的回顾与其他问题不同。所有这些问题都涉及不同方式的长期记忆。早前的问题是对事实信息的记忆，就是所谓的陈述性记忆。最后一个问题可能需要以事实来回答，但通常通过回顾开门的动作，最容易回答这个问题——这就是所谓的程序性记忆。我会在第三章，人类记忆中讨论它。

行走、说话、阅读。骑自行车或开车。唱歌。所有的这些技能都需要相当长的时间和练习来掌握，一旦掌握了，它们往往会自然而然地发生。对高手来说，除非在特别困难或意外的情况下，才需要有意识的注意。

因为我们只知道反思层次的意识过程，我们倾向于认为所有人类的思想都有意识。但并不是这样。我们也倾向于认为思想可以与情绪分离。这是错误的。认知和情感是分不开的。认知思维引导着情绪，情绪影响着认知思维。大脑是根据外部世界来建构的，每一个行动都承载着它的期望，这些期望影响着情绪。这就是为什么很多语言是基于形体隐喻，为什么人体及其与环境的相互作用是人类思维的重要组成部分。

人们极其低估了情感的作用。事实上，情感与认知一起工作，是功能强大的信息处理系统。认知试图搞清楚这个世界，情感则赋予其价值。无论正在发生的事情是好的或坏的，令人满意的或恰恰相反，情感体系判断环境安全或是带有威胁。认知提供了理解，情感提供了价值判断。没有活跃的情感系统，人难以做出选择。一个人没有认知系统也是不正常的。

由于许多人的行为是潜意识的——也就是说，行为发生时人们是无意识的——通常已经做了，我们才知道自己要做的事，要说的话，或要思考的东西。就好像我们有两个大脑：潜意识的和有意识的，它们并不总是在互相沟通。这不是你曾经学过的？是，确实如此。越来越多的证据表明，我们总是在事实之后使用逻辑和理性，来解释我们对自己（用有意识的头脑部分）或他人所做的决定。奇怪吗？是的，但不要抗议：享受这个过程吧。

潜意识思维的匹配模式，就是找到过去经验与当前状况的最佳匹配。它毫不费力，迅速自动地进行着。潜意识是我们的优势之一，在发现一般趋势，认识我们现在正经历的和过去已经发生的关系方面有很好的优势，并且擅长基于少数例子进行归纳，对总趋势做出预测。潜意识无法区分常见与罕见，但潜意识思维可以发现匹配不当或错误。潜意识思维偏重于规则和结构，在正式场合使用会受到限制。它不可能被蓄意操控，也不能通过一系列步骤来进行仔细推理。

有意识的思维则完全不同，它缓慢而吃力地运行。运用意识思维，我们慢慢地做出决定，考虑替代方案，并比较不同的选择。有意识的思维首先以这种方式考虑，然后进行比较，判断合理性，最终得到解释。形式逻辑、数学、决策理论，这些都是有意识思维的工具。有意识和潜意识的思维模式是人类生活有力和重要的组成部分，两者都可以创造富有远见的飞跃和创造性的时刻，也同样会遭遇错误、误解和失败。

情绪与认知以生化的方式相互作用，它们浸浴在充斥着荷尔蒙的大脑里，通过血液，或大脑中的导管传送，影响脑细胞的运行。荷尔蒙对大脑的运行具有强大的影响。因此，在紧张的有威胁的情况下，情感系统触发荷尔蒙的释放，促使大脑专注于周围的环境，让我们的肌肉收紧，准备行动。在平静温和的情况下，情感系统触发荷尔蒙的释放，放松肌肉，促使大脑转向探索和创造。这时，大脑更容易注意环境的变化，会因一些事情而分神，也会胡思乱想。

积极情绪对创造性思维是理想的，但它并不是非常适合做事情。如果积极情绪太多，我们会觉得此人浮躁，他会轻易地从一个话题转换到另一个话题，在一个想法还没有完成之前，另一个想法又来了。在消极的情绪下，大脑会全神贯注，集中注意力在一个任务上，并完成它。然而，如果消极情绪太多，就会目光短浅，思维狭隘，这时人们也无法超越自己。无论是积极的放松的状态，还是焦虑、消极和紧张的状态，都是对人类创造和行动有用的强大的工具，然而这两种情绪的极端状态有可能是危险的。

表 2.1　认知的潜意识和意识体系

潜意识	意识
迅速	缓慢
自发地	受控地

（续）

潜意识	意识
有多种来源	限定的来源
控制着熟练的行动	当学习、碰到危险和出错时，对新状况产生反应

人的认知和情感

人的心灵和大脑是个复杂的整体，至今仍然是许多科学研究的主题。对大脑中处理信息的层次存在一种有效解释，认为存在三个彼此相当不同的层次，但所有的层次都通力合作，这种解释同时适用于认知和情感的过程。虽然这是对大脑运作实际流程的简单化处理，但仍然是一个足够好的近似解释，可以对理解人类的行为提供指导。我在这里使用的方法来自我所著的另外一本书《设计心理学3：情感设计》。在那本书里，我认为一个有效的认知和情感的近似模型，就是综合三个层次的处理过程：本能的，行为的和反思的。

本能层次

最基本的处理层次被称为本能。有时候这也被称为"蜥蜴脑"。所有人都有着同样基本的本能反应。这是人类情感系统最基本的保护机制的一部分，能够对环境做出快速的判断：好或坏，安全或危险。本能系统能够使我们迅速地做出下意识的反应，不需要有意识地觉察或控制。本能系统的基础生物性降低了它的学习能力。本能学习主要通过对适应和经典条件反射这样的机制敏感化或不敏感化来实现的。本能的反应是快速和自发的。当阅读恐怖小说或遭遇突发事件时，本能被激发，会产生莫罗氏反射；还有像人类遗传下来的行为，比如对高度的恐惧，对黑暗或非常嘈杂的环境的厌恶，不喜欢苦味而喜欢甜味等等。请注意，本能层次是对当前状况产生反应而生成的某种情感状态，相对而言，它不会被前后背景或历史所影响。本能层次仅仅简单地评估周围的状况，不会探讨根源，没有责备，也没有表扬。

本能层次与身体的肌肉——运动系统紧密相连。正是这种联系让动物投入战斗或逃跑，或放松。一只动物（或一个人）的本能状态，通常可以通过分析躯体的紧张程度而呈现出来：紧张意味着消极的状态；放松，则是积极的状态。同时要注意，我们往往通过留意自己的肌肉来确定自己的身体状态。一个常见的自我报告可能这样说："我很紧张，因为我握紧拳头，而且出汗了。"

本能反应是迅速的，完全是潜意识的。它们只对事物的当前状态敏感。许多科学家不把这些本能反应叫作情绪：它们是情感的前奏。站在悬崖边上，这时你会感到本能的反应。或者在美妙的餐后，你心满意足地沉浸在温暖而舒适的氛围中。

对设计师来说，本能反应是直接的感知，像悠然自得的愉悦，听到优美的声音，或者指甲在粗糙表面划出刺耳、恼人的噪音。不管是听觉或视觉，触觉或嗅觉，这些都是典型模式，事物的外在表现触发本能反应。这与产品的可用性、有效性或者可理解性无关，只是关于吸引或厌恶。伟大的设计师用他们的美学素养激发用户的这些本能反应。

工程师和其他逻辑性强的人常常认为本能反应无关紧要。工程师们对自己工作的内在质量深感自豪，当听到那些劣质产品卖得更好"仅仅因为它们看起来不错"，他们就会很沮丧。但人们都会做这样的评价，即使是那些非常具有逻辑思维的工程师。这就是为什么工程师喜欢一些工具，却讨厌另外一些工具。这都是本能反应在作怪。

行为层次

行为层次是学习能力之本，在适当的匹配模式下被触发。这一层次的行为和分析主要潜意识。尽管我们都意识到自己的行动，但往往不知道细节。我们说话时，只有在有意识的大脑（心智的反射部分）听到自己说出的话，才知道自己说了什么。当参加体育运动的时候，我们准备做动作，但身体的反应很快就超越了意识的控制，进入到行为层次控制运动。

当做一个已经学得很好的动作，我们所要做的就是认清目的，行为层次会处理其他所有细节：除了支配行动的愿望，很少或根本没有意识思维。不断尝试下面的动作，会非常有趣。移动左手，然后右手。伸出你的舌头，或张开嘴。你在做什么？你还不知道呀。你知道的就是你"期望"的行动和正确的事情发生了。你甚至可以做更复杂的动作。拿起一个杯子，然后用同一只手再拿起几个杯子。你会自动调整手指和手的方向，以便完成任务。如果杯子里有一些液体，你只需要有意识地控制，希望不要洒出。即使在这种情况下，有意识的感知会掩盖无意识对肌肉的实际控制，手臂会自动调整，留心不要让水洒出。

对设计师来说，行为层次最重要的，是让每一个行动都与一个期望相关联。如果期待一个积极的结果，其结果就是一个积极的情感反应（在科学文献中叫"正价反应"）。如果期待一个负面的结果，其结果是一个消极的情感反应（负价反应）：如希望与恐惧，期待和焦虑。在评估的反馈回路中证实信息或违背期望，从而会产生满足或安慰，失望或沮丧的情绪。

行为状态是可以习得的。当对行为的结果有很好的了解和预知时，就会产生控制感。当事情无法按计划进行，尤其不知道理由也没有可能的补救措施时，会产生挫折感和愤怒。即使反馈会显示负面结果，它也能提供信心。缺乏反馈会导致失控的感觉，这可能会让人感到不安。反馈是管理预期的关键，优秀的设计提供了这一点。反馈，即对结果的预知，是满足期望，学习和发展熟练行为的关键。

期望在我们的情感生活中扮演着重要的角色。这就是为什么司机在红灯亮起前，试图通过交叉路口时会感到紧张，或者学生在考试前会极度焦虑。释放期望带来的紧张感会创造一种如释重负的感觉。情感系统对状态变化尤其敏感：即使从一个很糟糕的状态稍微好转，这种向好的变化也可以被解读为正面的。如果从一个非常积极的状态有所回落，这种变化就可能被解读为负面的。

反思层次

反思层次是有意识的认知之本。因此，这是发展深层理解的地方，是产生推理和有意识决策的地方。本能层次和行为层次是潜意识的，因而，它们反应迅速，但没有太多的分析。反思层次是认知的，有深度的而缓慢的。通常在事件发生以后才产生反思。反思层次常常对事件进行反思或回顾，评估发生的状况、行动和结果，并评判过失或责任。最高层次的情感来自反思层次，因为在这个层次确认事件的缘由，对未来进行预测。如果将因果关系加诸经历过的事件，人们会产生诸如内疚或自豪的情绪（当我们认为自己是主因时），也会责备或赞扬他人（当认定别人是主因时）。大多数人可能都经历过对未来事件预期的最高点和最低点，所有这些都是由失控的反思认知系统而来的推测，但强烈到足以产生极度愤怒或极度快乐。认知和情感是紧密交织在一起的。

设计必须关注所有层次：本能、行为和反思

对设计师来说，反思层次也许是最重要的过程。反思层次是有意识的，在这一层次所产生的情绪是最持久的，即那些能够找到客体，寻到缘由的感情，诸如内疚和自责，或者自豪和骄傲。反思层次的反应是我们对事件记忆的一部分。当下的体验或短暂的使用后，记忆会持续更长时间，主导本能和行为层次。反思让我们评价某个产品，推荐给其他人使用，或者不建议使用。

反思式的回忆往往比现实更重要。虽然我们有强烈的积极的本能反应，但在行为层次上发现令人失望的可用性问题，当我们评价产品时，反思层次很可能会过度看重于正面反应，强烈到足以忽略严重的行动问题（因此俗语说，"一美遮百丑"）。同样，如果用户太沮丧，尤其是在产品使用的后期，他们对使用体验的评价可能会忽略正面的品质。尽管在使用产品时有令人沮丧的体验，广告商仍然希望使用强烈的反思功能，强调知名的、令人敬仰的产品品牌来影响我们的判断。就像人们的日记里记载了诸多苦恼和伤心的佐证，但人们还是会回忆起假期里美好的时光。

本能、行为、反思三个层次一起发挥作用。在决定一个人喜欢或不喜欢产品或服务时，这几个层次都扮演着非常重要的角色。由服务提供商提供的一次恶劣体验会破坏所有未来的体验。一次美妙的体验可以弥补过去的不足。行为层次是交互体验之本，也是所有基于期望的情感，即希望和喜悦，挫折和愤怒之本。对事物的理解产生于行为和反思层次的结合。愉悦的感受需要所有三个层次的配合。在所有三个层次进行设计是非常重要的，所以我曾经用了一整本书来讨论这个主题，那就是《设计心理学3：情感设计》。

心理学曾经长时间地讨论情感与认知，孰前孰后。由于发生了一些事情，我们感到害怕，然后我们逃跑吗？还是因为我们有意识的反思的心灵注意到我们在逃避什么吗？对三个层次的分析表明，这两种观点可能都是正确的。有时情感是第一位的。一个意想不到的巨大噪音会导致自发的本能和行动反应，促使我们逃跑。然后，反思系统觉察到自己在逃跑并感到害怕。奔跑与逃跑行动首先发生，然后引发了我们对恐惧的认知。

有时候认知首先发生。假设我们正在行走的街道逐渐通向黑暗狭窄的地方，我们的反思系统可能会制造出许多想象的威胁在等着我们。一些情况下，想象所描绘的潜在危害大到足以触发行为反应，导致我们转身，奔跑或逃跑。在这里，认知引发了恐惧和行动。

大多数的产品不会引起恐惧、奔跑或逃跑，但拙劣设计的产品可能使人产生挫折感和愤怒，一种无助和绝望的感觉，甚至可能是痛恨。设计优秀的产品可以带来自豪和愉悦，一种控制和快乐的感觉，甚至可能是喜爱和依恋。游乐园是平衡互相冲突的情绪反应的专业场所，建造过山车和鬼屋等刺激的设施，来引发本能和行为层次的恐惧反应，同时，在反思层次，保证游乐场内不会让任何人受到真正的危险。

大脑的所有三个层次一起运作，以确定一个人的认知和情感状态。高层次的反思认知可以触发低层次的情绪。低层次的情绪会引发更高层次的反思认知。

行动的七个阶段和大脑的三个层次

行动的几个阶段可以很容易地与大脑的三个不同的运作层次关联起来，如图 2.4 所示。当接到一个任务或评估周遭环境的状态时，冷静或焦虑在最低的层次，属于本能层次。然后，在中间位置的是实现期望所驱动的行为层次，例如，希望和恐惧。还有从评价角度确认这些期望所产生的情绪，例如，宽慰或绝望。在最高层次的是反思情感，对那些根据假定因果条件和逻辑推论所产生的结果进行评价，包括短期和长期的。反思层次是满意和自豪，或者是抱怨和愤怒产生的地方。

一个重要的情感状态是那种完全沉浸在行动中的情感，社会学家米哈里·齐克森米哈里（Mihaly Csikszentmihalyi）将它称作"心流"（Flow）。[①]

齐克森米哈里长期研究人们如何与他们的工作和活动进行互动，他们的生活如何反映这种混杂的活动。在心流的状态中，人们会忽略时间和外部环境，与正在做的事情融为一体。此外，任务的难度要适当，既能提供足够的挑战，让人们保持持续的关注，还不能太难，让人们产生沮丧和焦虑的心情。

齐克森米哈里认为产生心流的活动有以下特征：1.我们热衷于从事的活动。2. 我们会专注一致的活动。3. 有清楚目标的活动。4. 有立即回馈的活动。5. 我们对这项活动有主控感。6. 在从事活动时我们的忧虑感会消失。7. 在活动时，主观的时间感会改变——例如，可以从事很长时间，而感觉不到时间在流逝。

齐克森米哈里的著作告诉我们如何在行为层次建立强有力的情感反应。在这里，行动的执行层面形成潜意识的期望，基于这些期望建立起我们的情感状态。当我们行动的结果与预期不一样时，由此产生的情绪会影响我们接下来多轮行动的感情。一个简单的远低于我们技能水平的任务，很容易满足期望，然而没有挑战。很少或不需要做出努力的任务会让人们感到冷漠或无聊。一个艰难的远超出我们能力的任务，会引来许多失败的预期，导致沮丧、焦虑和无助。"心流"状态发生在行动的挑战稍稍超过我们的技能水平，所以需要持续的关注。"心流"要求的活动相对于我们的技能水平不能太简单，也不能太困难。持续的紧张感加上不断的进展和成功，有时可以造成持续数小时的身心融入，以及身临其境的体验。

自说自话

既然我们已经探索了行动完成的方式，并且整合了认知与情感运作的三个不同层次，那么就去看看一些言外之意。

认知和情感的三个层次

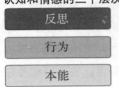

图2.3 认知和情感的三个层次。
本能的和行为的层次是潜意识的，也
是基本情感的归宿。反思层次是有意
识的思维和决断的归属地，也是最高
层次的情感。

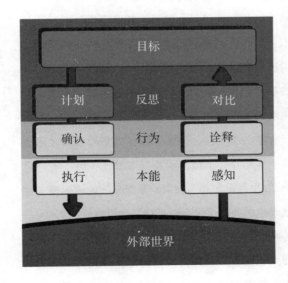

图2.4 大脑处理的步骤和行动的层
次循环。
本能的反应存在于最底层：控制简单
的肌肉群，感知外在的世界和身体。
行为层次与期望有关，所以对行动次
序的意图敏感，然后才是对反馈的阐
释。反思层次是设定目标和计划行动
的一部分，同样受到对实际发生的结
果与期望比较的影响。

人类天生就乐于寻找事情的起因，对其诠释，并形成故事。这就是讲故事如此诱人的原因。故事能与我们的经验产生共鸣，对新的境况提供实例。从我们自己的经验和其他人的故事里，我们倾向于归纳出共同的行动方式和普遍的事物运作原理。我们给事件寻找原因，只要这些因果配对合乎情理，我们就能接受它们，并将其用于理解未来的事件。然而，这些因果属性往往是错误的。有时它们包含了错误的原因，有时候事情的发生并没有单一的原因，相反，一系列复杂的连锁事件可能造成了最终的后果：如果其中任何一件事没有发生，结果将会不同。即使没有单一的因果关系，那也挡不住人们为此去找到一个原因。

概念模型是一种形式的故事，来自我们习惯寻找解释的天性。在帮助我们理解自己的经验，预测自己的行为结果，以及处理突发事件时，这些模式就变得非常重要。我们基于自己已有的知识建构自己的模式，无论是真实的还是想象的，天真的还是复杂的。

概念模型通常由零碎的事实架构，很少了解所发生的事情，用一种天真的心理学来推断原因、机制和相互关系，即使有时没有任何关联。一些错误的概念模型让我们在日常生活中受挫，譬如我曾经列举的难以调温的冰箱，在那个例子里，我关于冰箱操作的概念模型（见图1.10A）不符合产品的实际原理（图1.10B）。更严重的是，如果对复杂系统的故障模式存在误解，像工业基地或民航客机的庞大系统，则可能导致灾难性的事故。

想想控制室内加热和冷却的温控器。它如何工作？除非以间接迂回的方式来了解，普通的温控器几乎没有提供任何操作的证据。我们所知道的是，如果房间太冷，就用温控器设定一个较高的温度，最终感到暖和。请注意，这同样适用于温度控制的几乎任何需要设定温度的装置。想烤蛋糕吗？就将烤箱的温度设定到所需的温度。

如果在一个寒冷的房间里，想快点儿暖和起来，这时你将自动温控器设到最高值，房间温度能快速升高吗？或者想让烤箱快速达到其工作温度，你会把温度旋钮一直转到最大值，一旦达到所需温度，然后再将温度调低吗？或者想最快地冷却房间，你应该将空调控制器调节到最低温度设定吗？

如果认为将温控器一直设到最大值，房间或烤箱就会冷却或加热得更快，那么你错了——关于加热和冷却系统，你持有一个错误的民间常识。一个普遍的民间常识认为温控器的工作原理像一个阀门：温控器控制着有多少热（或冷）空气从设备里排出来。因此，如果你想让东西加热或冷却得最快，就应该设定温控器，让设备在最大功率运行。该理论是合理的，的确存在这样操作的设备，但无论是家庭加热或制冷设备，还是一个传统烤箱的加热元器件，都不是这样工作的。

在大多数家庭里温控器仅仅是一个开关。此外，大多数的加热和冷却装置要么完全打开，要么完全关闭：打开或关闭，不存在中间状态。因此，如果开机，温控器会将加热器、烤箱或空调完全打开，处于全功率工作，直到温控器达到设定的温度。接着再将设备完全关闭。将温控器设定到极端状态，不会影响达到期望温度所需要的时间。更糟的是，由于极端设定总是意味着温度超过目标，因此一旦达到预期的温度时温控器会自动关闭功能。如果人们之前对过冷或过热感到不舒服，那么他们也会在另一个极端感到不舒服，而且在这个过程中还会浪费了大量的能源。

但你怎么知道这些呢？哪些信息可以帮助你了解温控器的工作呢？前述的冰箱设计问题就不能帮助人们了解设备的状态信息，无法形成正确的概念模式。事实上，所提供的信息误导人们形成错误的非常不合理的模式。

这些例子真正的要点不是认为某些人具有错误的信念，每个人都会编造故事（概念模型）来解释自己的观察。当外部信息缺乏时，人们自由发挥想象力，直到发展出的概念模型能够解释他们觉察到的事实。因而，人们不正确地使用温控器，让自己付出不必要的努力，而且经常造成较大的温度波动，从而浪费能源，这既是不必要的开支，也有害于环境。（在本章稍后，我会展示一个提供有用概念模型的温控器的例子。)

责备错误之事

人们试图发现事件发生的原因。当两件事情相继发生时，他们容易认为其间含有因果关系。在家里，如果我做了一些事情之后，发生了意外事件，我倾向于认为它是由我之前所做过的事情引起的，即使它们二者之间确实没有任何关系。同样，如果我做了一些事情，而预期的结果并没有发生，我倾向于将此信息反馈的缺乏解释为自己没有做对事情的迹象：因此，我最可能做的事，就是重复以前的动作，投入更大的努力。推门，但门没有打开？那就一推再推，使更大劲儿。如果电子设备反应延迟，人们往往会得出结论，认为按压不到位，所以他们会再次做同样的动作，有时不断重复，并不知道所有的按压已经起了作用。这可能导致意想不到的结果。反复按压可能增加了设备的反应次数，远远超过预期。或者，第二个请求可能会取消前一个，从而奇数次的按压产生期望的结果，而偶数次的按压不会有结果。

第一次尝试失败后，人们倾向于重复这个动作，其后果可能是灾难性的。当人们试图推开向内打开的紧急出口，逃出着火的大楼，但这个门应该被拉开，错误的操作导致了无数人的死亡。因而，在许多国家，法规要求公共场所的门应该向外打开，而且可以由所谓的紧急逃生门闩操作。当人们在火灾中恐慌逃生，用身体顶住门闩，门就可以自动打开。这是一个出色的提供了合理示能的例子：请观察图2.5中的门。

现代系统尽力在十分之一秒内对任何操作提供反馈，提示用户：已经接收到指令，让用户安心。如果操作需要相当长的时间，这一点就非常重要。显示一个流转的沙漏或转动的时钟指针是一个可靠的信号，告诉用户操作正在进行中。当延迟可以预测时，有些系统提供预估时间以及进度条

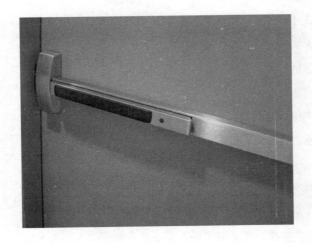

图2.5　在门上设计推杆，防止惊恐中出错。

在惊慌中逃离火灾现场的人，如果遇到向内打开的门，可能会困在门内而死亡。因为他们会不断地使劲向外推门，如果推不开，就会用更大的力气。如图，改良后的门只要向外一推就能打开，这个合理的设计现在被很多地方通过立法规范下来。有效地应用合理的示能，再加上一些优雅的意符，就像图中所示的黑色推杆，标示了从哪个部位把门推开。（作者摄于西北大学福特设计中心）

用来显示距离任务完成还有多久。越来越多的系统应该采取直观的显示提供及时和有意义的操作结果反馈。

一些研究表明有保留的预测是明智的——换句话说，显示的操作时间应当比实际的更长。当系统计算时间时，它可以计算出可能的时间范围。在这种情况下，它应该显示此范围，或者，如果只要求显示单一值，那就显示最慢的、最长的值。这样，有可能会超出用户的期望，带来一个美好的结局。

当难以确定遭逢困难的原因，人们会把责任怪罪于谁？人们通常会使用自己生活中的概念模型，来"认定"被指责的事情与结果之间的因果关系。"认定"这个词至关重要：暗示因果关系不一定存在，但人们简单地认为存在因果关系。结果就是将与事情根本无关的行动认定为原因。

假设我使用一个日用品，但不会用。这是谁的错：是我，还是那个日用品？通常我们倾向于责备自己，尤其当其他人都会使用它，而自己不会。如果这个物品真的有问题，那么很多人应该有同样的问题。由于每个人都认为错误在自己，但没有人愿意承认自己使用时有困难，这就会造成一个沉默的阴谋，此时，人们内疚和无助的感觉被隐藏起来。

有趣的是，使用日用品有挫折感时埋怨自己的常规倾向，与我们对待自己和他人的正常特性背道而驰。每个人都会有些似乎古怪的、奇特的或简单的错误和不恰当的行为方式。当这样做时，我们习惯于把自己的行为归咎于环境因素。当看到别人这样做时，则习惯于把别人的行为归咎于他们的个性。

这儿有一个虚构的例子。汤姆是办公室里的讨厌分子。今天，汤姆上班迟到了，由于办公室的咖啡机空了，他对同事大喊大叫，然后，他跑回办公室，砰的一声把门关上。"哦，"他的同事和职员窃窃私语，"他又来了。"

现在，从汤姆的角度来想想。"我今天真的很倒霉，"汤姆说，"因为闹钟没响，我起床晚了：甚至没有时间享用早餐和咖啡。由于迟到，我也找不到停车位。结果办公室里的咖啡机全空了。这一切都不是我的错——我只是碰到一堆倒霉事。是的，我有点儿生硬，但谁没有碰到同样的情况呢？"

汤姆的同事不能看到他内心的想法，也不知道他一大早的活动。他们能看到的是仅仅因为办公室的咖啡机是空的，汤姆就对他们大喊大叫。这让他们想起另外一些类似的情形。"他一直都这样，"他们总结说，"总对一些微不足道的事火冒三丈。"在这个故事里，谁是正确的？汤姆，还是他的同事？从两个不同的角度来看这个事情，就会有两种不同的解释：一种是人们在生活中对挫折的共通反应，另一种仅仅是暴躁易怒的个性又一次爆发而已。

人们很自然地将自己的不幸归咎于周围环境，同样，将别人的不幸归咎于他们的个性。按照这种方式，当事情顺利时，人们的看法恰恰相反。当事情做得很好，人们乐于将其归因于自己的能力和智慧，而旁观者则会做相反的评价。当他们看到某些人一帆风顺，有时会认为这是环境或运气使然。

在所有这些例子里，不论一个人是否接受了不合理的指责，诸如不能完成简单的工作目标，或由于环境或个性导致了此等问题，都是错误的概念模型在起作用。

习得性无助

习得性无助（learned helplessness）[2]可用来解释人们的自责心理。它指人们在做某事时多次经历失败，便认为自己实在无法做好这件事，结果陷入无助的状态。人们将不再进行尝试。若是经常遇到这种情况，人们就会产生严重的心理障碍。习得性无助发展到极限，会导致忧郁症，或自己的个性根本无法应对日常生活。有时几件不幸的事情碰巧接连发生，就足以使人感到无助。作为忧郁症的前期表现，这种现象已在临床心理学中得到广泛研究。我留意到在使用日常物品时，若是遇到几次挫折，人们也很容易产生无助感。

对普通技术和数学的恐惧是否源于这种无助感？有了几次失败的体验之后，人们是否会对每个新技术产品、每一道数学题都心怀畏惧？或许是。实际上日用品的设计问题（和数学课程的设计）似乎一定会导致无助感，我们称这种现象为教出来的无助感（taught helplessness）。

人们一旦发现自己不能掌控某种技术时，就会感到内疚，尤其当他们觉得别人不会遇到同样的问题时，但这往往是错误的想法。更糟的是挫折越多，无助感越强，这让他们确信自己是技术或机械方面的低能儿。与之相反，在正常情况下人们往往将自己的困难归咎于外在环境。尤为讽刺的是，这种错误的自责的罪魁祸首通常就是技术上拙劣的设计，所以责备外在环境或技术完全恰当。

以普通的数学课程为例，每一节新课的设计都假设学生已完全理解并掌握了以前学过的知识。单个的数学概念或许很简单，可是你在某一阶段一旦落后，就难以跟上进度，结果就形成数学恐惧症。其原因不在于数学本身的难度，而在于课程的安排，致使一个阶段的困难成了下一个阶段的学习障碍，一次做题的失败经历所产生的自责心理便会让你对所有的数学题都心生畏惧。相似的情况也经常出现在运用新技术的过程中。如果你在某项技术操作中失败了，你会认为是自己的错，于是开始了恶性循环：你认为自己做不了这种工作，下一次面临同样的工作时，你甚至不去尝试就放弃了。你认为自己没有能力做某事，结果真的做不了。

你陷进了一个自我暗示的循环。

积极心理学

正如多次失败后我们学会了放弃，我们也能够学会乐观、积极地对待生活。多年来，心理学家关注人们如何失败的悲观故事，研究人类有限的能力，以及精神病理学，比如抑郁、狂躁、偏执等等。但在 21 世纪，心理学家发现了一种新的方法，着力于积极心理学③，即一种正面思考的并且自我感觉良好的文化。事实上，大多数人的正常情绪状态是积极的。当某事不顺利时，它可以被认为是一次有趣的挑战，或仅仅是一次积极学习的体验。

我们需要将单词"失败"从我们的词汇表中删除，取而代之的是"学习体验"。失败就是一种学习：我们从失败中学到的要比从成功中更多。当然，成功了，我们很高兴，但往往不知道为什么成功了。如果失败了，我们经常要找出原因，以确保它不会再次发生。

科学家们知道这些。他们做试验来研究整个世界是怎么运转的。有时他们的试验达到预期目的，但经常没有达到目的。这是失败吗？不，他们在学习经验。许多最重要的科学发现都来自这些所谓的失败。

失败是很强大的学习工具。在开发阶段，许多设计师会为自己的失败而自豪。在设计公司 IDEO，它有一条格言："经常失败，快速失败。"如此说，因为他们知道，每一次失败会让他们知道很多怎么做才是对的。设计师需要失败，做研究亦如此。我一直秉持此信念，在我的学生和员工中鼓励失败，失败是探索和创新的重要组成部分。如果设计师和研究人员没有失败过，这个迹象表明他们还不够努力——他们还没有出色的创意，不能对我们日常所为有所突破。尽量避免失败将始终是安全的，但这会让生活单调乏味。

我们对产品和服务的设计也必须遵循这个理念。所以，对阅读本书的设计师，我给出一些建议：

- 当用户不能正确使用你的产品时，不要责怪他们。
- 把用户遇到的困难当作产品改善的机会。

- 消除电子设备或计算机系统的所有错误信息，而不是提供帮助和指导。
- 直接从帮助和指导信息中纠正问题。让用户能继续使用产品：不要停步——帮助用户顺利、持续地使用。不要让用户重新开始。
- 假设用户所做的不完全是正确的，如果有不恰当的地方，提供指导，使他们能够纠正问题，找到正确的方式。
- 面对你自己和要打交道的人，积极地思考。

不当的自责

我研究过人们在使用机械设备、电灯开关、计算机操作系统、文字处理器以及飞机和核电站的设备时所出的差错。错误发生时，人们总会感到内疚，不是试图隐瞒错误，就是责怪自己"太笨"或"手脚不灵活"。没有人愿意让别人观察自己操作时的拙劣表现，我的研究工作的开展也因此遇到障碍。尽管我向他们指出产品设计有问题，其他人也犯过同样的错误，但他们还是责怪自己。尤其当这些操作看起来都很简单时，更容易发生自责。他们似乎总是认为自己在操作上很笨拙。

一家大规模的计算机公司曾经请我评估一款新产品。于是我花了一天的时间学会如何使用它，并试着用它来解决各种问题。我发现使用键盘输入数据时，必须要分清"Return"键和"Enter"键。如果使用错误，就会丢失前几分钟输入的信息。

我向设计人员指出这个问题，解释说，我自己犯了好几次这样的错误，照我的分析，其他用户很可能会犯同样的错误。设计人员的第一反应是："你为什么会犯那样的错误？难道你没有看使用手册吗？"接着，他就开始解释这两个键的不同功能。

"是，是，"我连忙说道，"我明白这两个键的不同之处，只是在操作时容易把它们混淆。它们的功能相似，在键盘上的位置又很接近，而我的打字速度又相当快，经常不加思考地就按了'Return'键。我敢肯定别人也有类似的问题。"

"没有。"设计人员说道。他声称我是唯一抱怨这点的人，公司的秘书使用这种新产品好几个月了，并未出现此问题。我不相信他的话，于是我们一同去找了几个秘书，问她们是否在按"Enter"键时，常常会误按"Return"键，是否因此丢失了一些工作资料。

"噢，是的，"秘书们回答道，"我们经常出这样的错。"

"那为什么没有人提出这个问题？"我接着问道。毕竟公司鼓励她们汇报在使用新产品的过程中所遇到的全部问题。她们的理由很简单：如果新产品发生故障或是出现一些奇怪的现象，秘书们就会如实汇报，但是当她们错把"Return"键当作"Enter"键，他们就会责怪自己。毕竟她们受过培训，知道怎么操作，她们认为这仅仅是个失误而已。

一旦事情出错就怪罪于人的想法在这个社会根深蒂固。这就是为什么我们责怪他人，甚至自己。不幸的是，"肯定有人犯了错误"这一概念也纳入了法律体系。当发生重大安全事故，就会启动正式的调查诉讼程序以判定责任。越来越多的责任归咎于"人为差错"。相关人员会被罚款、处罚或是被开除。或许有关机构还会修订培训程序。然后法律程序就结束了。但以我的经验来看，人们的差错通常来源于糟糕的设计：它们应该被称为系统差错。人们不断地犯错，犯错是我们天性的一部分。系统设计应该考虑到这一点。将错误归咎于人可能是一个方便的办法，但为什么如此设计系统，让一个人的某个行为导致灾难？更糟的是，归罪于人，却没有解决根本的隐藏的原因，根本不能解决问题，而且其他人可能会重复同样的错误。在第五章我会进行人为差错的详细讨论。

当然是人造成了差错。复杂的设备都需要一些指导说明，没有说明书，用户就会搞错或一头雾水。但设计师应该付出特别的努力，使差错的成本尽可能为零。这里是我关于差错的信条：

消除"人为差错"这个词，取而代之的是谈论沟通和互动：我们所说的差错通常都是不良的沟通或互动造成的。当人们彼此合作，差错这个词绝不会用来描述一个人。这是因为每个人都试图理解和回应对方。当存在一些不理解或似乎不合理的事，人们会提问、澄清，然后继续合作。为什么人和机器之间的互动不能被认为是合作呢？

机器不是人类。它们无法和我们一样沟通和互相理解。这意味着，机器的设计师肩负一项特殊的义务，确保机器的行为可以被与之互动的人理解。真正的合作需要双方都做出一些努力适应和了解对方。当与机器合作时，人类必须适应机器所有的不便。为什么机器不能更友好呢？机器应该接受正常的人类行动，但正如人们常常下意识地评估所说之事的准确性，机器也应该判断被给予信息的质量，在这种情况下帮助它的操作者避免由于简单的差错而犯严重的错误（在第五章讨论）。如今，我们坚持认为人应该有优异表现，以适应机器的特殊要求，其中包括总是提供精确的、准确的信息。但是人类正好不擅长这个方面，但是当人们不能满足机器任意的不人道的要求时，我们称之为人为差错。不，它是设计的差错。

设计师应努力减少不当行为发生的机会，首先利用示能、意符、良好的映射，还有约束等手段指导用户的行动。如果一个人做出不当的行动，设计应最大限度地使其可以被人们发现，并予以纠正。这需要很好的明白易懂的反馈，结合简单的、清晰的概念模型。当人们知道发生了什么，系统处于什么状态，什么是最合理的行动次序时，他们就可以更有效地执行自己的操作。

人类不是机器。机器不需要处理连续不断的打扰，而人们会受到不断的打扰。因而，我们常常在任务之间跳来跳去，当返回前一个任务时，不得不找到原来的位置，接续原来正在做的事情，继续曾经的思考。更不用说有时会忘记原来的地方，当我们回到初始任务，有可能会跳过一个步骤，或者重复已经做过的步骤，或者并不确定将要进入的位置。

人类的优势在于灵活性和创新，能够想出解决问题的新办法。人类具有创造力和想象力，而不是刻板的和精密的大脑。机器要求精度和准确度，人类则不行。人类特别不擅长提供精确和准确的内容。那么为什么总要人类这样做?
为什么把对机器的要求强加于人?

　　当人与机器互动时,事情不会总是一帆风顺。这是可以预料的。因此设计师应
该预见这一点。当一切事情遵循计划时,很容易设计机器,并且会一帆风顺。设计
中最难的和必须注意的部分,就是当事情不按计划进行时,还能顺利完成任务。

科技如何适应人的行为

　　过去,成本制约了许多制造商在产品上提供有用的反馈,以帮助人们
形成正确的概念模型。大屏幕和柔和的彩色显示屏可以提供所需的信息,
但成本高昂,不能用于小型、廉价的设备。随着传感器和显示屏的成本不
断下降,现在已经可以应用到更多产品上。

　　感谢显示屏的普及,电话比以往任何时候都更容易使用,所以,在本书
的早期版本中,我曾经多次批评的手机案例已经被删除了。我期待着所有的
设备都能有很大的改进,现在,这些设计原则的重要性被人们日益认可,显
示器质量的逐步提高和持续降低的成本,让人们有可能实现以上想法。

家用温控器的概念模型

　　我家的温控器,如图 2.6 由巢氏实验室(Nest Labs)设计的,有一个
彩色显示屏,通常在关闭状态,只有当它感应到我在旁边时,才会自动打
开。然后,它显示房间现在的温度,设定的温度,以及房间正在加热还是
制冷的状态(背景颜色从黑色——代表既没有加热也没有制冷,变化为橙
色——代表正在加热,或者蓝色——代表正在制冷)。它还可以掌握我的
日常生活模式,从而自动调节温度。譬如我喜欢在睡前将温度调低一些,
在早上又调高一些。当它检测到没有人在家时,还能进入"离线"模式。

任何时候它都告诉你空调在做什么。像这样，当它要改变房间的温度时（由人进行手动调节或者它自己启用定时开关），它会显示一个预测："现在75华氏度，将在20分钟后达到72华氏度。"此外，巢氏温控器可以通过无线网络连接到智能手机，允许远程操作，而且它的大屏幕提供了其性能的详细分析，协助家庭居住者建立同时适用于巢氏温控器和家庭能源消耗的新概念模型。巢氏很完美吗？不是，但它标志着在人与日常用品的和谐互动方面有所改善。

输入日期、时间和电话号码

许多机器的程序，对输入所需要的形式非常挑剔，其实不是机器要吹毛求疵，而是设计人员在设计软件时没有考虑用户的需求。换句话说：设计了不合理的程序。看看以下这些例子。

许多人花时间在电脑上填写表格——表格要求在一个固定的、严格的格式里输入名称、日期、地址、电话号码、金额和其他信息。更糟的是，常常直到出错用户才知道正确的格式。为什么不开发多种多样的变通方式，当用户填写表格时，可以接受各种形式的变化？在这方面，一些公司已经做了出色的改进，让我们庆祝他们的成果。

看一下微软的日历程序。在这里，你可以用自己喜欢的方式设定日期："2015年11月23日"，"十一月二十三日二零一五，"或"11. 23. 15。"它甚至可以输入一些短语，诸如"从星期四到星期五"、"明天"、"从明天起一个星期"或"昨天"。时间的输入也一样。你可以用任何你想要的方式输入时间："下午3点45分"，"15：35"，"一个小时"，"两个半小时"。电话号码也一样：想在前头放一个加号（表明国际拨号代码）？没问题。喜欢用空格、下划线、括号、破折号、斜线、句号来间隔电话号码？没问题。只要程序能够破译日期、时间或电话号码为一个合适的格式，它们都可以

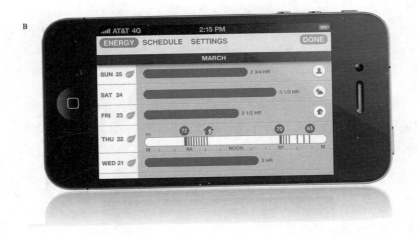

图 2.6　具有直观概念模型的温控器。
这个温控器由巢氏实验室（Nest
Labs）制造，帮助用户形成很好的操
作概念模型。图 A 显示的是温控器，
蓝色的背景显示正在给房间降温。当
前温度是 75 华氏度（24 摄氏度），目
标温度是 72 华氏度（22 摄氏度），预
计需要 20 分钟。图 B 显示了使用智能
手机得到的温度设置信息以及家庭耗
能信息汇总。A 和 B 都在帮助家庭主
妇得到温控器和家庭耗能的概念模型。
（图片由巢氏实验室提供）

被接受。我希望开发这个工作的团队得到奖金和晋升。

虽然我选出微软作为接受多种格式的先驱，但现在这已经成为标准做法。等你读到这本书时，我希望每个程序将允许姓名、日期、电话号码、街道地址等使用任何可理解的格式，不论什么形式都可转化为内部编程的需求材料。但我预测，除了编程团队的懒惰之外，即使在下个世纪，仍然存在需要准确输入（但可以任意）的格式要求。或许从这本书出版，到你阅读这本书时，情况会有很大的改进。如果我们都幸运，本节将严重过时。但愿如此。

行动的七个阶段：七个基本设计原则

行动周期的七个阶段模型是个有用的设计工具，因为它提供了一个基本的问题清单。一般来说，行动的各个阶段要求独特的设计策略，反过来，也提供了发生灾难的机会。如下图 2.7 总结了这些问题：

1. 想实现什么？

2. 可能替代的动作序列是什么？

3. 现在能做什么？

4. 该怎么做？

5. 出什么事了？

6. 这是什么意思？

7. 做好了吗？已经达到目标了吗？

使用产品的用户都应该能够得到所有七个问题的答案。这就将重任交给了设计师，保证在每一个阶段，产品能够回答这些问题，提供所需的信息。

有助于回答执行类（做）的信息叫前馈（feedforward）。有助于理解发

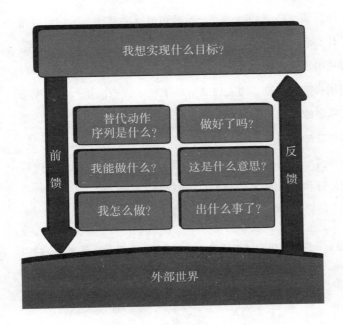

图2.7　行动的七个阶段对设计很有
帮助。
在七个阶段的每一个阶段都显示了用
户使用系统问题的地方。七个问题提
出了设计的七个话题。设计如何才能
传达信息，回答用户的问题？需要通
过合理的约束和映射，意符和概念模
型，反馈和可见性等方法。有助于回
答执行（操作）问题的信息是"前
馈"，有助于了解操作结果的信息是
"反馈"。

生了什么的信息叫反馈（feedback）。每个人都知道反馈是什么，它可以帮助你知道发生了什么事。但是你怎么知道你能做什么？这就是前馈的作用，前馈是从控制理论中借用的一个术语。

可以通过使用合适的意符、约束和映射等手段来进行前馈。概念模型在前馈中扮演着重要的作用。反馈通过确定行动的影响来完成。此时，概念模型再次起着重要的作用。

前馈和反馈都需要以用户容易阐释的形式来呈现。其表现形式应该符合人们看待达成目标和预期的方式。信息必须符合人的需要。

从行动的七个阶段的观点出发，引导出设计的七个基本原则：

1. **可视性**：让用户有机会确定哪些行动是合理的，以及呈现该设备的当前状态。

2. **反馈**：关于行动的后果，以及产品或服务当前状态的充分和持续的信息。当执行了一个动作之后，很容易确定新的状态。

3. **概念模型**：设计传达所有必要的信息，创造一个良好的系统概念模型，引导用户理解系统状态，带来掌控感。概念模型同时包括可视性和评估行动的结果。

4. **示能**：设计合理的示能，让期望的行动能够实施。

5. **意符**：有效地使用意符确保可视性，并且很好地沟通和理解反馈。

6. **映射**：使控制和控制结果之间的关系遵循良好的映射原则，尽可能地通过空间布局和时间的连续性来强化映射。

7. **约束**：提供物理、逻辑、语义、文化的约束来指导行动，容易理解。

下次，如果你不能很快搞定酒店房间的淋浴控制，或者在使用不熟悉的电视机或厨房用具时碰到麻烦，记住，问题出在设计。问问自己，问题出在哪里？在这七个阶段的哪一步出了问题？没有遵循哪一个设计原则？

很容易找到故障：关键是如何能够做得更好。问问你自己：困难来自哪里。要意识到许多不同的人也可能深受其害，而每一类用户都可能用明智的、合理的理由解释他们的行动。例如，一个麻烦不断的浴室淋浴，可能是由那些不知道如何安装的人设计的，然后，由某个建筑承包商选择淋浴控制满足另外一个人设计的居室蓝图。最后，也许是不可能与其他任何人联系的某个水管工安装了整个淋浴系统。问题出在哪里呢？可能发生在其中任何一个或几个阶段，结果就表现为拙劣的设计，但实际上可能是由于各方面的不良沟通。

我有一个自我法则："除非你做得更好，否则不要批评。"要尝试了解设计的错误如何发生：尝试确定别的方式可不可以做到。要反复权衡不良设计的原因和可能的改良方法，这会让你更好地欣赏优秀的设计。所以，下次碰到一个精心设计的物品，在初次尝试时就很好用，毫不费力，这时你要停下来，好好研究。想想它如何很好地运用了行动的七个阶段以及相关设计原则。我们与产品的互动，大多数情况下是与一个复杂的系统进行交互作用：优秀的设计需要考虑整个系统，以确保用户的需求、意向和每个阶段的要求都被忠实地理解，并且在所有其他阶段得到尊重。

译者注：

①心流，或沉浸于工作的状态，其特点是高度集中的注意力、失去自我意识、一种控制的感觉、一种"时间消失"的感觉。流畅感本身就是一种有益的体验，而且还可以帮助人实现目标（例如赢得比赛）或提高技能（例如成为一个更好的国际象棋选手）。心理学家米哈里·齐克森米哈里将心流（flow）定义为一种将个人精力完全投注在某种活动上的感觉，心流产生时会有高度的兴奋及充实感。

②习得性无助，指因为重复的失败或惩罚而造成的听任摆布的行为。由美国心理学家塞利格曼于1967年在研究动物时提出的理论。他用狗做了一项经典实验，起初把狗关在笼子里，只要蜂音器一响，就给以难受的电击，狗关在笼子里逃避不了电击，多次实验后，蜂音器一响，在给电击前，先把笼门打开，此时狗不但不逃而是不等电击出现就先倒地开始呻吟和颤抖，本来可以主动地逃避却绝望地等待痛苦的来临，这就是习得性无

助，指通过学习形成的一种对现实的无望和无可奈何的行为、心理状态。

③积极心理学，也叫正面心理学，是心理学的一个最新分支，"研究能使个人和社区繁盛的力量和美德"。正面心理学家希冀"发现和培养天才和能力"，并"使正常的生活更充实"，而不仅仅是治疗精神病。在这一领域，正面心理学可以划分为三个相互重叠的研究范围：第一，研究快乐生活，或"享受生命"；第二，研究美好生活，或"参与生命"；第三，过有意义的人生，或"生命归属"。

第三章

头脑中的知识与外界知识

一位朋友热心地把车借给我用，这是一辆老旧经典的萨博（Saab）。我刚要开车离开时，发现了一张他留给我的字条："我要提醒你，拔钥匙前，需要把手挡挂在倒车挡位置。"停车需要挂倒车挡！如果没有看见字条，我根本不会知道这一点。这辆车上根本没有任何可见的提示：这个把戏的秘诀不得不储存在脑子里。如果这辆车的司机不知道，车钥匙就会永远插在点火装置上。

每天，我们都会面对不计其数的物品、设备和服务，每一个都要求我们以某种特定的方式操作或使用。总的来说，我们处理得很好。我们的知识往往是不完整的、模糊的，甚至是错误的，但那不重要：我们仍然能过日子就好。这是怎么做到的？我们将头脑里的知识与外部世界（以下多简称外界）的知识结合起来。为什么要结合？因为没有哪一种知识能够独自满足需要。

很容易证明人类知识和记忆的本质缺陷。心理学家雷·尼克森（Ray Nickerson）和玛丽莲·亚当斯（Marilyn Adams）就证明了人们不记得普通的硬币看起来是什么样子（图3.1），即使是一美分硬币，这个发现在全世界的硬币上都得到验证。但是，尽管我们忽视了硬币的模样，我们仍然可以正确使用这些钱币。

为什么精确的行为与含糊的知识之间有明显偏差？因为，并非精确行为需要的所有知识都得储存在头脑里。它可以分布在不同地方——部分在头脑里，部分在外部世界，还有一部分存在于外界约束因素之中。

含糊的知识引导精确的行为

精确的行为可以诞生于含糊不清的知识里，其原因有以下四条：

1. 知识同时储存于头脑中和外部世界里。从技术上讲，知识只能

图 3.1 哪个是 1 美分硬币？

当美国大学生看到这些不同的图片时，只有一半多一点儿的学生能准确地选出 1 美分硬币。表现太令人失望了。虽然如此，不仅这些学生，所有的人使用钱币并没有困难。在日常生活中，人们只需要辨别出 1 美分和其他硬币就够了，并不需要区分同一面额不同版本的硬币。尽管这是个用美元硬币做研究的老故事，其结论仍然适用于现今各个国家使用的硬币。[取材于 1979 年尼克森与亚当斯出版的《认知心理学》(Cognitive Psychology) 第 11 章 (3)。通过版权结算中心得到美国学术出版社 (Academic Press) 许可转载。]

存在于头脑中，因为知识需要阐释和理解，但只要外部世界的结构已经被解释和理解，它也算是知识。一个人完成任务所需的大多数知识可以来源于外界信息。脑海中的知识与外界信息的互相结合，决定了行为的方向。在本章中，我将使用术语"知识"来指称所有头脑中的知识和外界的知识。虽然从技术的角度不那么精确，但它会简化讨论和理解。

2. 无须具备高度精确的知识。很少有场合要求知识的准确性、精确性和完整性。如果结合头脑中的知识与外界的知识，足以使人做出正确的选择，就会产生正确的行为。

3. 外界存在自然约束条件。外界存在许多自然的、物理的限制条件，对人的可能行为有约束作用。例如：零件有一定的组装顺序，物品被移动、运输或操控具有特定方式。这就是外部世界里的知识。每件物品都有自身的物理特征，诸如凸起、凹陷、螺纹、插件等，从而限制了它与其他物品的关系、可能的使用方法，以及能够与之连接的其他东西等等。

4. 头脑中有关于文化规范与习俗的知识。文化规范与习俗是后天习得的人为限制，施加于人类行为之上，减少了可能发生的动作，在很多情况下人们仅有一两种可选择的方案。这就是头脑中的知识。一经掌握，这些规范便可适用于广泛的领域。

人类行为由内在（头脑）和外部知识与规范共同决定。人类能够最大限度地减少必学知识的数量，包括学习的广度、准确度、精确度和深度。人类甚至有意构建各种环境因素来支持自己的行为。这样有阅读困难的人经常可以蒙混过关，甚至可以从事那些需要阅读技能的工作。有听力障碍的人（或者听力正常但处在一个嘈杂的环境里）使用其他线索来帮助自己提高听力。尽管许多人不知道会发生什么，但仍然在异常的、混乱的环境里泰然自若。这是怎么做到的？我们不需要具备完整的知识，或者依赖周围人的知识处理信息，我们仿效他们的行为，或者跟随他们完成要求的动作。多少人滥竽充数，一知半解或根本没有兴趣却蒙混过关，其数量之大会让你瞠目结舌。

　　尽管使用某个特定物品时，人们具备一定的知识和经验（头脑里的知识）会非常有益，但如果设计师在设计中提供足够的线索（外界的知识），即使当头脑里的知识缺乏时，这也会带来很好的效果。如果将头脑里的和外界的两种知识结合在一起，效果会更好。那么设计师怎样将知识融合到设备里呢？

　　本书第一章和第二章从对人类的认知和情感的研究出发，介绍了许多基本的设计原则。本章即将展现如何将外部世界中的知识与头脑里的知识结合起来。头脑里的知识是储存在人类记忆系统中的知识，所以本章包含了对记忆系统关键内容的简要回顾，为了设计出易用的产品这些是必须了解的。我想强调的是这部分内容出于实用目的，我们不需要知道详细的科学理论，但要了解简单的更加通俗和有用的部分。简化模型是成功应用的关键。在本章的最后，将讨论自然映射如何以容易解释和可用的方式来体现外界的有效信息。

　　储存于外界的知识

　　一旦从事某项任务所需要的知识在外界唾手可得，学习这些信息的必要性就会大幅度降低。例如，即便我们可以辨别不同的硬币，但仍然缺乏有关普通硬币的知识。想了解我们所使用的货币，我们不需要知道所有的细节，只需要能够将一种价值的货币同其他的区分开来的知识就足够了。

　　或者像打字，许多打字员并不会把键盘默记在心。通常每个键上都标着字母，非专业的打字人员可以在键盘上逐个寻找所需要的字母，然后再键入，就是依赖于储存在外界的知识而缩短了学习需要的时间。然而，用这种方法打字，速度会比较慢，同时也增加了操作上的难度。当然，随着经验的积累，人们便可记住键盘上大部分字母的位置，即使没有指导，打字速度也会有明显提高。有些人的打字速度相当快，远远超出了手写速度，真是令人佩服。借助边际视觉和手触键盘的感觉，人们便可知道某些字母键的位置。那些常用键就会被人们牢牢记住，不常用的键则模棱两可，其他一些键只是部分被记住。如果一边打字，一边看键盘，速度就会受到影响，说明打字所需的知识大多还存在于外部世界，并不在人们的头脑中。

若是要定期录入大量文字材料，就需要额外的投入：通过上打字课、阅读相关书籍、借助互动式计算机教学软件来提高打字速度。要想打字快，关键在于熟悉字母在键盘上的正确位置，学会盲打，将键盘的外部知识印入脑海里。了解打字系统只需花费几周而已，但要想成为专家，则需要花好几个月的时间练习。经过一番努力，打字的速度和准确度都会有大幅度的提高，以后打字时便可节省不少脑力和体力。在工作速度、完成任务的质量和付出的脑力劳动之间存在均衡协调的问题。

我们仅仅需要记住能够完成任务的知识即可。因为周围环境中有太多的信息，你会惊讶于我们需要学习的东西很少。这就是为什么人们在各自的环境中游刃有余，却描述不清楚自己在做些什么。

人们依赖两种类型的知识完成工作：是什么与怎么做。是什么，被心理学家称作陈述性知识（declarative knowledge），包括事实和规则的知识。例如："红灯亮了要停车。""纽约市比罗马偏北。""中国人口是印度人口的两倍。""要拔出萨博车的钥匙，请挂倒车挡。"陈述性知识易用文字表达，也易于传授。请注意，知道规则并不意味着遵守规则。很多城市的司机都清楚法定的交通规章，但是他们未必都遵守。此外，知识未必求真。比如纽约市实际比罗马偏南。中国也仅仅比印度多一丁点儿人口（大概10%）。人们可能知道很多事情，但并不意味着它们都是正确的。

怎么做，被心理学家称作程序性知识（procedural knowledge），是让人知道如何成为演奏技巧高超的音乐家，如何在打网球时有效回击对方发过来的球，以及在说"frightening witches"（可怕的女巫）这个词组时，知道如何正确地转动舌头。程序性知识很难甚至不可能用文字表述清楚，因此很难用言语来教授。最好的教授方法是示范，最佳的学习方法是练习。因为就连最优秀的教师通常也无法描述这类知识——程序性知识大多是下意识的。隐藏在信息处理的行为层次之下。

在通常情况下，人们可以轻易地从外界获取知识。意符、物理约束和自然映射都是作为外界的知识可以觉察到的线索。这种类型的知识太普遍了，以至于我们想当然地认为它们应该存在。到处都是，例如键盘上的字母、控制器上的指示灯和标记，用来提醒零件的功能并且显示设备的当前状态。工业设备上充斥着很多信号灯、指示器和其他辅助提醒的元器件。人们广泛使用便笺纸，把它们贴在特定的位置，以免忘记。总之，人们善于利用环境，从中获得大量的备忘信息。

很多人为了安排好自己的生活，在这儿摆放一堆东西，在那儿摆放一堆东西，目的是为了提醒自己哪些事情要去做，哪些事情是正在处理中。可能每个人都会在某种程度上用到这一策略，观察一下你周围的人是如何布置自己的房间和书桌的，你就能发现这一点。虽然组织外界事物的方法多种多样，但人们还是会经常利用物品的位置来提醒自己相对重要的信息。

不需要高度精确的知识

通常，人们在做判断时不需要精确的知识。人们所需要的是结合外界的与头脑中的知识来做清楚的决定。除非外部环境发生变化，一切都会工作正常。如果这两种知识的结合不再有效，就会导致灾难。至少有三个国家发现了这个事实，但来之不易：在美国，曾经发行了印有苏珊·B·安东尼头像、面值1美元的硬币，容易与现有的25美分的硬币混淆。在英国，曾经发行了 1 英镑硬币（在转向十进制之前）与 5 便士硬币有相同的直径。（1971 年未实行币值十进制之前，1 英镑等于 20 先令，而 1 先令又等于 12 便士。换言之，一英镑等于 240 便士。）在法国，政府曾经发行了新的面值 10 法郎的硬币（在使用欧洲统一货币欧元之前），以下是与之相关的报道：

> 1986 年 10 月 22 日，巴黎热闹喧天，法国政府隆重推出了新的 10 法郎硬币（市值略大于 1.5 美元）。公众把硬币拿在手中看了看，掂量了一下，发现很容易与 0.5 法郎的硬币混淆（市值约为 8 美分），由此对政府和硬币产生了不满，愤怒与嘲讽接踵而至。

> 五个星期后，法国财政部长爱德华·巴拉杜宣布暂停 10 法郎硬币的流通。在此后的四个星期内，他又宣布将其废止。

> 事后回想起来，似乎很难理解法国政府怎么会愚蠢到如此地步，做出发行这种硬币的决定。设计者起初经过仔细研究，才设计出这枚以镍为材质的银色硬币。该硬币的一面印有艺术家让奎姆·希梅内斯设计的现代派风格的雄鸡图案，另一面是法兰西共和国的女性化身——玛丽安娜的头像。这枚硬币重量轻，周围有特殊的纹路，便于电子售货机进行读取，且不易被仿造。

> 设计者和政府官员为他们的作品兴奋不已，但显然忽视了或是拒绝接受这样一个事实：新硬币在大小和重量上与数亿枚正在流通着的 0.5 法郎的银色镍币非常相似。（斯坦利·梅斯勒，《洛杉矶时报》1986 年版权，授权翻印。）

公众把新旧硬币混淆在一起，很可能是因为储存在他们记忆中的有关硬币的信息不太精确，也不够全面。心理学研究指出，人们只能记住物体的部分特征。在美国、英国和法国发行新硬币的三个例子中，我们可以看出，在一个国家的货币中，用于区分硬币的那些信息不足以将新旧硬币辨别清楚。

假如我把所有的笔记都写在一个小红本上，而这是我唯一的笔记本，就可以简单地把它描述为"我的笔记本"。如果我有好几个笔记本，那么我刚才的描述就不管用了。现在我必须称第一本为"小笔记本"、"红色的笔记本"或"红色小笔记本"，以便将它与别的笔记本区分开。但是如果我有好几个红色的小笔记本，那就必须再找到其他的描述方法。描述得越精确，越能够区分数个相似的物体。但我们只是记住了应对当前特定情况的那些信息，如果情况有所改变，就会产生麻烦。

不是所有外表相似的物品都会造成混乱。在撰写本书增订版时，我想看看是否有最近因硬币引起混乱的例子。在网站"维基钱币"Wiki-coins.com 上我发现了这个有趣的条目：

> 某天，一个前沿心理学家可能会对现代一个令人困惑的问题发表高见：如果美国公众经常将苏珊·B·安东尼的 1 美元与类似大小的 25 美分混淆，为什么他们经常不会混淆 20 美元的纸币与相同大小的 1 美元纸币？（詹姆斯·A·凯普，《苏珊·B·安东尼美元》，摘自 www. wikicoins. com. 2012 年 5 月 29 日检索。）

为什么没有任何混淆？这里有个答案。我们习惯于寻找特色来区分事物。在美国，大小是区分硬币的主要方式，但纸币不是这样。所有面额不同的纸币都是同样大小的，所以美国人忽略纸币大小，而留意纸币上印刷的数字和图像。因此，我们经常混淆类似大小的美国硬币，但很少搞混相同尺寸的美钞。但是，如果人们来自同时采用大小和颜色来区分纸币金额的国家（例如，英国或其他国家使用的欧元），他们已经习惯使用大小和颜色来辨别纸币，因此在碰到美元时总是混淆。

有这样一个事实，来自经过确认的证据：尽管英国的老居民抱怨说，他们会搞混 1 英镑硬币与 5 便士的硬币，而新来的人（和孩子）却没有类似的困惑。这是因为老居民已经形成了旧硬币的概念，不能够轻松掌握这两种硬币的区别。然而，新来的人一开始就没有成见，由此很快就形成了区分所有硬币特征的概念；在这种情况下，1英镑硬币并没有带来任何特别的问题。在美国，印有苏珊·B·安东尼头像的硬币从来没有被广泛使用，也不再发行，所以不能与其他例子等价齐观。

什么东西会被混淆，严重依赖于历史，即过去那些让我们区分不同物品的特征。当辨识的规则改变以后，人们就会混淆和出错。随着时间的推移，他们将调整和适应新的识别特征，甚至会忘了刚开始的混淆。问题是，在许多情况下，尤其是带有政治色彩的货币的大小、形状和颜色会引起公众的愤怒，从而掩盖冷静的讨论，不允许政府有任何调整时间。

将此作为设计原则与凌乱的真实世界相互作用的实例。从设计原则看起来，好的设计，当进入现实世界时可能会失败。有时候，糟糕的产品会成功，优秀的产品会失败。现实世界很复杂。

依靠约束简化记忆

在文字普及之前，特别是录音设备发明之前，吟游艺人从一个村庄游走到另外一个村庄，吟诵长达数千行的史诗故事。这一传统在有些社会依旧存在。人们如何记忆如此庞大的内容？因为他们的头脑中储存着大量的知识吗？事实并非如此。原来，外界因素会约束词汇的选择，从而大幅度减少了需要记忆的内容。秘密之一就来自诗歌的强大约束。

以押韵这一约束因素为例。如果你想找到一个词与另一个词押韵，通常有很多种选择。但若要求这个词必须具有某一特定的含义，那么词义与韵脚的双重限制将大大减少可能的词汇选择，有时候会排除一大堆词汇，只剩下一个而已，有可能甚至根本找不到。这就是背诗比写诗轻松万分的原因。诗歌有许多不同的形式，但在结构上都有着严格的限制。吟游艺人口诵的民谣和传说使用了多种诗歌限制，包括押韵、节奏、韵律、谐音、双声和拟声等等，它们与所讲的故事共同存在于吟游艺人的口中。

举两个例子：

> 第一个，我想找三个词，它们的词义分别是："某个虚构的事物"、"一种建筑材料"和"一个时间单位"。你会想到哪些词？
>
> 第二个，找押韵的词。我想找三个词：分别与"post"（过去）、"eel"（鳗鱼）和"ear"（耳朵）押韵，这三个词是什么？（摘自鲁宾和华莱士的著作，1989 年。）

在这两个例子里，也许你有答案，但不大可能与我所想的那三个词完全相同，原因在于没有足够的限制因素。假如现在告诉你，我要找的三个词要同时满足上面的两个要求：哪个词和 post 押韵并且指某个虚构的事物？哪个词和 eel 押韵并且指一种建筑材料？哪个词和 ear 押韵并且表示一种时间单位？现在任务就简单了：词义和押韵的结合把可供选择的词限定在非常小的范围内。当心理学家戴维·鲁宾（David Rubin）和万达·华莱士（Wanda Wallace）在他们的实验室研究这些例子时，几乎没有人仅仅靠词义或是押韵就能准确地猜出这三个词，但若把两种约束因素合并，差不多人人都可以说出这三个词是：ghost（幽灵）、steel（钢铁）和 year（年）了。

艾伯特·贝茨·洛德（Albert Bates Lord）曾对史诗记忆做过出色的研究。在 20 世纪中期，他旅行去过前南斯拉夫（现在是几个分裂、独立的国家），发现那儿的人还在使用口述文化。洛德用实例证明，到各个村落朗诵史诗的"故事歌唱艺人"，实际上根据诗歌的韵律、主题、情节、结构和其他特征，对史诗进行了再创作。这是一种奇异的才技，但并不是靠死记硬背。

艺人们只需要听一次一部长篇史诗，就能在数小时或一天后"逐字逐行"地背诵出来，在很大程度上这一成就得益于史诗中的多重约束因素。

洛德指出，实际上前后两次背诵的诗歌并非一字不差，但是听众会觉得它们完全一样，即使后一次背诵的史诗要比前一次的长一倍。由于它们讲述的是同一个故事，表达了相同的观点，具有同样的韵律，而这些才是听众所关注的。洛德揭示了只要记住诗歌的格式、主题和与文化因素相结合的风格，即他所称的"公式"，就能创作出被听众认为与以前的史诗一模一样的诗歌。

某人可以一字不差地背诵诗歌是相对现代的说法，也只有印刷文本出现后才可以这样说。没有印刷文本，谁能够判断背诵的准确性？或许更为重要的是，谁会在乎这一点？

所有这些并不能让说唱艺人的高超技能逊色分毫。像荷马的《奥德赛》和《伊利亚特》这样的史诗，学会并且能够背诵确实很难，即使艺人们进行了再创作，要知道，合并后的印刷文本包含长达2.7万行的诗节。洛德指出，荷马史诗太长了，可能是荷马（或其他一些歌手）在慢慢口述故事，重复给那些第一次记录它的人时产生的，这是特殊情况。通常诗歌的长度会变化以适应听众的兴致，也没有正常的观众可以坐着听完2.7万行。但即使能背诵这首诗的1/3，9000行，也令人惊叹：如果每行用一秒钟，背诵全部诗节也需要花两个半小时。尽管这首诗事实上不是死记硬背，而是吟唱中的重新创作，因为没有歌手也没有听众在乎逐字逐句的准确性（也没有任何方式可以验证），这也令人印象深刻。

绝大多数人不需要学习史诗，但我们的确会利用有效的约束因素来简化记忆内容。举一个完全不同的例子：拆卸和安装机械设备。喜欢动手的人常常自己修理家中的门锁、烤面包机和洗衣机等。这些设备通常都由几十个部件组成。把这些部件正确地组装起来需要记忆什么信息呢？若进行初步的数字分析，10个部件就意味着会有350多万种（10!——10的阶乘，即$10 \times 9 \times 8 \times 7 \times 6 \times 5 \times 4 \times 3 \times 2 \times 1$）安装方法。

由于多种物理约束因素的存在，安装方法并没有那么多。例如：螺栓只能插入一定直径和深度的孔内；螺帽和垫圈必须和特定大小的螺栓和螺钉搭配；在放入螺帽前，必须先放垫圈。另外还有文化上的限定因素：按顺时针方向拧紧螺钉，按逆时针方向将其拧松；螺钉头总是在部件的前部或顶部，容易被用户看见，而螺栓总在部件的底部、侧面或内部；木螺钉和机械螺钉外形不同，用在不同的材料上。最终，由于这些约束因素，看起来有多种可能性的安装方法就会减少到几种。我们通过学习，或是在拆卸时多加留意，就能学会如何正确安装。约束因素本身并不能决定哪一种安装方法是对的，错误在所难免，但却能够减轻学习负担。约束是设计师的强大武器：我们将在第四章详细剖析。

记忆是储存在头脑中的知识

还记得《阿里巴巴和四十大盗》的故事吗？讲的是贫穷的伐木工阿里巴巴发现了一伙强盗秘密的藏宝洞，他偷听到强盗们进洞时念的咒语"森木塞姆（Simsim）开门！"〔在波斯，森木塞姆的意思是"sesame"（芝麻），所以很多版本的故事将这句话翻译为"芝麻开门"。〕他的姻亲兄弟卡西姆强迫他说出了这个秘密，然后独自来到了洞穴。

当他来到洞穴口时，卡西姆大喊道："芝麻开门！"

大门立即打开，待卡西姆走进洞穴后，大门又自行关闭了。卡西姆环顾四周，发现洞内的财宝比阿里巴巴说的还要多，不禁欣喜若狂。

他赶紧行动起来，不一会儿工夫，就在洞口附近堆起一袋袋足以让十匹骡子运载的黄金。由于满脑子想的都是这些金银财宝，卡西姆把开洞门的秘诀忘得一干二净。他喊道"大麦开门"，却奇怪地发现洞门纹丝不动。他又喊了好几种谷物的名字，也还是无济于事。

卡西姆从未料想到会发生这样的意外，他意识到自己的处境非常危险，吓得慌乱起来。但他越是绞尽脑汁地想离开的秘诀，越是糊涂，根本回忆不起来"芝麻"这个词。

卡西姆未能离开山洞。强盗回来后，砍掉了他的脑袋，肢解了他的尸体。（摘自麦考伦1953年版的《天方夜谭》。）

绝大多数情况下，我们不会因忘记了密码而掉脑袋，但是想记起密码仍旧是件很困难的事。记住一两个密码也许不难，例如一个组合密码锁、一个口令或门锁的密码，但若要记的密码太多，我们的记忆力就会出现问题。在生活中，似乎存在一个阴谋，一个让我们的记忆力超负荷运转，从而达到整垮我们理智的阴谋。很多数字符号，像邮政编码和电话号码，让我们的生活更加"便利"，但它们的设计者并没有考虑到这些号码强加于人的负担。幸运的是，科技的发展让许多人远离这些霸道的数字，科技能够帮我们记忆，电话号码、地址和邮政编码、互联网和电子邮件的地址等等都能够自动获取，所以我们不必再尝试记住它们。然而，安全密码不一样，始终在黑白两道、正邪之间永无止境地斗法。因而我们必须记住为数众多的密码，或必须携带特殊的安全装置，这些密码在数量和复杂性上不断升级。

许多这类代码都必须保密。但我们没有办法记住所有这些数字或短语。快点儿，卡西姆想打开山洞门的神奇咒语是什么？

人们怎么办？使用简单的密码。研究发现，五种最常用的密码是："PASSWORD"，"123456,""12345678,""qwerty"和"abc123"。这些密码都简单易记，容易输入，同样也是窃贼或恶作剧者经常尝试的密码。很多人（包括我自己）都在尽可能多的场合使用简短数字的密码。甚至安全专家也这样做，"伪君子"们公然破坏自己的规则。

许多安全要求不必要，更没有必要那么复杂。那么为什么还需要它们？有很多原因。只有一个才是真正的问题：犯罪分子会冒充身份窃取其他人的金钱和财物。其他原因，如有人出于邪恶的目的或是无害的目的，侵犯别人的隐私。教授和教师需要防止试题及成绩泄密。对公司和国家来说，保密很重要。将物品紧锁在门背后或有密码保护的房间有很多理由。然而，缺乏对人的能力的正确理解，才是问题的关键。

我们需要保护，但在学校、企业和政府，大多数强制执行安全要求的人员，都是技术人员或执法官员。他们了解犯罪，但不了解人的行为。他们认为，必须设置"强大"的、很难被猜到的密码，而且必须经常更换。他们似乎没有意识到现在需要这么多的密码——即使是简单的——人们很难记住哪个密码对应哪个要求。这将造成新的漏洞。

密码要求越复杂，系统越不安全。为什么呢？因为人们无法记住所有这些组合，就会把它们写下来。然后他们在哪里存储这些私密的有价值的信息呢？在他们的钱包里，或者贴在计算机的键盘下面，或是很容易找到的地方。因为经常要用到密码，所以小偷只要偷到钱包或者找到清单，就知道了所有的秘密。大多数人是诚实的、热心的工作者。复杂的安全系统正好妨碍这些个人，阻止他们完成自己的工作。因而，往往是最敬业的员工违反安全规则和削弱安全系统。

当我为本章做研究调查时，发现了大量的案例关于安全密码迫使人们使用不安全的存储设备。有人在英国《每日邮报》"邮件在线"论坛这样描述密码技术：

> 当我在地方政府组织工作时，每三个月**必须**更改密码。为了确保能记得那些密码，我曾经把它写在便利贴上，然后粘在桌子上。

我们如何记住所有这些秘密呢？大多数人记不住，即便使用助记法也还是做不到。有关提高记忆力的书籍和课程虽然有用，但那些方法学起来很费力，且需要不断地练习。因此，我们干脆把要记的东西写在书上、小纸片上甚至是手背上。这样做时，我们还要特意将重要信息伪装好，使小偷看不出来。可是又出现了另一个问题：我们如何伪装这些信息？把它们藏在哪儿？并怎样记住当初是如何伪装的或是藏在何处？唉，这又是记忆的弱点。

把东西藏在何处才能不被其他人发现？要藏在意想不到的地方吗？诸如，把钱藏在冷冻柜里，把珠宝放在药箱内或是鞋子里，把前门的钥匙藏在门口脚垫下面或是窗台下面，把车钥匙藏在保险杠下，把情书藏在花瓶里。问题是，家里可没有这么多意想不到的地方。你或许已忘了情书或钥匙藏在哪儿，但小偷却有办法找到它们。有两位研究该问题的心理学家这样说道：

> 我们在选择那些意想不到的地方藏东西时，常常会遵循一定的逻辑。例如：我们一位朋友应保险公司的提议，买了一个保险箱（英文为 safe）来保管自己的珠宝。考虑到自己可能会忘记保险箱的密码，她仔细斟酌密码保存的地方。最后，她的计划就是把密码写在自己电话簿上字母 S 那一栏，"塞夫夫妇"（Mr. and Mrs. Safe）的旁边，使密码看起来像是一个电话号码。这种做法的逻辑很清楚：把一个数字信息与另一个数字信息放在一起。但是有一天看电视时，她差点儿吓晕了，一名悔过自新的小偷在日间访谈节目中说，当年他从保险柜里偷东西时，总是先查电话簿，因为很多人把密码记在电话簿里。（威诺格拉德和索洛韦，1986 年，《遗忘了存储在特殊的地方的东西》，许可转载。）

必须把这么多的数字默记在心，简直就像是在专制统治下备受煎熬，现在该是反抗的时候了。但在革命之前，解决方案很重要。就像我在前面提到过的，我的座右铭是"除非你做得更好，否则不要批评"。现在，我们尚不清楚更好的保密体系是什么样的。

有些事情只能从巨大的文化变革中找到解决之道，这可能意味着永远不会得到解决。例如，用名字来识别人的问题。人的名字延续了几千年，最初只是为了区分家族内的成员和一起生活的群体成员。多姓名（姓氏加名字）的使用是相对较晚的事情，即使这样也不能将一个人同世界上其他70亿人区分开。先写姓，还是先写名？这取决于你在哪个国家。一个人能有多少个姓名呢？一个姓名里包含多少个字？什么样的字是合理合法的？例如，姓名可以包含一个数字吗？（我知道有人曾试图用这样的名字"h3nry"。我还知道有一家公司名为"Autonom3"。）

如何将姓名翻译为另外一种语言？我有一些韩国朋友，他们的姓氏用韩语写出来是一样的，但翻译成英文就不同了。

许多人在结婚或离婚时更改了自己的名字。在一些文化中，当人们经历了生命中的重要事件时也会改名。在互联网上快速搜索，会显示许多来自亚洲人的问题，他们困惑于如何填写美国或欧洲护照的表格，因为他们的名字不符合要求。

当窃贼偷了另外一个人的身份证，伪装成另一个人，使用他或她的钱和信用卡怎么办？在美国，这些身份证窃贼也可以申请所得税退税并得到钱财，当合法纳税人去争取自己的合法退税时，他们被告知已经收到了申请。

我曾经参加一个在谷歌公司园区举行的安全专家会议。像其他许多公司一样，谷歌非常注重保护其正在进行的和前沿的研究项目，所以大部分的建筑物都有门锁和保安。安全会议的与会者也不允许访问（当然，除了那些在谷歌工作的人）。会议在一幢建筑的公共空间里的一个会议室举行，除此而外建筑的其他部分都属安保区域，但是连厕所也位于安保区域。我们该怎么办？这些举世闻名、全球领先的安全专家找到了一个解决方案：他们捡了一块砖，用它支起通往安全区的门，让它一直开着。这是多么出色的安全系统：让事情过于安全了，反而变得不安全。

如何解决这些问题呢？如何保证人们顺利安全地进入他们自己的记录、

银行账户与计算机系统？几乎任何你能想象到的方案都已经被提出、研究，并被发现存在缺陷。生物性标志怎么样（例如虹膜和视网膜图案、指纹、语音识别、体形或 DNA）？所有这些都可以被伪造或由系统数据库操纵。一旦有人试图愚弄系统，有什么办法吗？你不可能改变生物性标志，所以一旦安全系统认错了人，就很难再更改了。

密码口令的强度实际上相当无关紧要，因为大多数口令可以通过"键盘记录器"（Key Loggers）窃取或被盗。键盘记录器是隐藏在计算机系统里的一种木马软件，能够记录你键入的内容并将其发送给不怀好意的人。当计算机系统崩溃，数以百万计的密码可能被盗，即便它们被加密，坏人往往也可以解密。在这些情况下，无论密码如何安全，坏人也会知道密码是什么。

最安全的方法是使用多种标识符号。最常见的方案需要至少两种不同的类型："你所拥有的东西"加上"你知道的事情"。"你所拥有的东西"往往是一个物理的标识符，如卡片或钥匙，甚至一些植入皮肤下的东西或生物性标识，如指纹或眼睛的虹膜图案。"你知道的事情"是储藏在头脑中的知识，大多是记忆。记忆存储的项目不如现今的密码口令安全，因为没有"你所拥有的东西"它就不会起作用。有些系统允许备用报警密码，所以如果坏人试图强迫别人输入密码进入系统，个人可以使用报警密码，这样会将非法入侵的报警信息通知管理当局。

安全要求带来了重大的设计问题，需要引入复杂的技术以及对人的行为进行研究。对于深层的根本的困难，有办法解决吗？没有，还没有。我们可能会被这些复杂性纠缠很长一段时间。

记忆的结构

大声说出 1、7、4、2、8 这 5 个数字，然后重复一遍。你可以闭上双眼再说一遍，你或许还会"听到"这些数字在脑海中回响。或者请别人随便读一句话，然后问你句子中都有些什么词，你也会毫不费力地立刻回忆起刚刚听到的信息，因为这些信息还非常清晰完整地储存在你的记忆里。

三天前的晚餐你吃了些什么？要想回答这个问题，你得花时间好好回忆一下，因为在你的记忆里，这样的信息比较模糊零散，提取时相当花费脑力。与提取刚刚储存的信息不同，提取过去的信息需要付出更多的努力，回忆起来的信息也不太清晰。实际上，这里说的"过去"并不一定指很久以前。试试看，你是否还记得刚才所说的 5 个数字？对某些人而言，现在回忆那 5 个数字可不是件容易的事。（摘自《学习和记忆》，诺曼著，1982 年。）

心理学家把记忆分为两大类：短时记忆（或工作记忆），和长时记忆（LTM）。这两类记忆区别相当大，对设计也有不同的影响。

短时记忆或工作记忆

短时记忆或工作记忆[①]储存的是当前最新的经验或思索的内容，是刚刚产生的记忆。信息自动进入短时记忆，人们可以毫不费力地回忆起来，但这种记忆的容量非常有限，一般短时记忆只能储存 5 ~ 7 个信息项目。如果对记忆内容一再重复，心理学家称之为"复述"，储存量可达到 10 ~ 12 个信息项目。

心算一下 27 乘以 293。如果在脑子里用类似于纸和笔来做算术的方法做这道题，短时记忆让你几乎无法处理所有的数字和中间的答案。你会失败。传统的乘法算式对于用纸和笔演算是有效的。由于数字已经写在纸上，承担了短时记忆的功能（外部的知识），不会增加短时记忆的负担，所以计算对短时记忆的要求（即头脑中的知识）是十分有限的。有专门做乘法心算的方法，但这些方法与那些使用纸和笔的算法相当不同，需要大量的培训和实践。

短时记忆在日常生活中扮演着至关重要的角色，让我们记住单词、名字、词组和日常活动的部分内容。作为一种工作记忆或暂时记忆，短时记忆相当脆弱，如果受到其他活动的干扰，记忆的信息就会立即消失。它可以储存一个 5 位数的邮政编码或一个 7 位数的电话号码，如果没有任何干扰，该记忆内容可以保存到使用之时。9 位或 10 位数的号码则不容易进入短时记忆，如果是 10 位以上的号码，你就得写下来，或是把长号码分割成若干个短号码储存在短时记忆中。

记忆专家使用特殊的技巧，即所谓的记忆术，通常只在看一眼之后，就能记忆多到惊人的内容。一种方法是将数字转换成有意义的片段（一个著名的研究表明，让一个运动员将数字序列想象成奔跑的时间，经过长时间的训练，他就能一眼记住很长的数字，很不可思议）。有一个传统的编码长位数序列的方法，首先将每个数字转换为辅音，然后将辅音序列变换成一个令人难忘的短语。转换位数辅音的标准表单已经存在了几百年，经过巧妙地设计，很容易学习，由于辅音可以来自数字的形状。因此，"1"被变成"t"（或类似发音的"d"），"2"变成了"n"，"3"变成了"m"，"4"是"r"，"5"变成了"l"（l 在罗马数字中代表 50）。很容易找到学习配对的全部表单和记忆法，只要在互联网上搜索"数字—辅音记忆法"（number-consonant mnemonic）就行。

使用的数字—辅音转换法，字符串 4194780135092770 可以转换成字母 rtbrkfstmlspncks，再次转换就成了，"A hearty breakfast meal has pancakes"（一顿丰盛的有煎饼的早餐）。大多数人不是记忆一长串任意字符的专家，所以尽管研究记忆的奥秘非常有趣，但如果将此假定为用户的记忆水平，这将是设计系统时的一大差错。

衡量短时记忆的能力会出乎意料的困难，因为可以保留多少记忆，取决于一个人对材料的熟悉程度。此外，保留记忆的时长似乎是有意义的衡量方式，而不是使用其他一些简单的测量方法，诸如记忆时用了多少秒，记住了多少种独特的声音或多少个字母等。记忆力同时受到时间和内容多少的影响。记忆的数量比时间的影响更重要，每一个新的内容都会降低我们记住所有以前内容的可能性。记忆的能力可以用条目来表示，因为人们能够记忆大致相同数量的数字和文字，还有几乎相同数量的三五个字的短语。这怎么可能？我怀疑短时记忆拥有类似于线索的东西，指向在长时记忆中已编码的条目，这意味着短时记忆能力由它可以存储的线索的数量来决定。事实表明，材料的长度和复杂性对短时记忆能力的影响很小——有影响的仅仅是简单的条目数。除非存储的线索属于一种听觉记忆，否则我们不可能出现短时听觉记忆错误，这仍然是科学探索中一个开放的课题。

　　传统衡量短时记忆能力的范围大约为 5 到 7 个条目，但从实际的角度出发，最好想象它只有 3 到 5 项。那是不是看起来太少？好的，当你遇到一个陌生人，你能够经常记得他或她的名字吗？当你拨打电话时，你需要好几次看着电话号码拨号吗？即使是轻微的干扰，也可以消除我们正试图抓住的短时记忆的线索。

　　那么短时记忆对设计意味着什么？不要指望短时记忆能保存很多信息。计算机系统通常会增强人们的挫折感，当事情出错时，以短消息在显示屏上呈现关键信息，然后又突然消失了，而用户正希望使用此信息来解决问题。人们又如何能够记住这些关键信息呢？所以当有人踢打或者攻击他们的电脑时，我并不感到惊讶。

　　我曾经看到护士在她们的手上记下患者的重要医疗信息，因为如果有人问问题，护士一走神儿，这些关键信息就可能会消失。当电子病历系统显示不在使用状态时，系统会自动退出。为什么自动退出？为了保护病人的隐私。这样设计可能出于好的动机，但自动退出措施对护士是个严峻的挑战，在工作中她们不断地被医生、同事或病人打断。当被打扰时，系统就自动退

出，她们不得不重新开始。难怪这些护士要写下一些信息，但这大大否定了
电脑在减少手写错误方面的价值。然而她们还能做什么？如何才能留存关键
信息？她们根本不能记住所有的东西：而这正是她们使用电脑的原因。

对短时记忆系统造成的约束来源于干扰任务，可以通过几种方法减轻。
一是通过使用多种感官。视觉信息不会过于干扰听觉，行动也不会干涉太
多听觉或视觉。触觉（触摸）也是最低限度的干扰。为了最大限度地提高
工作记忆的效率，最好用不同的模式呈现不同的信息，像视觉、触觉（触
摸）、听觉、空间位置以及手势等等。汽车应该使用听觉呈现加速指令，
司机的座位侧面或方向盘应该提供触觉振动，用以警告司机不要离开自己
的车道，或者有其他车辆行驶在左侧或右侧，这样不会影响需要可视化处
理的行车信息。开车主要是视觉的活动，所以使用听觉和触觉的方式可以
最大限度地减少对视觉的干扰。

长时记忆

长时记忆储存的是过去的信息。一般说来，它的储存和还原需要花费
更多的时间和精力。睡眠在加强对每日经历的记忆方面扮演着重要的角色。
请注意，我们不会以一个精确的记录回忆自己的经验；相反，随着每一次
零散的记忆碎片被重建和解释，我们逐步恢复记忆，这意味着它们常常遭
受人类强加于生活的解释机制所带来的扭曲和改变。我们能否有效地从长
时记忆中提取知识和经验，在很大程度上取决于当初解释这些信息的方法。
采用某种方式解释储存在长时记忆中的信息，在其他解释方式下就提取不
出来。至于说长时记忆的容量有多大，恐怕没有人真正知道一个精确的数
字：也许十亿或者万亿比特的条目。我们甚至不知道用什么样的单位衡量。
不管具体数字到底是多少，它太大了，无法施以任何实际的约束。

睡眠对加强长期记忆的作用仍不清楚，但有许多论文研究这个课题。

一个可能的机制是复习。众所周知，对内容的不断复习，即当它仍然活跃在工作记忆时，在脑子里回顾它，是形成长期记忆印象的一个重要组成部分。"你在睡眠期间回顾的东西将决定以后你会记得哪些内容，或者反过来说你会忘记哪些内容。"西北大学教授肯·帕勒说，他是最近关于此项研究的作者（欧碟特、安东尼、克里利和帕勒，2013）。但尽管在睡眠中回顾可以增强记忆，也可能伪造记忆："我们大脑中的记忆时常在改变。有时你通过回顾所有的细节来提高记忆，也许以后你会记得更牢。但如果你曾经添枝加叶得太多了，你的记性会更差。"

还记得你是怎么回答第二章的这个问题？

三小时前在你待过的房子，当你走进前门时，门把手在左边还是右边？

对大多数人来说，需要付出相当大的努力回答这个问题，首先要回忆是哪个房子，再加上一些在第二章中描述的特殊技巧，把自己带回到现场，重构回忆。这是一个程序性记忆的例子，记忆我们如何做事情，而不像陈述性记忆是对事实性信息的记忆。在这两种情况下，可能都需要大量的时间和精力来得到答案。此外，不能够以直接检索的方式得到答案，类似于我们阅读书籍或者搜寻网站寻找答案。答案是知识的重建，所以会受偏见和扭曲的影响。记忆里的知识是有意义的，在检索时一个人可能会得到一个完全不同意义的解释而不是完全准确的解释。

长时记忆的主要困难在于组织管理。当要回忆一个名字或单词时，怎样才能找到自己已经记住的东西？大多数人都有"话在口边"的经历：一种似乎知道，但就是说不出来的感觉，信息不会自觉地出现。稍后，在从事其他不同的事情时，这个名字可能突然从脑海里蹦出来。人们追溯所需要知识的方法仍然未知，这可能涉及某种形式的模式匹配机制，再加上一个确认的过程，对所要求的知识的一致性进行检查。这就是为什么当你回想一个名字时，会不断记起错误的名字，而你知道那是错误的。由于错误的结果妨碍了正确地回忆，你不得不转而从事一些其他的活动，让潜意识的记忆回溯过程重新复位。

回溯记忆是一个重建的过程，可能会犯错。我们可能会以自己喜好的方式重建事件，而不是我们曾经经历的方式。所以有偏见的人比较容易形成虚假的记忆，对他们来说即使根本没有发生过的事情，"回忆"也可能非常清晰。这就是目击者的证词在法庭上也会有问题的原因：众所周知，目击者未必可信。大量的心理学实验表明，虚假记忆可以被轻而易举地植入人们的脑海，然后，自我信服的人们会承认那些从未发生过的事件。

头脑里的知识就是记忆里的知识：内部知识。如果我们研究人们如何运用他们的记忆和如何获取知识，我们会发现各种类型。现在，对我们来说有两种记忆类型很重要：

1. **随意的记忆**：似乎随意记忆的项目，没有意义，与另一个事情或已经知道的事情没有特别的联系。

2. **有意义的记忆**：要记忆的项目与本人或与其他已知事物形成有意义的联系。

随意的记忆与有意义的记忆

随意的知识可分为几类，一类是简单地记忆没有隐含意义或结构的东西。记忆字母表里的字母和它们的顺序、人的姓名和一些外语词汇等，就是很好的例子，那些内容似乎没有明显的结构。没有规则的键盘序列、命令、手势和许多现代科技也属于此类。这些知识需要死记硬背，是现代生活的灾难。

有些事情需要死记硬背地学习，例如字母表里的字母。即使这样，我们可以将表面上毫无意义的单词表加上结构，例如，把字母变成一首歌，使用韵律和节奏的自然约束创建一些结构。

死记硬背的学习会产生问题。首先，因为所学到的东西是随意的，学起来就会很困难：需要付出大量的时间和精力。其次，当问题出现时，记忆的操作次序不能提供线索，让我们知道什么地方出了错，也不能建议我们做些什么来解决问题。虽然有些事情需要死记硬背，大多数却不需要。唉，它仍然是许多学校主要的教学方法，甚至应用到很多成人培训之中。一些人就这样机械地学习如何使用电脑、做饭等。有时，我们也不得不生搬硬套地学习使用一些新的（设计糟糕的）高技术设备。

我们依靠人工搭建的结构来学习无章法的思想或杂乱的系列。许多用以提高记忆力（记忆法）的书和课程，使用各种各样有规则的方法提供结构使人可以记忆很随意的事情，比如杂货清单，或者看到人的外表即想起人的名字。正如我们在短时记忆里对这些方法的讨论，一连串的数字甚至可以与有意义的结构关联起来，然后帮助记忆。那些没有接受过这样的培训或者还没有发明一些方法的人，经常尝试着建立一些人为的结构，但结果往往不能令人满意，学习效果很差。

世界上的大多数事情都有一个合理的结构，从而极大地简化了记忆的负担。当事情被赋予意义，与我们已经掌握的知识契合，新的内容就容易理解和解释，并与以前所获得的知识结合起来。现在，我们可以使用规则和约束来帮助理解什么样的东西可以组合在一起。有意义的结构可以理顺明显的混乱和随意性。

还记得我们在第一章讨论过的概念模型吗？一个好的概念模型的部分功效在于其提供意义的能力。来看一个例子，有意义的诠释是如何将明显的随意的任务转换为自然的行动。请注意，适当的诠释不会刚开始就显而易见；它也是知识，同样需要被发掘。

一位日本同事，东京大学的教授佐伯裕（Yutaka Sayeki）总记不住如何使用摩托车左把手上的转向灯。将开关向前推代表右转，向后滑代表左转。转向灯开关的含义非常清楚和明确，但它们移动所表明的方向却让人一头雾水。佐伯教授一直在想，在左边的车把上的开关，向前应该表示左转信号。换句话说，他曾经努力地想在"前推左开关"的行动与"左转"的意图之间建立起映射，这是错误的。结果，他记不清用于控制摩托车转向灯的开关方向。大多数摩托车的转向灯开关安装在不同位置，形成90度角，将开关滑到左边，指示左转弯；滑到右边，右转弯。这种映射很容易学习（这是一个自然映射的例子，我们会在本章的最后讨论）。但是佐伯教授的摩托车使用向前推和向后滑，而不是左右移动来控制转向灯。怎么能学会呢？

经过重新理解开关的信息，佐伯教授解决了问题。他仔细思考了摩托车的转向把手，如果车子左转，需要将左边的车把向后移动。右转则将左车把向前推。开关的移动完全配合车把的运动方向，这样就容易操作了。所以，如果将转向信号所在的左车把运动方向作为概念模型来构建，并不是用转向灯开关匹配摩托车的行驶方向，转向灯开关的移动可以用来模拟左车把的运动方向，这样，最后就建立了一个自然的映射。

当开关的移动方向看起来似乎是任意的，就很难被记住。一旦佐伯教授在开关移动方向、车把移动方向与摩托车行驶方向之间建立了一种有意义的联系，就会很容易记住正确的开关操作。（有经验的车手可能会指出这个概念模型是错误的：自行车转弯时，车手首先要将车头转向相反方向。这是在下一节中将要讨论的例子"近似模型"。）

设计的意义显而易见，即提供有意义的结构。或许更好的方法是不需要记忆，将所需的全部信息展现在外部世界。这就是传统的图形用户界面与过时的菜单结构结合使用的功效。当有疑问的时候，人们总是会搜索所有的菜单栏，直到发现所需的程序。如果系统不使用菜单，仍然需要提供一些结构，比如合理的限制和强制功能，良好的自然映射，还有前馈和反馈等工具。帮助人们记忆的最有效方式就是使人们不需要记忆。

近似模型：现实世界里的记忆

有意识的思维需要花费时间和精力。熟练的技巧可以绕过意识的监督和控制，只需要在初始阶段的学习和应对突发情况时接受意识的控制。不间断的练习会将动作转换为自动的行动，减少了大部分有意识的思维和解决问题的精力。无论是打网球，还是弹奏乐器，或者做数学和科学研究，大多数专业人士的熟练行为就是以这种方式进行的。专家不需要太多有意识的推理。在一个世纪前，哲学家和数学家阿尔弗雷德·诺斯·怀特海（Alfred North Whitehead）讲述了这一原则：

> 这是个深刻的老生常谈的谬误，不断地被书面复制，很多名人演说时也一再提到，即我们应该养成一种不断思索自己正在做什么的思维习惯，事实恰恰相反。文明的进步依赖于拓展一些我们不需要思索便可以执行的重要行为。（阿尔弗雷德·怀特海，1911 年。）

简化思想的一种方式就是使用简化的模型，即近似模拟事情的真实基本状态。科学探究真理，而实践应对混沌。从业人员不需要真相，他们需要快速得到结果，即便这些结果不准确，只要可以应用，能达到目的就"足够好"。看看下面这些例子：

案例 1：在华氏度和摄氏度之间转换温度

现在，我位于加州的屋外温度是 55℉（华氏度）。这是多少摄氏度呢？快，不需要使用任何科技手段，在你的心里算一下：答案是什么？

我相信你们都记得转换公式：

℃ =（℉ – 32）×5／9

将55℉代入公式，℃ =（55 – 32）×5／9 = 12.8℃。但如果没有铅笔和纸，大多数人算不出来，因为计算过程中有太多的中间数需要短期记忆。

想要一个更简单的方法吗？试试这个近似的公式，你不需要纸和铅笔，心算就可以了：

℃ =（℉ – 30）／2

将55℉代入公式，℃ =（55 – 30）／2 = 12.5℃。答案精确吗？不，但12.5℃的近似值已经足够接近12.8℃的正确值。毕竟，我只是想知道是否该穿一件毛衣出门而已。任何在5℉之内数值都可以满足我的目的。

近似的答案通常足够好，即使在技术上有点儿错误。在正常的室内外温度范围内，这个简单的用于温度转换的近似公式已经"足够好"：当室内外温度大致是 – 5℃到25℃之间（20℉~80℉），计算出的结果偏差在3℉（或1.7℃）之内。在较低或较高的温度时，此公式得到的结果偏差比较大，但对日常使用来说已经非常好。近似算法可以充分满足实践需要。

案例2：短时记忆的模式

这儿有个短时记忆的近似模式：

假设短时记忆有五个内存插槽。每次添加一个新的内容，它就会占用一个插槽，但无论如何会挤掉另外一个先前已经记住的内容。

这种模式是真的吗？不，世界上没有哪一个记忆研究者会相信这是短时记忆的精确模式，但它在实际应用时已经足够好。使用该模型会让你的设计更加有用。

案例 3：让摩托车拐弯

在前一节里，我们了解了佐伯教授如何将摩托车的行驶方向与转向灯开关匹配起来，以便他能记住正确的使用方式。但是，我也曾指出那个概念模型是错误的。

为什么那个概念模型是错误的仍然可以用于摩托车转向？因为那样驾驶摩托车是违反直觉的：要让车子向左转，必须先向右转车把。这就是所谓的"背道而驰"，也违背了大多数人脑海里的概念模型。为什么这是真的？我们不是将车把转向左边时让车子左转吗？让一辆两轮车转向，最重要的步骤是倾斜：当摩托车向左转时，骑车人也向左边倾斜。"背道而驰"让骑车人倾斜到正确的方向：当车把转向右边时，反作用于骑车人身上的力会使其身体向左倾斜，而重心的偏移会使摩托车向左转。

有经验的骑车人经常下意识地做出正确的操作，但他们并不知道转动车把与预定转弯方向相悖，这也是违反他们自己概念模型的行为。在摩托车培训课程里会进行专项练习，让骑车人知道他们正在做什么。

在安全的速度下，你可以在自行车或摩托车上测试这个违反直觉的概念模型，将手掌置于左边的车把边缘，轻轻地向前推。车把和前轮会向右转，而身体会向右倾斜，导致自行车——还有车把——向左转弯。

佐伯教授完全知道他的大脑意图与现实之间的矛盾，但他希望自己的记忆能够帮助他匹配概念模型。概念模型是非常强大的自我诠释工具，在各种情况下都有用。它们不需要太准确，在要求的条件下达到预期的正确行为即可。

案例 4："足够好"的算法

大多数人不能用心算完成两个大数字的乘法运算，在心算中，我们会忘记算到哪里。而记忆专家可以快速地毫不费力地在脑海里完成两个大数字的乘法运算，这让观众惊叹不已。此外，在心算中，这些数字都是以我们通常使用的方式从左到右进行，而不是从右到左，像我们在纸上用铅笔费力地计算答案。这些专家使用特殊的技巧，最大限度地减少短时记忆的负荷，但这样做的代价就是需要学习多种多样的特殊计算方法。

难道这不是我们都应该学习的吗？为什么学校里不教呢？回答很简单：为什么要学，为什么要教？我可以用合理的准确度在心里估计答案，足以达到目的。当我需要精确和准确时，好，那就是计算器的任务了。

还记得前面的例子吧，心算一下 27 乘以 293？为什么任何人都需要知道精确的答案呢？可能一个近似的答案就足够好，而且很容易算出来。将 27 改成 30，和 293 改成 300：$30 \times 300 = 9000$（$3 \times 3 = 9$，并在后面添加三个零）。27 乘以 293 的准确答案是 7911，那么估计的 9000 只是大了 14%。在很多情况下，这就足够了。想更加准确？我们将 27 改成 30，这样更容易进行乘法运算。这下只大了 3。所以从上面的答案里减去 3×300，即 $9000 - 900$，现在我们得到了 8100，这下精确到 2% 以内。

我们很少需要知道复杂算术问题的精确答案，通常粗略的估算就够了。当需要精确时，我们就使用计算器，提供更高的精确度是机器的特长。在大多数情况下估算就够了。机器应该主要解决计算问题，人类应该专注于更高层次的问题，比如为什么需要这个答案。

除非你想在夜总会表演，或者想具有惊人的记忆力。有一个简单的戏剧性的方法来提高记忆力和准确度：将需要记忆的东西写下来。书写是功能强大的技术：为什么不用呢？拿一片纸，或者就用你的手背记下来。使用智能电话或电脑写下来或敲下来。这是技术的作用。

孤立无援的头脑是非常有限的。外物会拓展我们的智慧，要善于利用它们。

科学理论与日常实践

科学追求真理。因而，科学家们一直争论不休，辩论，不同意彼此的看法。科学方法也是辩论和冲突的一部分，只有经过许多其他科学家严格批判的想法才能留存下来。通常对于不是科学家的人们来说，这种不断的分歧似乎很奇怪。好像科学家们什么都不知道。几乎选择任何话题，你都会发现在这方面研究的科学家们总持有不同观点。

但表面不合是假象。更确切地说，通常大多数科学家都同意一般意义上的细节：他们往往在微小的细节上存有不同看法，即两个相互竞争的理论的关键区别。但这些分歧在现实世界中对实践和应用的影响很小。

在真实的、现实的世界里，我们不需要绝对的真理：近似模式就工作得很好。佐伯教授简化了摩托车转向的概念模型，使他能记住如何控制转向灯开关；用于温度转换和近似算法的简化公式已经"足够好"，你可以快速地心算。短时记忆的简化模型还提供了有用的设计指导，即使从科学的角度也许是错误的。每个近似模型可能不对，但都有效地减轻了思维的负担，以便快速地得到结果，准确度"足够好"就行。

头脑中的知识

外部世界里的知识，即外界知识，是帮助记忆的有力工具，但必须在恰当的场合、恰当的时间，在适当的情况下应用。否则，我们必须运用头脑里的知识、心中的知识。有一句俗语说得好："眼不见为静。"高效的记忆会凭借任何可用的线索，包括外界的和头脑里的知识，结合外在与心灵。我们已经看到，良好的结合会在现实世界的设计中发挥更好的功能，如果知识只是来自其中某一部分，还是远远不够的。

飞行员如何记忆空管的指令

飞行员必须听从空中交通管制快速发出的指令，然后做出准确的反应。他们的生命依赖于能否准确地遵循指令。有个讨论空难的网站，给出了一个例子，飞行员在航班起飞时接受的指令：

> 弗朗斯卡 141，请离开梅斯基特机场，左转航向 090，梅斯基特机场雷达引导起飞。爬升并保持 2000。预计起飞 10 分钟后到 3000。起飞频率为 124.3，应答管道 5270。（这是典型的空中交通管制序列，通常语速非常快。来自很多网站的"管制用语文本"，可信度不可考。）

"当我们把重点放在起飞上，怎么能记住所有指令？"一个新手飞行员问。问得好。起飞是一个繁忙的在飞机内部和外部都有很多潜在危险的程序。飞行员怎么记得住这些指令？难道他们有超人的记忆力？

看看飞行员使用的三大技术：

1. 他们记录下重要的信息。
2. 遵循指令，他们将数据输入飞机上的设备，所以只需要很少的记忆。
3. 他们只记忆一些有含义的短语。

虽然对外界的观察者来说，所有的指令和数字是随机和混乱的，但对于飞行员，那些是他们熟悉的名字、熟悉的数字。一个回复者指出，这些都是起飞时常见的数字和熟悉的模式。"弗朗斯卡 141"是飞机的名字，宣告了接受指令的飞行员。需要记住的第一个关键点是左转到罗盘的 090 方向，然后爬升到海拔 2000 英尺。记下这两个数。然后按照你所听到的将无线电频率调到 124.3——但大部分时间这个电台频率是预先已知的，所以电台可能已经设置好了。所有需要做的就是检查一下，看它是否在正确设置。同样，"应答管道 5270"的设置是飞机接受到雷达信号后将要发出的特殊代码，用以帮助空中交通管制员辨识飞机。把它记下来，或者按照所说的设置好。至于剩下的一个项目，"预计起飞 10 分钟后到达 3000"，不用再做什么。这只是保证在 10 分钟后，弗朗斯卡 141 可能要爬升到 3000 英尺。如果能如期达到此高度，空管就会重新发出一个新的指令。

飞行员怎么记住这些？他们将刚刚传到头脑里的新信息，转换为外部世界的信息，有时写下来，有时直接输入飞机的设备上。

设计能做什么？如果能够轻而易举地将听到的信息输入到设备上，飞行员出错的机会就更少。空中交通管制系统可以协同工作。这样空中交通管制员的指令可以用数字化形式发送，就能按照飞行员的意愿在屏幕上显示这些指令。数字传输也便于自动化设备正确地自我设置参数。不过，数字化传输空中交通管制的命令仍然有一些缺点。其他的飞机听不到指令，因而飞行员不了解自己邻近的飞机在做什么。研究空中交通管制和航空安全的人士正在深入探讨这些问题。是的，这是一个设计问题。

回顾：未来记忆

前瞻记忆（prospective memory）或未来记忆（memory for the future）这两个词语可能听起来有点儿不合直觉，或者像科幻小说的标题，但对研究记忆的人员，前一个词语仅仅指记住在未来某个时间要从事的一些活动这个记忆任务。后一个词语指规划能力，想象未来的能力。两者是密切相关的。

例如提醒功能。假设你已经答应星期三下午 3 点半在当地的咖啡馆约见朋友。信息在你的脑海里，但你能在合适的时候记起这个约会吗？你需要提醒。这是一个清晰的前瞻记忆的实例，提供所需线索的能力则包含了未来记忆的某些方面。计划的星期三约会之前你会在哪里？你现在能想到什么可以帮助你记起约会这件事？提醒有多种方式。一种是简单地把信息储存在头脑里，相信自己在关键的时刻能想起来。如果事情非常重要，你必须确保自己记住它。这时，设置日历提醒自己可能有点儿奇怪，但很有效，比如说"下午3点结婚"。

对日常事情依赖脑海中的记忆可不是一个好方法。你是不是时常忘记与朋友的约会？这种事经常发生。不仅如此，即使你可能记得约会，但你能记住所有细节吗？就像你还打算会面时借给某个人一本书。购物的时候，你可能会记得在回家的路边店停一下，但你会记得所有要买的东西吗？

如果对你来说不是重要的事，或者过几天再做也行，你的生活又很繁忙，那你最好把记忆的负担从头脑中转移一部分到外部世界。你可以把这件事记在纸条上，或是写在日历、记事本上。如果你的电子闹钟可以设定日期，那就让闹钟提醒你，或者干脆请一位朋友提醒你。你若有秘书，那就让秘书记住这件事，秘书也会把它写在纸条、日历上，或是使用计算机上的定时提醒系统。

如果我们可以把任务加到事物本身时，为什么还要麻烦其他人？是不是要记得带上一本书给同事？那就把这本书放在显眼的地方，一个我离开家门前肯定会看到的地方。比如说把书倚着前门放着，在出门时准会被这本书绊一脚。如果我在朋友家借了一篇论文或一本书，我就把汽车钥匙放在论文或书上，这样一来，我在告辞时一拿起车钥匙，就会看见自己借的东西。如果连车钥匙也忘了，那肯定会返回到朋友家，因为没有钥匙就开不了车。（还有更好的方法，把车钥匙放在书的底下，当然，也许我会连书都忘了拿。）

提醒本身有两个不同的层面：信号和信息。就像做一件事情时我们能够区分做什么和怎么做。在提醒时也要区分信号——有件事要记住，与信息——这件事是什么。许多常用的备忘方法只注意到这两个关键层面的其中一个方面。大家都知道像"在手指上系根线绳"这类的老办法仅仅是提醒信号，但没有告诉你要记住什么事情的线索。把事情写在纸条上，也只是提供了信息，但没有提醒信号，即使你看到它，也可能无动于衷。理想的提醒方法必须同时具备信号和信息两个方面，即有件事要记住和这件事是什么。

有东西要记住这个信号，如果发生在正确的时间和地点，就能提供足够的记忆线索。被提醒得太早或太晚都是无用的，甚至相当于没有提醒。如果在正确的时间或地点提醒，环境线索足以提供足够的信息，来帮助回忆要记住的东西。基于时间的提醒很有效，我手机上的"必应"（Bing）功能能够提醒我下一次约会。基于位置的提醒可以对准确地点给予有效的提示。所有需要的信息都可以使用技术保存在外部世界里。

人们对及时提醒的需求创造了很多产品，可以更容易地将信息储存在外部世界——比如定时器、日记和日历等。对电子提醒的需求众所周知，如智能手机、电子便笺和其他便携式设备上激增的应用程序。令人惊讶的是，在这个电子屏幕的时代，纸质工具仍然是非常受欢迎和最有效的，就像数目众多的纸质日记本和提醒指示。

不同的提醒方法的绝对数量也表明，记忆的确非常需要帮助，但还没有完全让人满意的方案和设备。毕竟，如果现有设备中的任何一个能满足所有要求，那么我们就不需要这么多提醒设备。不太有效的方法将会被淘汰，新的方法会不断地被发明出来。

外界知识和头脑中知识的此消彼长

储存于外部世界的知识（或信息）和储存于头脑中的知识（或信息）对我们的日常生活来说同等重要。但在某种程度上我们更加依赖于哪一种知识呢？针对这一问题，我们需要在某种程度上做出自己的选择。鱼和熊掌不可兼得，我们从外界知识中获益，就意味着要放弃头脑中的知识所能提供的某些好处（见表 3.1）。

表 3.1　外界知识和头脑中知识的此消彼长

外界知识	头脑中的知识
只要觉察到，就可以快捷轻松地得到信息。	在活跃的记忆中，信息容易获取，否则需要花时间在记忆中搜寻。
以诠释替代学习。诠释的难易程度取决于设计师的水平。	需要学习，有时甚至需要付出大量的时间和精力。如果学习材料的结构具有某种意义，或是具有好的概念模型，就可以简化学习过程。
需要一个找寻和诠释的过程，速度比较慢。	效率会很高。尤其是掌握得很好的知识会自动显现。
在初次遇到时易用性高。	在初次遇到时易用性低。
可能不美观，若储存的信息量太大，就会有些凌乱。美观与否最终取决于设计师的能力。	看不见，设计师可以获得更多的自由。在初次遇到时，以学习和记忆时的易用性为代价，可以获得更加简洁、令人愉悦的外观设计。

　　储存于外界的知识具有自我提醒的功能，它帮助我们回忆起容易遗忘的内容。存于头脑中的知识使用起来很高效，它无须对外部环境进行查找和诠释。可是要想利用头脑中的知识，我们必须先通过学习，才能将其储存在头脑中，这可能极为短暂，一会儿还在头脑里，一会儿可能就没有了。我们无法信赖这种知识，也就不可能希望它会在某个特定的时刻浮现，除非有外界刺激，或是通过不断的复述，我们已经将这种知识深深地印刻在自己的脑海里（问题是，如果我们不停地复述某项信息，就无法去做其他需要花费心思的事情），这也就是所谓的"眼不见，心不想"。

　　当我们远离许多外在的、有形的帮助，比如印刷的书籍和杂志，便笺纸和日历等，我们今天使用的很多知识将化为无形。是的，用显示屏可以显示它们，但除非这些内容一直显示在屏幕上，否则我们不得不增加大脑的记忆负担。对远离身边的信息，我们可能不需要记住所有的细节，但必须记住它们在那里，在特定的使用时间和提醒时间能够再现。

多个大脑里和多个设备中的记忆

如果外界的知识和结构可以结合头脑里的知识，提高记忆力，为什么不使用多个大脑里的知识，或使用多个设备？

回忆某个事情时，我们大多数人都经历过群策群力。比如当你和一群朋友试图想起一部电影的名字或是一个餐厅，你们想不起来的时候，其他人试图帮助大家。你们的谈话可能是这样的：

> "他们去新的地方烤肉了。"
>
> "啊，是第五街的韩国烤肉吗？"
>
> "不，不是韩国，是南美，嗯……"
>
> "哦，是的，是巴西，它叫什么名字来着？"
>
> "是的，就是那个！"
>
> "好像是帕帕斯……"
>
> "对，帕帕斯丘。嗯……车……嗯……"
>
> "车瑞斯卡瑞，帕帕斯车瑞斯卡瑞。"

多少人在同时回忆？可以是任意多的人，但关键是，每个人增加一点点线索，慢慢地限制了多个选择，就回忆起了一个人无法独自回想起的旧事。丹尼尔·韦格纳（Daniel Wegner），哈佛大学的心理学教授，称之为"交换记忆"。

当然，我们经常使用技术帮助自己回答问题，可以拿出智能设备，搜索电子资源和互联网。从寻求他人帮助扩展为从技术设备上寻求帮助，韦格纳称为"数码智慧"，其原则基本上是相同的。数码智慧并不总是能给出答案，但它能提供足够的线索，使我们能够生成答案。即使是技术所提供的答案，通常也只是隐含在列表中的可能答案之一，我们要用自己的知识或者朋友们的知识来确定哪个潜在的答案是正确的。

当我们过于依赖于外部的知识，像是社会上的知识、朋友的知识或技术提供的知识，会发生什么后果？一方面，没有"太多"这种事情。我们越是学习使用这些资源，越有更好的表现。外部知识是增进智力的有力工具。另一方面，外部知识往往真假难辨，就像很难信任的在线资源，包括维基百科的条目出现的争议。不必担心我们的知识来自哪里，最重要的是最终结果的质量。

在我早期的一部书《增进智慧之事》（*Things That Make Us Smart*）里，我认为，正是技术与人的能力的结合，才创造了超人。技术并不能使我们更加聪明，人也不能让技术增加智慧。两者需要结合，人加上人造的技术，才是智慧。我们使用工具，这才是一个强大的组合。另一方面，如果突然没有了这些外部设备，我们就会做得不好。在许多方面，我们也会变得不那么聪明。

拿走他们的计算器，很多人就不会做算术了。拿走导航仪，甚至就在自己的城市，人们也无法四处游荡。拿走手机或电脑的地址簿，人们再也找不到他们的朋友（就我来说，连自己的电话号码都不记得）。没有键盘，我就不会写字。没有拼写检查功能，我就不会拼写单词。

所有这些都意味着什么呢？是好还是坏？这不是一个新现象。如果我们得不到天然气供应和电气服务，我们可能会饿死。没有了住房、衣服，我们可能会被冻死。我们依赖于商业店铺、交通运输和政府服务，它们提供给我们生活必需品。这很糟糕吗？

技术与人类的共生会使我们更聪明，更强壮，并能更好地生活在现代世界里。我们已经变得依赖于技术，没有它们，我们可能活不下去。今天人们的依赖性比以往任何时候都强，包括机械、物理的东西，如住房、服装、暖气、食物的准备和储存，以及运输。现在，这种依赖关系扩展到了信息服务，像是通讯、新闻、娱乐、教育和社会交往。当这一切正常运作时，我们欢欣鼓舞、心情舒畅、充满效率。而当事情遇到挫折，我们可能无法进行这些活动。对技术的依赖由来已久，但世纪更迭，其影响会扩大到越来越多的人类活动。

自然映射

映射，从第一章起我们就在谈论它。映射是结合外部世界与头脑里知识的最佳案例。你有没有弄错炉灶的点火开关按钮？你可能觉得那太简单了，怎么会出错？一个简单的控制按钮可以点火、调节火力大小、关闭炉灶。实际上，这种操作看起来很简单，可是，超乎你的想象，人们常常搞错。当这种事情发生时，他们往往责备自己："我怎么这么笨，连这么简单的事情都搞错？"他们认为责任在于自身。好了，它没那么简单，也不是他们的错：即使像你每天都在使用的厨房灶具这么简单的设备，也常常有糟糕的设计，正是设计方式带来了这些差错。

很多标准的灶具有 4 个炉灶和 4 个控制按钮，一一对应。为什么记住这些却那么难？原则上来说，记住炉灶与控制钮的关系并不难，然而在现实生活中，基本上不可能。为什么？因为控制钮与炉灶之间的对应关系模糊不清。看图 3.2，显示了四种炉灶与控制钮可能的映射关系。图 3.2A 和 B 显示的炉灶，让用户难以将一条线上的控制钮与两行炉灶对应起来。图 3.2C 和 D 展示了另外两种方式：将控制钮安放在两行（如 C 所示）或者错开炉灶（如 D 所示），这样它们就有从左到右的排列次序。

更糟糕的情况是，灶具制造商对于对应关系应该是怎样的没有达成一致。如果所有的灶具都用布局相同的控制钮，即使它的分布不自然，每个人只要学习一次，就永远知道正确的操作。如图 3.2 的图例，即使灶具制

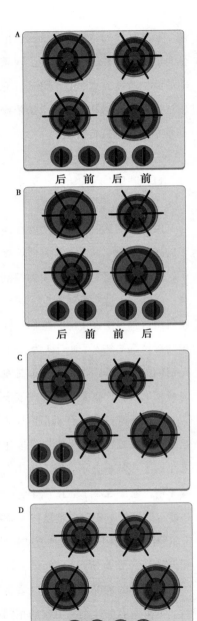

图3.2 灶具的控制旋钮与炉灶的
匹配。

如图A和B所示传统灶具的排列方
式，炉灶呈矩形排列，而控制旋钮却
被排成一条直线。通常会存在部分的
自然匹配关系，即左边的两个控制旋
钮操控左边的炉灶，右边亦如此。即
使如此，还存在4种控制旋钮与炉灶
的匹配关系。这4种方式都曾经被生
产出来。想知道哪一个控制旋钮操控
哪一个炉灶，只有读说明书。但如果
将控制旋钮也呈矩形排列（图C），或
着将炉灶错开排列（图D），就不需要
说明书了。易学易会，也能减少差错。

造商愿意设计每一对控制旋钮操作相对应一侧的一对炉灶，还是有四个可能的组合。甚至有些灶具将控制钮安排在一条垂直线上，带来更多的映射关系。每个灶具似乎都不相同，甚至来自同一制造商的不同灶具也会不同。难怪用户会有麻烦，无法烹饪食物，甚至最糟糕的情况下引起了火灾。

自然映射是那些显而易见的映射关系，作用于控制与被控制对象之间（在这个例子里，就是控制钮与炉灶）。根据使用环境，自然映射会使用空间线索。这里有三个层次的映射，依据帮助记忆的有效性逐次递减：

- **最佳映射**：控制组件直接安装在被控制的对象上。
- **次好的映射**：控制组件尽量靠近被控制对象。
- **第三好的映射**：控制组件与被控制对象的空间分布一致。

在理想的和次好的情况下，映射非常清楚和明确。

想了解自然映射出色的案例吗？看看依靠手势控制的水龙头、皂液器和吹风机。把手放在水龙头或皂液器下，水或肥皂就会流出来。在自动卷纸筒前晃晃手掌，就会掉出一块新纸巾。或者使用热风干手器，只要简单地把手放在干手器下方或里面，热风就会吹出来。提醒你虽然这些设备的映射是恰当的，它们还存在其他问题。首先，它们往往缺乏一些标识，因而如何操作不是很明显。它们的控制组件通常都看不见，所以有时我们把手伸到水龙头下等待出水，但徒劳无功，原来这些都是需要旋转手柄的机械式水龙头。有时候水流出来了，然后又停了，我们不得不上下挥手，希望能找出打开水龙头的精确位置。当我在自动纸筒前来回挥手，还是没有出来纸巾，我不知道该纸筒是坏掉了还是纸巾用完了，或者挥手的姿势不对，或者没有放在正确的地方；也许这个纸筒根本不能通过手势来控制，而我必须推、拉或旋转才行。缺乏标识是一个实实在在的缺陷。这些设备并不完美，但至少它们使用了正确的映射。

对于灶具的控制设计，显然不可能将控制旋钮直接固定在炉灶上。大多数情况下，将控制钮毗邻炉灶也很危险，不仅有可能烧到使用灶具的人，也因为太近会干扰放置炊具。灶具控制通常位于侧面、背面或炉子的前面板，不管安排在哪种位置，它们应该与炉灶的空间分布和谐一致，如图3.2 C 和 D 所示。

　　如果设计一个良好的自然映射，控制钮与炉灶的关系应该完全显露在外部，这样会大大减轻使用者的记忆负荷。然而，一个糟糕的映射会增加记忆的负担，导致使用者需要付出更多的努力，还有更多出错的机会。没有设计一个好的映射，新的使用者难以确定炉灶与控制钮的关系，即使经常使用的用户仍然会偶尔犯错。

　　为什么炉灶设计师坚持将炉灶设计成一个二维矩阵，但控制旋钮却排成一行？一个世纪来，我们大概知道这种安排是多么糟糕。有时，我们会发现灶具上印着一些精致的小图表，说明控制旋钮与炉灶的匹配关系，有时是简短的文字标注。但正确的自然匹配不需要任何的图表和标注。

　　具有讽刺意味的是，正确的炉灶设计并不是很难。近50年来，人体工程学、人为因素（human factors）、心理学以及工业工程方面的教科书已经揭示了这两个问题，并提供了解决方法。一些灶具制造商采用了优良设计。奇怪的是，一些最好的和最坏的产品设计竟然出自同一个厂家，而且会出现在同一本产品目录里。为什么设计人员一再设计出让用户饱受挫折的产品？为什么用户会继续购买那些给自己带来操作麻烦的灶具？为什么不奋起反抗，抵制这类产品，直到灶具的控制旋钮和炉灶之间建立起合理的匹配关系？

　　灶具的问题似乎微不足道，但其他产品也存在类似的映射问题，包括商业和工业领域，如果你选择了错误的按钮、表盘或操作杆，就可能导致重大的经济损失，甚至死亡。

　　在工业设备中良好的映射具有特殊的重要性。无论是一架远程操控的飞机，或庞大的建筑起重机——操作员往往需要与操作对象保持距离，甚至是汽车，司机在高速行驶时或在拥挤的街道上驾驶时，希望控制温度或车窗。在这些情况下，最好的控制通常是控制组件与被控制物体存在空间关系上的映射。这已经在大部分汽车上实现，司机可以通过与车窗位置有空间对应关系的开关来操作车窗。

在购买过程中人们并不会想到易用性。除非在现实环境中实际测试多个样品，完成典型的工作任务，否则你不可能知道产品好用还是不好用。如果只看东西的确挺好的，光凭漂亮的外观似乎就值得购买。但你可能没有意识到，你根本不知道如何使用这些功能。所以我劝你购买前先试用产品。如果购买一个新的炉灶，就用它模拟做饭，就在商店里做饭，不要害怕犯错误或者提出愚蠢的问题。请记住，如果你有任何问题，那可能是设计的缺陷，不是你的错。

其实购买时的一个主要障碍，是购买者常常不是最终用户。当你搬进房间的时候，家电已经安装好了。在办公室里，采购部门会根据价格、与供应商的关系，或者可靠性等因素采购物品，很少考虑到易用性。最后，即使购买者是最终用户，有时仍需要权衡一些必要的功能与不必要的功能。就像我家的灶具，我们不喜欢控制旋钮的样式，但我们最后还是买了它。我们权衡再三，虽然灶具控制旋钮的布局不够好，似乎其他的设计特征更重要，结果发现只有一个厂商满足我们的要求。为什么我们要权衡呢？难到所有的灶具制造商使用自然映射，或至少规范其映射关系来设计控制旋钮会很难吗？

文化与设计：自然映射随文化而异

有一次我在亚洲演讲。我的电脑连接到投影仪，还拿到一个遥控器，这样在演讲时就可以远程遥控要展示的内容。遥控器有两个按钮，一个在上，另一个在下。演讲的标题已经显示在屏幕上。当演讲开始后，我所要做的就是向前翻页，展示下一张照片，但当我按下上面的按钮，令人惊讶的是，幻灯片回到了标题页，它没有向前翻页。

"怎么会发生这样的事呢？"我感到诧异。对我来说，上面的按钮就意味着向前，底下的按钮就是向后。映射是非常清楚和明显的。如果按钮是肩并肩排列，那么控制可能模棱两可：先按哪个，左边还是右边？该控制器使用顶部和底部的按钮，提供了一个合理的映射。为什么它的控制方向出乎意料？难道这是另外一个糟糕的设计案例？

我决定问问听众。我把遥控器给他们看，然后问道："我想翻到下一页，应该按哪个按钮，上面还是下面？"令我更加惊讶的是，听众的反应分成两类。许多人和我想的一样，认为应该是上面的按钮。但是，还有一大部分人认为应该是下面的按钮。

什么是正确的答案？我决定向世界各地的听众询问这个问题。同样，我发现他们的意见也分成两类：有些人坚信应该是上面的按钮；另外一些人，同样坚决地认为应该是下面的按钮。当得知别人可能有不同的看法时，每个人都很惊讶。

直到我意识到这是看问题的角度不同，我的困惑才释然而解。这与不同文化的人们看待时间的方式非常相似。在一些文化中，时间在人们的心里就像面前向前延伸的道路。当一个人想穿越时光，就是沿时间轴向前移动。在另外一些文化中有类似的概念，但人是静止在原地的，是时间在移动，即未来的事情正在走向人们。

这正是遥控器所代表的意图。是的，顶部的按钮可以使文件向前翻页，但问题是，谁在移动，是人还是幻灯片？一些人认为人会朝着图片方向前进，另外一些人认为图像会向人的方向移动。那些认为人会朝着图片方向前进的听众，他们想象上面的按钮会显示下一个文档。那些认为图像会向人的方向移动的听众，他们想象按下面的按钮会得到下一个文档，使图像向他们自己的方向前进。

有一些文化用垂直的时间轴来代表时间：向上代表未来，向下代表过去。其他一些文化有截然不同的观点。例如，未来在你的前面还是后面？对大多数人来说，这个问题是没有意义的：当然，未来就在我们前方，过去就在我们身后。我们这样说的时候，就会讨论未来如何"到达"，我们会很高兴，许多不幸的事情已经"落在了身后"。

但为什么"过去"不能在我们的前方，未来不能在我们的后方？这听起来很奇怪吗？为什么呢？我们能看见前面发生了什么，而看不见身后是什么，就像我们能够回忆过去发生了什么，但我们无法回忆未来。不仅如此，我们对最近发生的事记得更清楚，而遥远的过去则记忆模糊，过去的时间轴横亘在眼前，正好贴近视觉隐喻，刚刚发生的事情离你最近，所以你可以清楚地感受到（回忆），而过去很久的往事距离你很遥远，回忆和感受起来都不那么容易。现在听起来还奇怪吗？这就是南美洲印第安部落艾马拉人感受时间的方式。当他们谈论未来时，他们使用短语"背后的日子"（back days），往往还用手指着背后。想想看：这也是看待世界的一个完美的逻辑。

如果用一条水平线显示时间，它应该从左到右还是从右到左？两个答案都是正确的，因为选择是随意的，正如随意地选择文本，沿着页面从左到右或从右到左都行。人们选择文本的方向也符合他们对时间方向的偏好。母语是阿拉伯语或希伯来语的人，喜欢时间从右向左流动（未来也朝向左面），而那些使用从左到右的书写系统的人们，认为时间也是同一个方向流动，所以未来在右侧。

但是等等，我还没说完。时间轴与人相关还是与环境相关？在一些澳大利亚原住民的社会里，时间与环境有关系，时间概念基于太阳升起和落下的方向。给来自澳大利亚的人们展示一组隐含时间概念的图片（例如，一个在不同年龄段的人，或正在吃东西的孩子），让他们按照时间排序。受科技文化影响的人会从左到右排列图片，最新的照片排在右侧或左侧取决于他们书面语言印刷的次序。而这些澳大利亚原住民会按照从东到西的顺序排列照片，最新的照片在西边。如果这个人正朝南，那么照片会从左到右排列。如果面朝北，照片会从右到左排列。如果这个人面向西，照片会沿着从身体的垂直线向外延伸，最新的就在最远端。当然，如果人面对的是东方，照片仍是从人的身体朝外延伸，只不过最新的照片离人最近。

对文化模式的选择将指导相对应的交互设计。类似的问题也出现在其他领域。譬如电脑显示屏幕上滚动的文本的标准问题。要滚动文本还是移动窗口？早在现代计算机系统发展的初期，这就是对显示终端的激烈争论。最终，双方关于光标的箭头达成一致；然后，稍晚一些是鼠标——将遵循移动窗口的暗示。将窗口向下拉，会在屏幕底部看到更多的文本。在实践中，这意味着想在屏幕的底部看到更多的文本，向下移动鼠标，将窗口向下拉，然后使文本向上移动：鼠标和文本以相反的方向移动。如果是滚动文本的模式，鼠标和文本会在同一方向移动：向上移动鼠标，文字也向上滚动。在过去的20多年里，为了显示更多文本，每个人都把滚动条和鼠标向下拉动。

然后，触摸式操控的智能显示屏幕面世了。现在，人们只要用手指自然地触摸文字，就可以将其上下左右移动：文本和手指移动的方向一致。移动文本的模式盛行起来。事实上，它已经不再被看作是一个模式：这是真的。但人们在采用传统的移动窗口模式的计算机系统，与采用移动文本模式的触摸屏系统之间来回切换时，产生了混乱。因而，作为一个主要的传统计算机和触摸屏制造商，苹果公司全面转向移动文本模式，但其他公司没有效仿苹果公司的带领。在我写本书时，混乱依旧存在。它将如何结束？我预测移动窗口的模式会消亡：触摸屏和遥控手柄将占据主流，这将导致移动文本模式全面接手。所有的系统将设置手柄或控制按键的移动方向与预期的屏幕图像移动方向一致。与对人类行为的预测相比，预测技术相对容易得多，在这种情况下，电脑厂家会遵循社会惯例。这个预测会实现吗？你可以自己判断。

在航空界发生过类似的问题，飞行员的姿态指示器显示飞机的运动方向（翻滚、倾斜或俯仰）。仪表上用一条水平线来表示地平线，并且从背后能看到飞机的轮廓。如果机翼是水平的，又在地平线之上，表明飞机正在水平飞行。假设飞机转向左边，机翼将向左倾斜，那么显示出来是什么样子的呢？应该显示固定不变的地平线上有一个向左倾斜的飞机，还是固定不变的飞机下面有一条向右倾斜的地平线？如果是人从后面观看飞机的角度，前一个是正确的，因为地平线始终是水平的：这种类型的显示方式被称为"由外而内"。如果从飞行员的观察角度，后一个是正确的，因为相对于飞行员的位置，飞机总是稳定地处于一个不变的位置，所以当飞机倾斜时，是地平线在倾斜：这种类型的显示方式被称为"由内而外"。

在所有这些例子里，每一个观点都是正确的。这一切都取决于你认为什么东西在移动。对设计来说这些有什么意义？什么是自然的取决于观察的角度、选择的模式，最后归结于文化。当可以在不同模式之间切换时，设计会比较困难。从一种仪器设备（譬如由外而内的模式）转换到另外一种（譬如由内而外的模式）之前，飞机的飞行员需要接受培训和测试才能驾驶飞机。当一个国家决定转换道路的行车方向时，会产生临时的混乱，结果很危险。（大多数地方都从沿左侧前行转换到沿右侧前行，但很少一些地方，特别像冲绳、萨摩亚和东帝汶，从沿右侧前行转换到沿左侧前行。）在所有这些需要改变惯例的情况下，人们最终会调整过来。打破惯例和改变模式需要预留一段混乱的过渡期，直到人们适应新的系统。

译者注：

①短时记忆（STM）或工作记忆：1974 年，巴德利（Baddeley）和希契（Hitch）在模拟短时记忆障碍的实验基础上提出了工作记忆的三系统概念，用"工作记忆"（working memory，WM）替代原来的"短时记忆"（short-term memory，STM）概念。工作记忆是一种对信息进行暂时加工和贮存的能量有限的记忆系统，在许多复杂的认知活动中起重要作用。

第四章

知晓：约束、可视性和反馈

面对以前从来没有见过的东西，我们如何确定它的操作方法？我们没有选择，只有结合外界的和头脑里的知识。外界的知识包括潜在的示能和意符，能够显示控制或操纵的位置，以及它们与由此产生的结果之间的匹配关系，还有限制所作所为的物理约束。脑海里的知识包括概念模型，对行为的文化面向、语义面向和逻辑的约束，还有现状与以往经验之间的类比。第三章专门讨论如何获得知识和运用它们，因而主要强调的是头脑中的知识。本章的重点在于外部世界里的知识：即使遇到一个从不熟悉的设备或状况，设计师如何提供重要的信息，以便人们知道怎么操作。

我可以用一个例子来说明，使用儿童乐高玩具组装一辆摩托车。乐高玩具摩托车（见图 4.1）包含 15 个零件，有些特别。这 15 个零件中有两组相似的零件——一对上面写着"police"（警察）字样的长方块，还有一对同样大小的警察的手臂。其他零件的尺寸和外形相配，但颜色不同。因此一些零件在物理上是可互换的——也就是说，没有足够的物理约束帮助辨识零件的安装位置——但可以毫不含糊地确定摩托车每一个零件的合理角色。怎么做到的呢？将每一个零件的物理约束，与文化、语义或逻辑的约束因素综合考虑就行。结果，人们无须阅读说明书或寻求他人的帮助，就能把玩具摩托车成功地组装出来。

实际上，我曾做过试验。请一些人将这些零件组装在一起。他们以前从未见过组装完成后物体的形状，也没有告诉他们这会是一辆摩托车（然而他们没有花太多时间就搞定了）。没有人碰到困难。

摩托车零件可见的预设用途是决定组装方法的重要因素。乐高玩具上的圆柱体和圆孔就表示出主要的组装规则。零件的大小和形状暗示了如何拼装，零件的物理限制约束了零件的最佳组合。在组装过程中，文化和语义的约束因素发挥了重要的作用，体现在对整体的感觉和对剩余零件的处置上，当剩下最后一块零件时，它也只可能安装在一个地方，简单的逻辑指示了零件的安装位置。总之，这里有四种不同的约束因素——物理结构、

图 4.1　乐高摩托车。

图 A 是已经拼装好的玩具摩托车，图
B 是玩具摩托车的零件。这 15 个零件
设计得都很巧妙，即使成年人也知道
如何拼装。该设计利用约束因素来确
定每个零件的安装位置。物理限制约
束了多种可能的安装位置。文化和语
义的约束提供了进一步确认的线索，
例如，文化上的约束因素决定了 3 个
灯的位置（红色、蓝色和黄色）。语义
上的约束因素使人们不会把车手的头
朝向身后，或者将标有"警察"字样
的零件倒着放置。

语义、文化和逻辑——它们不显山露水，出现在各种不同的组装方式里。

约束是非常有力的线索，限定了一系列可能的操作。在设计中有效使用约束因素，即使在全新的情境下，也能够让用户轻而易举地找到合适的操作方法。

四种约束因素：物理、文化、语义和逻辑

物理的约束

物理结构上的局限将可能的操作方法限定在一定的范围内。一根大木栓不可能插到一个小洞里；乐高摩托车的挡风玻璃只能安装在一个地方，并且只有一个方向。物理结构约束因素的价值在于物品的外部特性决定了它的操作方法，用户不需要经过专门的培训。如果设计人员恰当利用这种约束因素，就能有效地掌握可能的操作方法——或者，至少可以将正确的操作方法突显出来。

如果用户能够很容易地看出并理解物理约束因素，就可大大增强这些因素的效用，因为在实施之前有些操作就已经被限制了。否则，只有尝试过出错之后，一些物理上的约束因素才会防止后继的差错。

就像传统的圆柱形电池，如图 4.2A 所示，缺乏足够的物理结构上的约束。它可以按照两个方向放入电池盒：一个方向是正确的，另一个方向则可能会损坏设备。图 4.2B 表明电池的极性非常重要，然而，印在电池盒底面的标识，很难让人确定正确的电池放置方向。

为什么不设计一种电池，不论如何放置都不会出错呢：我们使用物理约束设计电池盒，使电池只能以正确的方向放进去。抑或，重新设计电池或极性接触点，不需要考虑电池的方向。

图 4.3 显示了一种新设计的电池，其放置方向已经无关紧要了。电池

图 4.2 圆柱形电池：需要约束的物品。图 A 是传统的圆柱形电池，需要以正确的极性放在电池盒里，否则不能工作（还要避免损坏设备）。观察图 B 的设备，需要安装两个电池。使用手册上的说明就显示在图片上。它们看起来很简单，但你能从隐蔽的暗处看到如何正确地安装每个电池吗？不能。电池盒上的标识黑之又黑：需要将黑色塑料上的模片轻轻地抬起来。

图 4.3 让电池的极性与方向无关。图示的电池，其极性方向无关紧要，可以按照任何一个可能的方向插入到设备里。怎么样？电池的两端都有三个同心圆圈，中心圆点都是正极，中间的一圈都是负极。

的两端完全相同，正极和负极端被分别设计为电池的中心点和中间环。据此设计电池正极的接触点，让它只能接触中心点。同样，负极接触点只能接触中间环。我只见过一个这种电池的例子，虽然这样设计似乎可以解决电池放置方向的问题，但它并没有普及，也没有广泛使用。

　　另一种方案，发明一种新的电池连接方式，使现有的圆柱形电池以任何方向插入仍然可以正常工作：微软发明了这种触点，叫作 InstaLoad（安装），正试图说服设备制造商使用新的设计。

　　第三种方案是重新设计电池的外形，使它只能从一个方向放进去。现在大多数插件做得很好，利用形状、缺口和突起来约束，让插头只能从单一方向插入。为什么日常使用的电池不能这样设计呢？

　　为什么不优雅的设计还是坚持了那么久？这就是所谓的遗留问题，它们将会在本书中出现好几次。使用现有标准设计和生产的很多设备——都是遗产。如果对称的圆柱形电池改变，会要求使用这些电池的其他大量产品进行重大改变。新电池将不能在旧设备上工作，同样旧电池也不能用于新设备。微软对电池的触点所做的设计，让我们可以继续使用曾经用过的同一款电池，但应用电池的设备必须切换到新的触点设计。在微软推出 InstaLoad 两年后，尽管有积极的新闻报道，我还是找不出任何使用这种新触点的产品——甚至连微软自己的产品也没有使用。

　　锁和钥匙也遭遇了类似的问题。通常很容易将钥匙平坦的顶部与锯齿状的底部区分开来，但很难从锁的角度判断钥匙需要插入的方向，尤其在黑暗的环境中。许多电器和电子设备的插头和插座也有同样的问题。虽然它们有物理约束，以防止错误的插入，但往往猜测正确的插入方向非常困难，尤其是当钥匙孔和电子插座安装在不能被接触到的光线昏暗的位置。一些设备，如 USB 插头，是有物理约束设计的，但约束是如此微妙，需要用户手忙脚乱地摸索出正确的方向。为什么不将所有这些设备的连接方向设计得不那么敏感？

设计出不用担心插入方向的钥匙及插头，并不难。譬如对插入方向不敏感的汽车钥匙已经存在了很久，但不是所有的制造商使用这种方式。同样，许多电器连接件对方向不敏感，但是，只有少数厂家在使用它们。为什么抵制？有些来自遗留问题，担心较大的改动会需要高昂的费用。更多的似乎是一种典型的企业主导思维："这是我们一直做事情的方式。我们不关心顾客。"当然，确实像插入钥匙、电池或者插头之类的困难算不上严重问题，不会影响用户是否购买产品，但是，在简单的事情上面缺乏对客户需求的关注，往往会引起更严重的问题，是产生更大影响的前兆。

请注意，更重要的解决方案就是解决最基础的需求——需要解决最根本的需求。毕竟，我们真的不在乎钥匙和锁：我们需要的只是一些方法，确保只有被授权的人才能够接近任何被锁定的东西。不是重新设计钥匙的物理形状，而是让它们不再相关。一旦认识到这一点，一整套的解决方案就浮上水面：密码锁不需要钥匙，无钥匙的锁只能由授权的人操作。一种方法是通过持有一个无线电子装置，例如可以辨识身份的证件卡，当接近传感器时就能打开门，或者平时装在口袋或公文包里的遥控汽车钥匙。生物特征识别设备可以通过面部、语音、指纹或其他生物性特征来识别用户，例如虹膜。这些方法在第三章讨论过。

文化约束因素

每种文化都有一套社交行为准则。因此，在我们熟悉的文化环境里，尽管去一家以前从未到过的餐厅，我们也知道应该说什么做什么。在一个陌生的地方和陌生人在一起时，我们也仍能应付自如。但当我们置身于一种不熟悉的文化环境，原有的行为准则明显不适用，甚至会招来反感时，我们就会感到不自在。在使用新机器的过程中，我们所遇到的困难也大多根植于文化因素，因为暂时还找不到一套被广泛接受的文化惯例。

从事这方面研究的专家认为，文化行为准则以范式（schemas）的形式在我们的头脑中得以体现。范式也就是知识结构，由一般规则和信息组成，主要用于诠释状况，指导人们的行为。在一些固定的情况中（例如，在餐馆吃饭），范式会比较具体。认知科学家罗杰·尚克（Roger Schank）和鲍勃·埃布尔森（Bob Abelson）认为，在这种情况下，我们会遵循事先写好的"稿子"（scripts）行事。社会科学家欧文·戈夫曼（Erving Goffman）把规范行为的社会因素称为"框架"（frames），并且展示了"框架"控制人类行为的过程，即使是在一个完全陌生的情况或文化中。如果有人故意违反这一"框架"，那就是自讨苦吃。

下次当你搭乘电梯时，试着违反常规做法，看看这样会不会令你自己和电梯里的其他人尴尬。做法很简单：比如不妨面对着电梯的墙壁站着，或者直勾勾地盯着电梯里的陌生人。在公共汽车或电车上，你可以把座位让给一个看起来体格健壮的人（如果你已上了年纪，或者是一名孕妇，或是身患残疾，行为的效果就会更加明显）。

在图4.1中，乐高玩具摩托车的例子，文化约束因素决定了玩具车上三个灯的不同位置，尽管它们的结构完全相同。红灯通常用来表示"停"，因此要安装在车的尾部；如果这还是一辆警察用摩托车，就要把蓝色的闪灯固定在车的顶部；对于黄色灯，就存在有趣的文化差异：一些人现在仍然记得在欧洲黄灯为标准的车前灯，而另外一些人认为黄灯可以用在其他地方（乐高发源于丹麦）。如今，欧洲和北美的标准要求前灯是白色的，因此，在游戏中，确认黄灯为前灯，将其安装在摩托车的前部，已经不再像过去那样普遍。文化的约束因素也会随着时间而变化。

语义约束

语义学是研究意义的学问。语义约束是指利用某种境况的特殊含义来限定可能的操作方法。以安装玩具摩托车为例，只有把骑车者设定在一个特定的位置，让他面朝着车的前方才有意义。挡风玻璃是为了保护骑车者的脸部，因此必须安装在位于他前面的某个部位。语义约束依据的是我们对现实情况和外部世界的理解，这种知识可以提供非常有效的、很重要的线索。类似于文化约束会随着时间而变化，语义约束同样如此。极限运动不断将我们认为有意义的和合情合理的界限向外拓展。新技术会改变事物的意义。具有创意的人不断地改变我们与技术和其他人群的互动方式。当汽车可以完全自动化驾驶，彼此间以无线网络进行沟通，那么汽车后面的红色尾灯代表什么意义？红灯亮时，这辆车正在刹车吗？由于其他的车早已经根据无线传输信号知道了，它提醒的对象呢？谁会在意？这样一来红灯就变得毫无意义，它可以去掉，或者可以重新定义其含义，用来表明其他一些境况。今天所具有的意义可能不再是未来的意义。

逻辑约束

乐高摩托车上的蓝灯带来了一个特别的问题。许多人不知道蓝灯应该装在哪儿。但如果其他所有零件都装配好了，只剩下一个零件，可供安装的位置也只剩下一处，自然而然就确定了蓝灯的安装位置，这就是逻辑约束。

居民往往在实施修理工作时使用逻辑约束。假设你拆开漏水的水龙头，更换垫圈，当你把水龙头重新装起来时，发现还剩下一个零件。哎呀，显然出了差错：这个零件应该被安装上。这就是一个逻辑约束的例子。

第三章讨论过的自然映射的应用就是提供逻辑约束。在这类情形中，物品组成部分与受其影响或对其有影响的事物之间并无物理或文化约束准则可言，而可能存在着空间或功能上的逻辑关系。如果两个开关控制两盏电灯，那么左边的开关就应该控制左边的灯，右边的开关就应该控制右边的灯。如果电灯的排列方式与开关的排列方式不一样，就打乱了自然匹配的关系。

文化规范、习俗和标准

　　每种文化都有它自己的规则。当你与某人见面的时候是接吻还是握手？如果接吻，会吻哪一侧的脸颊，吻多少次？这是一个飞吻还是实实在在的接触？也许你需要弯下身，年少者先来，吻得地方最低。也许你要举起双手，或者使点儿力，来一个热吻。有这么复杂吗？在互联网上搜索应用于不同文化问候的不同形式，你或许会忘我地陶醉于这个迷人的时刻。当你看到来自冷漠的讲究礼仪的地区的人遇到热心的朴实的土著，一方试图弯腰握手，而另一方已经热情地拥抱上来，亲吻着完全陌生的客人，该是多么有趣和令人惊愕。对其中一方来说，这可没有那么有趣：当想要握手或鞠躬时却被拥抱和亲吻，或者还有其他方式。当某个人只希望亲吻一下的时候，别人却试着亲吻这个人的脸颊三次（左，右，左）。如果她或他只希望握握手，那就会更糟。违背文化习俗可能完全破坏双方的互动方式。

　　习俗实际上是一种文化的约束，通常与人们的行为方式相联系。一些习俗决定什么活动可以做，一些则禁止或不提倡某些行为。但在所有的情况下，它们用有效的行为约束来体现文化上的习俗。

　　有时，这些习俗汇集起来就成为国际标准，有些被编入法规，有时两者都有。在早期繁忙的街道上，充斥着马车或者汽车，拥挤和事故时有发生。随着时间的过去，关于路的哪边应该是行车道，人们形成惯例，而且在不同的国家有不同的惯例。在路口谁有优先权？是第一个到达那里的人，还是右边的车辆或行人，还是有最高社会地位的人？所有这些惯例已经在同一时间或其他时间使用过。如今，世界各地的许多标准管理着交通运输：

只能在街道上的一侧开车前行。到达十字路口的第一辆车具有优先权。如果两辆车在同一时间到达，右边的车（或左边的）优先。当碰到合并车道，需要依次前行时，一辆车先行，然后是另外一个车道的另一辆车，按顺序交替前行。最后一个规则是个不成文的惯例：在我看过的交通法规里并没有包含这一条。尽管在我驱车的加州街道上大家都遵循此例，但世界上另外一些地方的人认为这个习俗看起来很奇怪。

有时，即使惯例也会有冲突。在墨西哥，当两辆车从相反的方向来到一个狭窄的单车道的桥两侧，如果其中一辆汽车闪烁它的前灯，这意味着："我先到这里，我要先过桥。"在英国，如果一辆车打闪灯，这意味着："我等你：请你先过。"即使信号是同样的，但如果这两个司机遵循不同的规则，就会出问题。想象一个墨西哥司机与一个英国司机在第三国相遇会发生什么事情。（注意，驾驶专家警告人们不要使用前灯闪烁来发出信号，即使在一个国家之内，许多司机对此有共识，但没有人能够想到其他人可能会有相反的解释。）

当你被邀请参加一个正式的晚宴，每个餐位前摆放了几十个餐具，你会局促不安吗？你怎么办？将那个盛在漂亮的碗里的水喝了，还是用它把你的手指洗干净？你用手指还是用刀叉来吃鸡腿或比萨？

这些是问题吗？是，它们会带来麻烦。如果你违反习俗，你将会被认为是一个局外人，在那种场合里一个粗鲁的圈外人。

示能、意符和约束在日常用品设计中的应用

当我们遇到新产品时，示能、意符、映射和约束因素能够简化可能碰到的困难，当然，如果不能恰当地应用这些因素，也会带来很多问题。

门的问题

在第一章，我曾提到有一位可怜的朋友被困在邮局的两排门之间出不来，因为他看不到任何操作线索。当走近一扇门时，我们需要弄清楚门应该从哪一边开，以及从什么部位把它打开。也就是说，我们必须知道应该做什么，在什么地方做。我们希望从门的设计看到正确的操作方法，例如一块平板、一个附加物、一个洞或是一块凹陷的部位，任何可以让我们去触摸、去转动以及可以把手伸进去的东西。通过这些，我们便可知道应该在物品的什么部位进行操作。下一步就是如何操作的问题，我们必须确定哪些是允许的操作，这就需要利用意符和约束因素来做出判断。

各式各样的门让人眼花缭乱。有些门只需要按下某个键就能打开，有些门根本就没有显示该如何打开，因为上面没有按钮，没有金属配件，没有任何操作线索。也许要用脚踩一下门底部的踏板，抑或这是一种用语音控制的门，要想打开，必须说出一句神奇的暗语（诸如"芝麻开门"）。有些门上贴有操作说明，例如拉、推、滑动、往上抬、按门铃、插卡、键入密码、微笑、转身、鞠躬、跳舞或是提出请求。像门这样简单的物品还需要贴上标识，告诉你开门时要推、拉或滑动，那就表示这一设计彻底失败了。

现在来考虑一扇不需要上锁的门上的五金件。这种门本不需要任何可移动的部件，可能只需要装上固定把手、金属板、手柄或是凹槽。设计合理的五金件不仅使门容易开启，而且会显示正确的开门方法：这需要包含清晰无误的开门线索——意符。假设这个门需要被推开，显示这一操作最简单的方法就是在门上最适合推的部位安装一块金属板。

一块平板或者门闩就能够清晰无误地表示正确的开门动作和位置。它们的示能作用同时还限制了可能的操作方式，比如推门。还记得第二章中讨论过的防火门以及紧急门闩吗？这种紧急门闩，附带有一块大的水平表面，通常还用另外一种颜色标识出往外推门的位置，这就是一个清晰无误的意符的良好案例。当恐慌的人群拥挤在门口，试图逃离火海时，这个提示自然地限制了不合理的行为（要将门推开，而不要拉开）。最好的推杆构造可以同时提供可见的示能和意符，示能的作用是机械地限制不当的行动，由此推杆可以不引人注目地同时暗示"做什么"以及"在何处"操作。

有些门上设计了合适的五金件，并恰当安装。最时尚的汽车外面的门把手设计就是很好的例子。通常会挖一个凹槽安装这些门把手，同时暗示开门的位置和动作模式。水平的切缝指示用手拉开车门，竖直的切缝提示滑动开门。奇怪的是，汽车车门内把手却讲述了一个不同的故事。在这里，设计师都面临着不同的问题，还没有发现合理的解决方案。结果，尽管汽车外面的门把手往往很出色，人在车里面通常很难找到把手，即使找到也很难弄清楚如何操作，非常不好用。

根据我自己的经历，橱柜的门毛病最大，有时连门都找不到，更不用说从哪儿开、怎样开，是往一边滑动、往上抬、往里推，还是往外拉。强调门的艺术美往往会使设计人员或购买者忽视门的易用性。一个特别令人沮丧的柜门设计，向内一推，门却向外打开。推门这个动作会释放一个挂钩，激发门内安置的弹簧，所以当手拿开后，门就会自动弹开。这是一个非常聪明的设计，但最令新用户困惑不解。可能加一块板是合理的信号，但设计师似乎不想破坏柜门面板的平滑。我家的一个橱柜就有这种碰锁安装在玻璃柜门后，由于玻璃可以让人看见里面的架板，很明显没有向内开门的余地，因此，要推门是不可能的。新用户和不常用柜子的人通常不会推门，而是直接拉门，当然他们拉不开，这时他们往往用指甲、刀片或其他更巧妙的方法撬门。就像我在伦敦大酒店试图如此排空洗脸盆里的脏水一样，这种违反直觉的设计就是困难之源。（参见

图 1.4）

有些门的外表具有欺骗性。我曾看见有些人试图用手去推自动门，当门突然开启时，他们踉跄地跌倒在地上。大部分地铁每到一个站，门会自动打开，但巴黎的地铁不是这样。我在巴黎的地铁上就曾目睹有个人想下车却没能下去。地铁到站时，他从坐位上站起来，走到车门前，耐心地等着开门。门却没有开，过了一会儿，地铁列车再次启动，开往下一站。在巴黎乘坐地铁时，门不会自动打开，因为你得自己开车门，你必须按一下按钮或是转动一下把手，或是往一边推动车门，才能下车（具体是哪一种操作，要看你乘坐的是哪一种车）。乘坐某些交通工具时，乘客得自己开门，但另外一些交通工具则禁止乘客自行操作。频繁旅行的人会不断遇到这种情况：在一个地方合理的行为在另一个地方就不合理了，即使在看似相同的情况下。了解文化规范可以创造舒适、和谐的生活。不了解规范可能导致不适和混乱。

开关的问题

每次讲课时，我不用花时间准备第一个例子，因为总能在房间或礼堂里随时找到难以使用的电灯开关。如果有人想把灯打开，他总会摸索好一阵子，不是搞不清楚开关在哪儿，就是不知道哪个开关控制哪盏灯。似乎只有雇用一位技术人员坐在控制室里，专门负责控制开关灯，才能顺利解决开关灯的问题。

在礼堂遇到电灯开关问题只不过让你心烦，而在工业领域出现类似问题，情况就会很危险。在很多的控制室里，操作者面对着一排排、一列列的开关，看起来都很相似。怎样做才能避免偶然失误，避免混淆，或者不会意外地触碰到错误的按键呢？或者不会按错开关？其实他们避免不了这些。万幸的是，工业设备经常都相当结实耐用，时不时出现几个操作错误，通常不是什么严重的事。

有一种常用的小型飞机，其仪表盘上控制襟翼的开关和控制起落架的开关紧挨着。当你得知有很多飞行员在机场准备起飞时，本想提升襟翼，却误把机轮收起来时，你或许会感到吃惊。这一错误频频发生，损失惨重，以致美国国家交通安全局（NTSB）特意为此写了一份报告。在报告中，分析人员客气地指出，避免出现这类操作错误的合理设计原则早在 50 年前就已经存在。那为何人们至今还在使用不合理的开关设计？

设计好基本的电器开关和控制器，应该是件相对容易的事，但要解决两类最基本的问题。第一，要确定它们所要控制的设备类型，例如，是襟翼还是起落架；第二，是映射问题，这个在第一章和第二章都有论述。

如果开关的数目很多，问题就很严重。如果只有一个开关，就不会有麻烦。若有两个开关，可能会有小问题。但在同一地点有两个以上的开关，处理的难度就急速上升。比起家里，很多开关更容易出现在办公室、礼堂和工厂。

对于有无数的灯和开关的复杂设施，灯光的控制很少对应灯光的位置。当我做演讲时，我需要调暗投影屏幕上方的光线，这样投影的图像会比较清晰，同时还需要在观众席保持足够的光线，使他们能够记笔记（我还可以观察他们对演讲的反应）。礼堂通常很少提供这种控制。电工也没有被培训过这种任务分析。

这是谁的错？或许没有人有错。单纯指责某个人不合适，也很少起到作用，就这一点我会在第五章继续深入讨论。由于参与安装灯光控制的不同行业的专业人员难以协调，才会产生这些问题。

我曾经住在加州德尔玛（Del Mar）悬崖边上一栋漂亮的房子里。房子由两个年轻的获奖的建筑师设计，非常出色。通过房屋所处的壮观的位置，以及可以俯瞰大海的宽大窗户，建筑师证明了自己的价值。但他们喜欢简洁、现代感的空间，这种设计带来了问题。除了其他东西，房子里是一排排整齐的灯光开关：在前厅的墙上，四个外形相同的开关排成一行；在起居室里，六个一模一样的开关排成一列。当我们对这样的设计表示出不满意时，建筑师向我们保证道："你们会习惯的。"可是我们却一直未能习惯。图4.4显示了一个具有八个开关的面板，是我在拜访某个家庭时发现的。谁能记住每个开关控制哪个灯吗？我家有六个开关，这已经够糟了。（关于德尔玛的家里开关面板的照片不再可用。）

对于设计复杂的、互有冲突的系统，用户与系统的施工方之间缺乏清晰的沟通，或许是最常见的原因。对于一个好用的设计，开始会先对实际的操作进行细致的观察，然后才是设计过程，设计出与实际执行任务最贴切的方法。该方法的专业术语叫任务分析（task analysis）。整个设计过程被称作"以人为本的设计"（human-centered design，HCD），将在第六章介绍。

要解决我在德尔玛的房子开关问题，需要用到第三章中描述的自然映射。六个灯光开关单向排列，垂直安装在墙壁上，它们不可能自然地映射出在天花板上水平安装的二维分布的灯的位置。为什么要把开关贴在墙上？为什么不能改变一下，把开关水平安装，与所控制的电灯建立二维空间类比关系？为什么不在开关座上勾画出建筑物的平面图，然后按照电灯在室内所处的位置决定开关的相应位置，从而应用自然映射的原则？我就是用这种方法解决了实验室和家中的开关问题。你可以看到图4.5中的结果。我们将起居室的平面图绘在一块板子上，方向与房间一致，然后将电灯开关安装在这个板子上，与房间的灯对应起来，这样每个开关就能控制相对应区域的灯。安装时让板子与水平面稍稍倾斜，这样可以很容易地看见并领会开关与电灯的对应关系：如果垂直地安装板子，映射关系仍然是模糊不清。倾斜而不是水平地安装板子还能够防止人们（自己或访客）在板子上放置物品，如杯子、盘子等等，这是一个很好的反示能的例子。（由于第六个开关相对独立，我们将其移到另外一个不同的位置，在新位置上这

图 4.4　难以记住的电灯开关。

像这样成排的开关在家里并不常见。电灯与开关之间没有明显的映射关系。我家曾有类似的
开关面板，虽然只包含六个开关。即使在这个房子里住了好几年，我从来都记不住这些开关
怎么用，于是简单地将所有开关都推上去（开灯），或扳下来（关灯）。怎么解决这个头疼的
问题？请参看图 4.5。

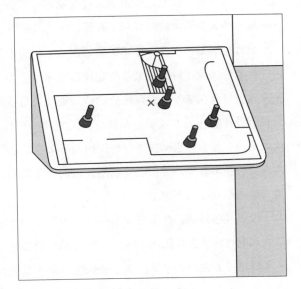

图 4.5　开关与灯的自然映射。

如图，我将 5 个开关与起居室的 5 个灯匹配起来。我安装了一些小的纽扣开关，
开关的分布与家里起居室、阳台、过道的灯的位置相仿，每个开关就安放在灯
的相应位置旁。中间开关旁边的 X 指示了开关面板固定的位置。面板稍稍倾斜
一个角度，既能反映灯的水平布置，又提供了一个反示能的作用，这样人们就
不会将咖啡杯或饮料瓶放在开关面板上了。

个开关的映射更明确，不会让人混淆，又进一步简化了操作。）

这种新型开关能否在各处使用？也许不能，但并不是说这种设计不能被广泛采纳。当然，还有一系列的技术问题需要解决。例如，建筑人员和电工需要的是标准化的开关零件。现在，提供给电工的开关盒被设计为一种矩形盒子，能够组装一系列狭长的线性排列的开关，可水平或垂直安装在墙上。为了产生合理的空间阵列，我们需要一个二维结构，可以与地面平行安装，开关将被装在盒子顶部的平面上。把开关盒的上端设计成矩阵变换电路，电工便可根据每个房间的情况决定开关在盒上的最佳位置，能够方便、容易地安装。理想的开关面板应当使用小型开关，或者是低压开关，为了照顾个别的灯光而可以单独控制（就像我家的开关）。开关和灯光之间以无线方式控制，而不是通过在家里布置传统的电缆。不再使用现在标准化的大而笨重的电灯开关面板，代之以适用小巧的开关面板。

我的构想是，生产一种能够安装在墙上，而不是像现在这样安装在墙内的标准开关盒，再把开关装在盒顶部的水平表面上。按照我的构想，开关盒就会裸露在墙外，而现在的设计是把开关与墙融为一体。或许有人认为我所设计的开关很难看，那就在墙上打出一个凹槽，把开关盒放进去。如果墙内有足够的空间放置目前使用的开关盒，就肯定可以凿出一个水平面来安装新型开关。要想改善新型开关的视觉效果，还有一个方法是把开关盒放在小支柱或支架上。

说点儿题外话，在本书的第一版出版了数十年之后，关于自然映射的章节和电灯开关操作困难的案例已经受到广泛关注。虽然如此，却没有商业工具可以方便地在家里实现这些想法。图 4.5 的控制盒由一家智能家居设备公司生产，我曾经试图说服他们的 CEO 考虑我的想法。"为什么不制造一些零件，让用户可以轻松地自我设计。"这是我的建议，但没有成功。

有一天我们将摆脱这种用电线连接的开关，它们需要额外的电缆来工作，在建造住宅时增加成本和施工困难，并且使得改造电路非常困难和耗费时间。相反，我们将使用互联网或无线信号将开关连接到被控制的设备上。用这种方式，控制不受地点限制。它们可以被重新配置或移动。我们可以为同一个物品配置多个控件，一些在我们的手机里，一些在其他便携式设备上。我可以在世界上任何地方控制我家里的空调：为什么我不能在我家的灯上做同样的事情？在一些特殊的商铺和客户定制建筑师那里，确实已经存在这些必要的技术，但只有主流的制造商生产必要的组件，传统的电工熟悉安装，它们才能被广泛使用。运用良好的映射原理可以让配置开关的工具标准化，并且易于安装。这些都会实现，但可能需要相当长的时间。

唉，就像许多变革一样，新技术将同时带来优点和缺陷。使用触摸屏，可以让优秀的自然映射与空间布局关联起来，但这种控制手段缺乏实体开关的物理示能作用。如果手里没有拿东西，触摸屏很好用。但当进门时手里拿着行李或几杯咖啡，你就再也不能用手臂或肘部的一侧操控开关。也许可识别手势的摄像头可以帮助人们实现这一点。

以活动为中心的控制

开关的空间映射并非总是合理的。在许多情况下，最好使用开关来控制活动，即以活动为中心的控制（activity-centered control）。很多学校和公司的礼堂都有电脑控制中心，将开关标记为"视频"、"计算机"、"灯光全开"和"演讲"等这样的词语。对开关所要完成的活动，进行充分仔细地分析和精心设计，控制与活动的映射就会非常出色：演示视频需要黑暗的礼堂，控制音量，以及控制开始、暂停和停止演示。投影图像需要黑暗的屏幕区域，但还要有足够的光线让礼堂里的人可以做笔记。做讲座需要一些舞台灯光，这样台下的观众可以看得见演讲者。基于活动的控制从理论上来说非常出色，但实践起来有些难度。当设计得不好时，就会让用户遭遇很多困难。

一个近似但错误的方法是以设备为中心，而不是以活动为中心。当以设备为中心控制，就会有不同的控制屏去管理灯光、音响、电脑和视频投影。这要求演讲者用一个屏幕调节光线，另外不同的屏幕调节声音的大小，还需要不同的屏幕优化或控制图像。在讲话过程中不得不来来回回地在不同屏幕之间切换，也许必须暂停视频，做出评论或回答一个问题，这是一种可怕的认知中断。以活动为中心的控制会预设这种需求，在一个地方控制光线、声音和投影。

我曾经使用以活动为中心的控制，为了把我的图片展示给观众。当我被问到一个问题之前，一切都很正常。我停下来回答提问，但想将房间的灯调亮一些，这样可以看到观众。坏了，由于在演讲的同时呈现视觉的图像，这个模式意味着房间里的灯光应当固定设置在昏暗状态。当我试图调亮光线，这是"演讲"之外的活动，所以，我得到了想要的灯光，但投影屏幕收回到天花板，投影仪也关闭了。以活动为中心的控制在处理特殊情况时会有困难，这是设计时没有想到的。

如果要进行的活动都经过精心设计，符合实际要求，以活动为中心的控制是正确的方向，但即使在这种情况下，仍然需要手动控制，因为总是会有一些新的意想不到的需求需要特殊的设置。像我在上面举的例子，由活动控制转到手动设置时，不应当自动取消当前的活动。

引导行为的约束力

强制功能

强制功能是一种物理约束：在行动受到限制的情况下，出现在某个阶段的差错不会蔓延，能够防止产生进一步的后果。譬如启动汽车的程序就包含了强制功能——司机必须使用一些物理装置来获得合法使用汽车的许可。在过去，就是先用汽车钥匙打开车门，然后将钥匙插入点火装置，联通汽车的电器系统，旋转到钥匙的极限位置，启动汽车发动机。

现今的汽车有很多种身份验证方式，一些仍然需要钥匙，但也可以将钥匙留在你的口袋或随身包里。越来越多的汽车已经不需要钥匙，取而代之的是可以与汽车进行沟通的卡片、手机或一些实物令牌。只要被授权的人持有卡片（当然，这等同于车钥匙），车子就可以正常使用。电动或混合动力车不需要在车辆开动之前启动发动机，但仍然保留类似的程序：司机必须使用自己持有的一些实物来验证自己的身份。在拥有认证功能的钥匙没有被验证之前，车子不能启动，这就是强制功能。

强制功能是较强约束的极端情况，可以防止不当行为。不是每一种境况都需要如此强制的约束来限制操作，但其基本原则可以扩展到各种各样的情况。在安全工程领域，特别是作为预防事故的具体方式，强制功能可能会以其他形式出现。典型的三种方法是互锁、自锁和反锁。

互锁

互锁促使行动按照正确的次序进行。比如微波炉和其他内部存在高电压的设备，使用互锁的强制功能，可以防止有人在没有断开电源的情况下打开炉门或拆卸设备：互锁功能会在打开门或拆除后背板的瞬间断开电源。配备自动变速器的汽车，除非踩下汽车的脚刹板才能换挡，这样的互锁装置可以防止汽车偏离泊车位滑车。

在众多的安全设置里有一种被叫作"驾驶失知制动装置"的互锁形式，尤其用于火车、割草机、油锯和许多过山车的操作。在英国，这些被称为"司机的安全装置"。许多这种互锁要求操作者在使用设备的同时压紧一个弹簧开关，因而，如果操作者突然死亡（或失去控制），开关将被释放，设备停止运转。由于一些操作者用捆绑控制按钮的方法绕过其功能（或者在用脚操纵的位置放置一个重物），设计者开发了多种方案来确定操作者确实活着，还保持着警觉。例如有一些操作需要保持中度的压力，另外一些需要不断的减压和释放，还有一些要求操作者响应不断的查询。但在所有情况下，它们都是与安全相关的互锁装置，防止操作者在操作时突然失去操作能力。

自锁

自锁保持一个操作停留在激活状态，防止有人过早地停止操作。在许多计算机应用程序中存在标准的自锁程序，用一个短消息提示并询问是否是真的想要退出，防止任何试图退出应用程序而没有保存当前操作结果的行为（如图 4.6）。这些方法非常有效，我特意使用它们作为退出程序的标准步骤。我往往不是先保存文件，然后退出，而是直接退出。我知道自己会收到一个简单的信息，通过回复信息的方法来保存我所做的工作。曾经作为错误提示信息而开发的程序，已经成为一种有效的捷径。

自锁相当直接，就像监狱的牢房或婴儿床的围栏，防止一个人离开那个区域。

一些公司试图锁定自己的客户，从而将自己所有的产品统一化，但与竞争对手的产品不兼容。因此，从一家公司购买的音乐、视频或电子图书，可以使用同一家公司的音乐和视频播放器来播放，还有电子书阅读器来阅读，但不能在其他厂家的同类设备上使用。我们的目标是将设计作为企业的竞争战略：使一个既定生产厂家的产品保持一致性，意味着一旦人们学会了这个系统，他们将留在这里，不愿改变。使用不同公司的系统导致混乱，会进一步妨碍用户改变心意。最终，必须使用多个系统的用户会流失。其实，除了产品占主导地位的那个制造商，每个人都有损失。

反锁

相较于自锁是使某人待在一个空间，或在所需操作完成前防止误操作，反锁则是防止某人进入那些危险的区域，或者阻止事情的发生。至少在美国，可以在公共建筑的楼梯间找到很好的反锁的例子（如图4.7）。在发生火灾时，人们往往仓皇逃窜，跑下楼梯，快，快快，跑到一楼，冲进地下室，但他们可能被困在那里。消防法规要求不允许设置从一楼地面到地下室的简易通道。

通常由于安全原因使用反锁。因此，经过特殊设计的柜门上的儿童锁、电源插座保护盖、药物和有毒物质的容器上专门的瓶盖，保护小孩子不会受到伤害。只有将灭火器上的保险销拔掉，灭火器才能使用，这就是防止意外释放的反锁功能。

在产品正常使用时，强制功能可能会成为麻烦。结果，许多人会故意禁用强制功能，因而也否定了其安全性能。聪明的设计师会尽量减少强制功能带来的不便，同时保留其安全性能，防范突然的灾难。图4.7中的门就是一个聪明的妥协：既有足够的约束，使人们意识到他们正要离开一楼，但还不足以妨碍人们的正常行为，如果必要，人们可以用力地撑开门。

其他一些有效地利用强制功能的设备很令人满意。在一些公共卫生间，一个下拉式置物架就不端不正地安装在隔间门后面的墙上，由弹簧保持在一个竖直位置。当你将架子放低到水平位置，包裹或手提包的重量就能使它保持在那里。置物架的位置就是一种强制功能。当架子被放低，就会完全挡住门，所以要从隔间出去，你必须拿走架子上的所有物品，将架子复位，这样你就不会在卫生间遗忘物品了。这是个非常巧妙的设计。

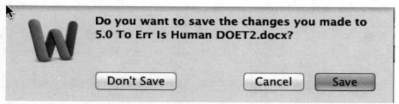

图 4.6 自锁强制功能。
退出程序时，如果既不选择保存，
也不明确地拒绝，自锁功能就会使
程序退出很困难。操作者会根据友
好的信息提示完成想要的操作。

图 4.7 防火紧急通道，具有反锁
的强制功能。
如图，特殊设计，安放在一楼楼梯
口的门，在火灾逃生时可以防止人
们冲进地下室，那样就会被困在地
下室里。

惯例、约束和示能

在第一章中，我们知道了示能、预设用途和意符之间的差别。示能，是指可能的潜在行动，只有当它们都是可感知的，才会很容易地发现它们。正是预设用途中的意符部分，使人们确定可能的行动。但一个人如何从可感知的示能，进而理解潜在的动作呢？在许多情况下，这需要通过惯例。

球形门把手暗示抓握能力的预设用途。但用门把手来打开和关闭门是习得的知识：是设计的文化内涵告诉我们，球形把手、手柄和条闩等物，当被放置在门上，就是为了开启和关闭门。但相同的装置固定在墙上便会有不一样的解释：譬如它们可能会提供支撑，但肯定不可能打开一面墙。对预设用途的解释是一个文化惯例。

惯例和文化约束

习俗是一种特殊的文化约束。例如，人们的饮食方式就受强烈的文化习俗和约束的影响。不同文化环境中的人使用不同的餐具。一些文化里的人们主要用手指来吃饭，以面包为主；一些则使用精致的服务设施。可想到的行为在几乎每个方面都是如此，从所穿的衣服，到对于长者、同辈和下属的称呼，甚至人们进入或退出房间的顺序也有讲究。在一种文化里正确和合理的行为，在另一种文化里则可能被认为是不礼貌的。

尽管习俗对新情况提供了宝贵的指导，但它们的存在，也使得变革很困难：参考下面关于目标层控制电梯的故事。

改变惯例：目标层控制电梯的案例

使用普通电梯似乎无须思考。乘客按下按钮，进入电梯，电梯上楼或下楼，然后乘客出电梯。但在这个简单的交互设计中，我们已经遇到和记录了一系列让人惊讶的设计，关键是：为什么是这样设计？[来自波蒂戈尔–诺瓦塞斯公司（Portigal & Norvaisas），2011 年。]

上述摘录来自两个专业的设计师，他们被电梯控制系统的改变彻底激怒了，就写了一整篇文章来投诉。

什么能够带来这么大的怒火？这真的是非常糟糕的设计？还是像作者所认为的，在已经令人满意的系统上进行完全不必要的改变？事情是这样的：作者曾遇到一种新的电梯系统，叫作"目标层控制电梯"。许多人（包括我）都认为这种电梯比我们习惯使用的电梯更加先进。它的主要缺点是"与众不同"。因为它违反了通行的操作电梯的惯例，而违反惯例非常令人不安。先来看看电梯的历史吧。

在 19 世纪后期，当"现代"电梯首次安装在建筑物上，总有一个管理员控制电梯的速度和方向，停在合适的楼层，打开和关闭电梯门。人们会进入电梯，同管理员打招呼，告诉他们希望到达的楼层。当电梯变成完全自动化以后，类似的习惯还保留下来。人们走进电梯，按下电梯里带有数字标记的按钮，告诉电梯他们将要去的楼层。

这是一个相当低效的做事方式。大多数人都可能经历过，在一个拥挤的电梯里，每个人似乎都想去不同的楼层，这意味着去往高楼层的人们会有一次缓慢的旅程。而对于目标层控制电梯，它会将乘客分组，所以那些打算去往同一层楼的乘客会使用同一部电梯，这样就使乘客的载荷分布效率最大化。在有大量电梯的建筑物里，这种分组才有意义，适用于任何大型酒店、办公楼或公寓楼。

使用传统的电梯，乘客们站在电梯的门厅，使用外部按键，标示他们想上楼还是下楼。当相应方向的电梯到达后，乘客在电梯里使用键盘指示他们的目标楼层。结果就是，五个进入同一部电梯的人，每个人都希望到达不同的楼层。使用目标层控制电梯，楼层按键位于外面的电梯门厅，而电梯内没有楼层键盘（图4.8A和D）。人们将被引导到最有效地到达他们目的楼层的电梯。因此，如果有五个人需要电梯，他们可能会被分配到五个不同的电梯。结果是每个人都以最快的速度，用最少的时间到达。即使有人不能被分配到马上就到达的电梯，他们到达目标楼层的速度仍然比使用传统的电梯要快。

目标控制在1985年被发明，但直到1990年［迅达电梯（Schindler elevators)］才出现第一个商业安装。几十年后，现在目标层控制电梯开始频繁地出现在高层建筑里，开发商发现目标层控制电梯可以为乘客提供更好的服务，或者使用更少的电梯达到同等质量的服务。

可怕！如图4.8D显示，电梯内竟然没有代表楼层的控制键。如果乘客想改变主意，希望在不同的楼层停下，怎么办？那又怎样呢？如果乘坐普通电梯，你确实想在六楼下电梯，但电梯刚刚经过第七层，你怎么做？其实很简单：只要在下一站下电梯，走到电梯厅的目标楼层控制盒，重新指定你想到达的目标楼层。

打破惯例后的反应

每当一个新方法被引入现有的系列产品和系统时，人们总会反对和抱怨。惯例被打破了：人们需要重新学习。新系统的优点无关紧要，关键是改变让人心烦。目标层控制电梯只是许多这类例子之一。改变人们的习惯尤其困难，度量系统就是一个有力的证明。

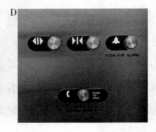

图 4.8　目标层控制电梯。

在目标层控制电梯系统里，目标楼层全部排列在电梯外的控制面板上（图 A 和图 B）。按图 B 所示的目标楼层，显示屏会引导乘客到适当的电梯，如图 C 所示，按下"32"目标楼层，乘客会看到"L"出现在显示屏上（图 A 中的左侧第一个电梯）。进到电梯里面，不需要再选择楼层：电梯厢里面的控制仅仅是打开和关闭电梯门，还有警报（如图 D）。这个设计非常高效，但使用惯了传统电梯的乘客，还是对此一头雾水。（摄影：作者）

尺寸的公制单位几乎在每个层面都优于英制。这合乎逻辑，易学易用。从 18 世纪 90 年代法国人开发出公制长度单位到现在，已经有两个世纪了，但仍有三个国家拒绝使用：美国、利比里亚和缅甸。即使大不列颠（英格兰，威尔士，苏格兰）已经大部分转换到公制，唯一仍在使用老旧的英制长度单位体系的主要国家就是美国。为什么美国还没有转换？对于那些不得不学习新系统的人，这种转变太恼人了，而且为适应新系统所需的工具和测量设备的初始采购成本非常高。其实学习新系统并没有想象的那么复杂，即使在美国，由于公制长度单位系统已经广泛使用，相对来说改造成本并不高。

在设计中保持一致性很有效。这意味着在一个系统中已经习得的知识可以被轻而易举地带到另一个系统。总的来讲，应该遵循一致性。如果用新的方式做一件事只比原来好一点，那么最好与以前保持一致。如果必须做出改变，那么每个人都得改变。新旧混杂的系统会让每个人困惑。当新的做事方式明显优于旧的方式，那么因改变而带来的价值会超越改变本身所带来的困难。不能因为某样东西与众不同就认为它不好。如果我们故步自封，我们将永远不会进步。

水龙头：关于设计的历史案例

很难相信日常使用的水龙头还需要说明书。在英格兰谢菲尔德举办的英国心理学研讨会上，我就见到过一个这样的水龙头。来宾全都住在郊区度假村。办理入住后，每个客人都拿到一个记载有用信息的指导手册，比如教堂坐落的位置、餐饮时间、邮局的位置以及如何操作水龙头——"水龙头就在洗脸池的上方，操作时请轻轻地按压。"

轮到我在会议中发言时，我询问听众，这些水龙头怎么样，有多少人使用时碰到困难。听众里发出礼貌而又有节制的笑声。有多少人试图拧水龙头的把手？台下很多人举起了手。有多少人寻求帮助？一些诚实的听众也举了手。事后，一位女士过来告诉我她都放弃了，只好走到大堂，找了一个人演示给她看。一个简单的水槽，一个看起来简单的水龙头，但操作起来似乎应当旋转而不是按压。如果你想让人们按压水龙头，就把它设计得像要被按压的样子。（当然了，就像我在第一章所讲的故事，在酒店里如何排空洗脸盆里的水。）

为什么像水龙头这样简单的标准化的东西都很难搞好？人们使用水龙头时关心两件事：水温和流速。但水通过两股管道进入水龙头，热水管和冷水管。人们对温度和流速的要求与冷热水管的物理结构发生了冲突。

解决这个问题有几种方式：

- **同时控制冷水和热水**：两个控制阀，一个是热水，一个是冷水。
- **只控制温度**：一种控制，水的流速恒定。将控制阀从固定位置旋转到预设的流速，同时由球形把手来控制温度。
- **只控制水量**：一种控制，水温恒定，由球形把手来控制水的流速。
- **开—关控制**：一个阀门打开或关闭水流。这是手势自动控制水龙头的工作方式，将手放到水龙头的喷嘴下方或是移开，可以打开或关闭水流，水温和流速是固定的。
- **控制温度和流速**：两个分别使用的控制阀，一个控制水温，一个控制流速。（我还从来没有见到过这样的水龙头。）
- **温度和流速一起控制**：一种集成控制阀，朝一个方向移动可以控制水温，另外一个不同的方向可以控制流量。

如果有水龙头有两个控制模式，一个控制热水，一个控制冷水，存在四种映射问题；

- 哪一个把手控制热水，哪一个把手控制冷水？
- 如何在不影响水流的情况下改变温度？

- 如何在不影响温度的情况下改变水流？

- 哪个方向可以增大水流？

映射的问题可以通过文化习俗和约束来解决。全球的惯例是左边是热水，右边是冷水。顺时针旋转螺丝是拧紧，逆时针则是拆卸，这也是通用准则。你可以拧紧螺丝来关闭水龙头（上紧垫片则需要与基座相反的方向），从而切断水流。因而顺时针旋转关闭水流，反之则打开。

不幸的是，约束因素并非一直有效。我询问过很多英语国家的人们，他们并不清楚左边热水、右边冷水是约定俗成的；在英格兰，违背这个常识反倒成了惯例。在美国，这个惯例也不是很普遍。我还经历过垂直安放的淋浴控制阀门：到底哪一个控制的是热水，上面的还是下面的？

如果两个水龙头的把手都是圆球状，顺时针旋转任何一个都应当减少水量。然而，如果每一个都用一个"手柄"作为把手，人们就不会认为这些手柄可以旋转，他们会认为它们可以用来推或者拉。为保持一致性，拉龙头的手柄应当能增加水量，即使这意味着逆时针旋转左边的阀门，顺时针旋转右边的阀门。尽管转动方向不一致，对把手推或者拉的方向应当保持一致，这就是人们对自己的行为概念化的过程。

而且，有时候，聪明反被聪明误。一些怀有良好意图的管道设计师认定，相比较他们自己的"个人心理学"，可以将一致性忽略。人体存在对称反射镜像，也叫作伪心理。如果左手顺时针转动，右手就应该逆时针转动。仔细盯着，当你的管道工或设计师安装卫浴组件时，可能完全装反，顺时针转动，流出来的是热水，而不是冷水。

当肥皂水顺着你的眼睛往下流，你想调节水温时，一只手摸索着找到水龙头的阀门，另一只手还抓着香皂或洗发香波，你一定会搞错。如果水温太凉，慌乱中抓着水龙头的手会像放出冷水那样，将水搞得烫人。

那些搞出如此荒谬的映射镜像的人应当自己来冲个澡。是，这完全合乎情理。对于这个模式的发明者公平点儿来说，只有当你经常用两只手同时调节冷热水时，这个模式才勉强能工作。当你用一只手在两个阀门之间交替调节水温时，就完全失败，你根本想不起哪个方向才是正确的。况且，不需要更换单个的水龙头：只要更换把手即可。这是心理学暗示——概念模型的问题——不是物理一致性的问题。

水龙头的操作模式应当标准化，这样所有类型的水龙头都有一致的操作心理学概念模型。考虑到传统的双龙头冷热水控制，标准如下：

- 当使用圆形把手时，在调节水流大小时，所有把手旋转方向应当保持一致。

- 如果把手是单手柄，所有手柄应采取拉的方式调节水流（这意味着龙头本身在做相反方向的旋转）。

或许存在其他类型的把手。假设把手被固定在水平方向的轴上，就可以垂直旋转。那么结果如何？答案会与单柄或球柄水龙头不同吗？我把这个练习留给读者自己揣摩。

那么评估的问题怎么办？大多数水龙头使用时反馈相当迅速和直接，因此很容易发现和纠正错误的转向，所以轻易就通过了评估—行动环节。这些与常规不符的缺陷经常不易被人们察觉，只有淋浴时，你被烫或者冻着了，才开始反馈这些问题。当把手离花洒很远，就像通常把手固定在浴缸的中部但花洒高高挂在墙的顶端，转动把手与水温改变之间的延迟时间会有点儿长：我曾经测量过一个淋浴的控制时间，花了5秒钟。这样很难调节水温。不小心转错了把手方向，水温过烫或过冷，你就沿着浴缸边缘跳舞吧，你会气急败坏地将把手转向认为正确的方向，期待着水温快点儿稳定下来。这时问题来源于水作为流体的特性——水需要一些时间才能流过2米的距离，或者流过连接把手与花洒的管道——所以并不是那么容易纠正过来的。对控制的拙劣设计使问题更加严重。

下来我们看看现代的单喷头、单控水龙头。技术可以弥补缺陷。向一个方向移动手柄，调节水温。转到另外一个方向，调节水的流量，万岁！我们终于可以随意准确控制所需要的变量，混合控制的喷头解决了评估的问题。

是的，这些新水龙头非常漂亮，亮光闪闪，简单优雅，像奖杯一样，可是不能用。它们解决了一些问题，却又制造了另一些问题。现在映射成了主要问题。困难在于缺少控制维度的一致性标准，那么不同方向的运动代表什么意思呢？有时是一个可以推拉的球形把手，顺时针或逆时针旋转。那么推拉手柄与流量和水温控制有什么关系？拉手柄会调大还是减小水流，使水温升高还是降低？有时还有一个操作杆移来移去，或者向前后推动，同样的问题，什么样的操作控制流量？什么样的操作控制温度？进一步说，什么样的方式是增大流量（或者升温）？什么样的方式是减少流量（或者降温）？简单而感性的单控水龙头仍然有四类映射问题：

- 哪种控制方向会影响温度？
- 哪种方向调节代表升温？
- 哪种控制方向会影响流速？
- 哪种方向调节代表流速更快？

以优雅为名，有时所有的运动部件都融为一体，隐藏于水龙头的结构内部，基本无法看到水龙头的控制部件，更不用说搞明白它们的运动方向和控制方式。此外不同的水龙头设计使用不同的解决方案。由于单控水龙头可以控制所有感兴趣的心理变量，应当是更胜一筹。但由于缺乏统一标准和尴尬的设计（叫它"尴尬"还是好听的），很多人对它们望而生畏，对它的讨厌远胜于赞扬。

浴室和厨房的水龙头设计应当简单大方，但这可能违背很多设计原则，例如：

- 可见的示能和意符

- 可视性

- 即时的反馈

最后，许多设计可能违背终极原则：

- 当各方面都有问题的时候，可以使用标准化设计。

标准化确实是设计的终极基本原则：当没有可行方案出现时，只要将所有产品设计得一致，这样用户只需要学习一次就行。如果所有制造水龙头的生产商能够就水量和水温的控制方式达成一致（譬如上下运动控制水量——向上代表增加，左右运动控制温度——向左意味者升温，会如何?），如此一来我们只需要学习一次这些标准，然后一劳永逸地用这个知识对待碰到的每一个新水龙头。

如果用户不能在设备上应用现有知识（这里说的是外部世界的知识），那么就形成文化上的惯例：将需要保留在头脑里的东西标准化。回想一下前面讲到的扭转水龙头的教训：标准应当反映出心理上的概念模型，而不是物理结构。

标准可以简化每个人的生活。同时，它们会妨碍未来发展。正如我在第六章所讨论的，常常需要通过艰苦地政治争斗才能达成对标准的共识。虽然如此，当一切方法用尽，标准仍然是唯一可行的方向。

利用声音作为意符

有时候并非每件物品都要被设计得可见。那就利用声音：没有其他方法时，声音能够提供有用的信息。声音可以告诉我们产品的运转是否正常，是否需要维护或修理，甚至可以让我们远离事故。以下是各种声音所能提供的信息：

- 门闩插好时发出的"咔嚓"声。
- 门未关好时发出的微弱金属声。
- 汽车消音器有穿洞时发出的轰鸣声。
- 物品未固定好时发出的碰撞声。
- 水煮开时水壶发出的"嗞嗞"声。
- 面包片烤好时从烤面包机里跳出来的声音。
- 吸尘器堵塞时声音突然变大。
- 一部复杂的机器出现故障时产生异样的噪声。

很多物品仅仅是"哔哔"或"砰砰"地作响。这些都是不自然的声音，它们不会传递隐含的信息。使用得当时，"哔"的一声可以让你知道已经摁下了按键，但就像声音能提供信息，同样也会让人心烦。声音应当可以提供关于其声音来源的信息。它们应该传达工作状态的信息，譬如动作是否到位，或那些不可见但对用户有用的信息。打电话时听到的蜂鸣声、嗡嗡声和咔嚓声就是很好的例子，如果没有这些声音，你就不能肯定电话是否正在接通。

真实的、自然的声音同可见信息同等重要，因为声音告诉我们那些看不见的东西。当目光注视在别处，无法观察某个事物时，声音便可告诉我们所需要的信息。自然的声音可以反映出自然物体之间复杂的交互作用，譬如一个物体在另外一个物体上移动的方式；还可以告诉我们物体的部件是用什么材料制成的，是空心的还是实心的，是金属的还是木头的，是软的还是硬的，是粗糙的还是光滑的。两种物体相互作用时会发出声音，根据声音就可以判断它们是否在撞击、滑动、破裂、撕开、塌陷或反弹。有经验的机械师可以通过"聆听"来判断设备的状态。当使用人造声音时，如果能机智地使用丰富的声谱，同时小心提供不会恼人但信息丰富的细节，这些人造声音就如同真实世界的自然声音一样有用。

声音很微妙，能够帮助人，也易于让人心烦和分散注意力。首次听到的美妙而愉悦的声音很快就变得恼人，而不是有益。如果发出声音，即使人的注意力集中在别处，也可以听见，这是声音的一大优点，但同时这也是一个缺点，因为声音常常会起到干扰作用。如果不降低音量或使用耳机，就很难把声音掩盖起来。也就是说，一旦声音太大，就会招来邻居的抱怨，住在周围的其他人也得以监听你的活动。使用声音传达信息是一个很好的主意，但这方面的应用还处在起步阶段。

声音可以帮助提供有用的反馈信息，没有声音就会陷入缺乏反馈的困境，像我们之前遭遇的缺乏反馈的状况。没有声音就意味着没有信息。如果某一操作的反馈是声音，那么一旦听不到声音就说明出了问题。

寂静杀手

在德国慕尼黑，一个六月里晴朗的一天。我从酒店乘车前往乡间狭窄的两车道公路，两边都是农田。偶然有行人大步走过，经常会有自行车超越我们的车。我们在路边停好车，加入到一伙向着公路东张西望的人群里。"好，准备好，"有人告诉我，"闭上眼睛，仔细听。"我照做了，大约一分钟过后，我听到尖锐的蜂鸣声，伴随着低沉的呜呜声：一辆汽车正冲过来。当它越来越近，我能听到轮胎的摩擦声。汽车过去之后，我被要求对听到的声音做个评价。如此几番，每次声音都不尽相同。这是在干什么？我们正在评估宝马（BMW）新电动车的声学设计。

电动车非常安静。电动车仅有的声音来自轮胎、空气，偶尔会有电机的高频噪音。车迷们非常喜欢它的静音。行人则喜忧参半。但是盲人有很大意见，毕竟，盲人通过交通繁忙的马路时就不得不依仗汽车的声音。正是通过声音他们才能判断什么时候通过是安全的，并且盲人的顾虑也是所有站在街中心试图过马路而自顾不暇的行人的顾虑。如果汽车没有任何声音，它们会杀人。美国国家高速安全委员会（The United States National Highway Traffic Safety Administration）认为行人更容易被混合动力车或电动汽车撞到，其概率远大于内置燃烧发动机的传统汽车。最大的威胁是当混合动力或电动汽车缓慢行驶时，其近乎于完全静音。汽车的声音是其重要的意符之一。

给机动车添加声音来警告行人并不是新主意。很多年来，商用卡车和工程车辆在倒车时会发出持续的哔哔警告声音。法令要求汽车安装喇叭，本意是让司机在必要时提醒行人和其他司机，却经常被当作发泄不满和愤怒的方式。但只是因为日常使用的车辆太安静了，为车辆增加持续的提醒声音仍然是个挑战。

你想要什么样的声音？一些盲人建议在轮毂罩内放些石头。这是个很棒的主意。石头能够发出一系列自然的暗示，意义丰富，容易解读。车轮滚动前车子处于安静状态。然后，在低速状态下石头会发出自然的持续的摩擦声，车子加速时，石头在高速下发出啪嗒啪嗒坠落石头的声音，落石音的频率随着车速增加，直到车子速度快到一定程度，石头将在离心力的作用下紧贴在轮毂的边框上，不再发出声音。这一点很棒：高速行驶的汽车不需要再人为制造声音，因为轮胎的摩擦声已能让人听见。然而，当车子不再行驶时，声音也消失了，这是个问题。

汽车制造商的市场部门认为增加人工声音是个绝妙的品牌宣传机会，这样每个品牌或系列的车型都具有自己独特的声音，易于传达品牌特征，贴合车型的个性特点。于是保时捷给自己的电动车样品添加了扩音器，可以发出"沙哑的咆哮声"，模拟了保时捷传统汽油发动机的声音。尼桑在考虑自己的混合动力汽车是否应该听起来像百灵鸟的鸣叫。一些厂商认为所有的车的声音应当听起来一样，有标准的音质和音强，让每个用户更容易学习和理解这些声音。一些盲人认为车听起来就要像车——你知道，是那种汽油发动机的声音，新的技术在遵循传统的时候不得不经常照抄那些旧有的东西。

"拟真"（skeuomorphic）[①]是个科技术语，指那些将过去的、熟悉的概念融入到新的技术里，即使它们已经不能再发挥功能了。怀旧的人经常喜欢拟真设计，实际上技术发展的历史也显示出，新技术和材料经常盲目地效仿从前的设计，没有什么显而易见的理由，仅仅是人们已经知道怎么操作既有的产品。早期的汽车就像没有马匹的四轮马车（这就是为什么被称作无马马车）；早期的塑料看起来像木头；电脑上的文件夹图标经常看起来同纸质的文件夹一模一样，还带有标签。克服对新事物的恐惧的方法之一，就是把它们设计得像既有的东西。力求纯粹的设计者会批评这种做法，但实际上，这样做有利于推陈出新，使用户更容易接受，易于学习。因为现有的概念模型只需要被修改而不是被替换掉。最终，新形式出现了，与既有的物品没有任何关联，但是拟真设计或许会帮助实现这个过渡。

新型静音汽车应当产生什么样的声音，该是做决定的时候了。如今那些想制造差异化的厂家占据了主流，然而每个人都认为应该有个标准规范。至少能够让行人判断出声音来自一辆车，可以分辨它的位置、方向和速度。如果车开得足够快，就不需要再添加声音了。尽管可能存在很多纰漏，但还是应该出台一些标准化的东西。国际标准委员会（International Standards Committees）已经开始建立流程。通常标准达成一致的进度非常缓慢，令人不快。各个不同的国家和地区还是在它们自己委员会的压力下开始草拟相关的法律法规。制造商则招纳心理声学、心理学和好莱坞声效设计师等各方面的专家，快马加鞭地开发自己汽车的声音。

美国国家高速安全委员会颁布了一系列包含细节要求的原则，诸如声音的强度、声谱以及其他规则。完整的文件有 248 页，声明如下：

　　这个标准确保盲人、视力受损者和其他行人，能够觉察和辨识临近的混合动力和电动汽车。标准要求混合动力和电动汽车产生一定的声音，以便行人能够在周围环境的背景声音中辨别出来，还应该包括特别的听觉信号，以便行人能够辨识声音来自车辆等交通工具。当混合动力和电动汽车行驶时速低于30公里/时（18英里/时），或者车辆已经启动但还在静止状态，或者车辆倒车等条件下，此标准规定了最低限度的声音要求。测试标准选用时速30公里作为临界点，是因为测试机构测试的混合动力和电动汽车，其时速达到30公里时与传统内燃发动机的声音强度接近。（交通部，2013年。）

当我写这本书时，一些声音设计师仍然在进行试验。汽车厂商、立法者和标准委员会也依然在工作。新标准有望于2014年或稍晚些出台，但在全球数百万汽车上实施，还需要相当长的时间。

什么样的原则可以应用到电动汽车（包括混合动力汽车）的声音设计之中？声音的设计必须满足以下的一些标准：

- **报警功能**。声音应当提醒过来了一辆电动车。

- **定位功能**。声音应当有益于判断车辆的位置、大致的速度，是正在接近还是远离倾听者。

- **减少骚扰**。由于在夜间经常能够听到车辆的声音，在交通拥挤时会有不间断的噪音，声音必须不能恼人。需要注意汽笛、喇叭和倒车提示音的对比，每一个都可能是刺耳的警报。这些声音有意识地被设计得令人不快，但并非经常使用，而且鸣叫起来相对短暂，仍是可以接受的。电动汽车的声音设计碰到的挑战是警告和定位功能，而不是令人讨厌的噪音。

- **标准化与个性化**。标准是必须遵守的，它保证电动汽车的声音能够轻而易举地被人们识别出来。如果不同汽车声音的差异太大，新奇的声音可能会使听者混淆。个性化有两个功能：保障安全和市场推广。从安全的角度，如果有很多车出现在大街上，个性化可以帮助追踪车辆，在拥挤的交叉路口这一点非常重要。从市场的角度来看，个性化可以让每一个品牌的电动车拥有自己独特的个性特征，或许可以做到将声音的品质与品牌印象结合起来。

站在街角，仔细聆听你周围的车辆。从声响不大的自行车到具有人工合成声音的电动汽车，这些车都符合标准吗？数年来厂商尽力使汽车跑起来安静无声，谁能够想到有一天还需要花费数年时间和数以千万美元的成本添加声音？

译者注：

①拟真，也被翻译为"拟物化"。一般定义为：一个衍生的事物，保留了原来对象所必须拥有的痕迹作为装饰性的设计，即使那衍生事物根本就不需要那个装饰性的设计。在用户界面上，这代表应用被设计为拥有一些看起来或是使用起来很像现实世界上的一些相对事物。举例说：把在电子书上翻页造成像在真实的书本上翻页。"拟真"备受关注，因为它是苹果设计师采用的技术之一。

第五章

人为差错？不，拙劣的设计

　　大多数工业事故由人为差错造成：估计在 75% ~ 95%。为什么会有如此多无能的人？答案：不是的。这是设计的问题。

　　如果人为差错的比例在 1% ~ 5%，我可能会承认这些是人的原因。但人为造成的事故比例如此之高，那么必须考虑其他因素的存在。如果这种情况频繁发生，肯定还存在其他潜在的因素。

　　当大桥垮塌了，我们分析事故，寻找垮塌的根本原因，然后重新制定设计规范，以确保不会再发生同样的事故。当电子设备发生故障，可能是遇到环境中不可避免的电子噪声，于是我们重新设计电路，使其更加抗噪。但当事故由人引起，我们便会指责犯错误的人，而我们仍按照过去的方式做事情。

　　设计师能够很好地理解物理约束，但经常严重地误解心理的局限性。我们应该用同样的方式对待所有的失败：找到根本原因，重新设计系统，保证不再发生同样的问题。我们设计的设备要求人们在数小时内保持充分的警惕和注意，或者需要记住那些过时的、混乱的程序，即使我们只是偶尔使用这些功能，甚至产品寿命周期里仅仅用到一次。把人放在无聊的环境里，持续数个小时，什么都不干，直到最后，突然要求他们必须做出迅速而准确的反应。有时人们被投入复杂、艰苦的环境中，在执行多个任务的同时又不断地被打断。针对以上不合理的设计，我们还质疑为什么会发生故障。

　　更糟糕的是，当我跟这些系统的设计者和管理者交谈时，他们都承认自己曾经在工作的时候打盹。有些人甚至坦承自己在开车时睡着了一小会儿。他们坦言在家里打开或关闭了错误的炉灶，还有其他许许多多不太严重但很明显的差错。然而，当他们的雇员做了这样的事，它们就会被指责为"人为差错"。当员工或客户有类似的问题，便被指责没有遵循正确的流程，或者没有保持完全的警觉和专心致志。

何以出错

差错发生的原因有多种。最常见的一种原因是要求人们在任务和流程中做违背自然规律的事情。譬如，在数小时内始终保持警惕，或要求提供精准的控制规范，或经常执行多个任务，并进行多个相互干扰的活动。一个常见的差错是由于中断，如果没有设计和程序的帮助，在承担完全专注的任务时，一旦被打断再次恢复到专注的状态不是件容易的事。最后，也许是最糟糕的归罪方式，是人们对待差错的态度。

当差错导致财务损失，或者，更糟的是，导致人员伤亡，就会成立一个特别委员会调查原因，然后，几乎没有例外，会发现犯错的人。下一步就是谴责和惩罚这些人，伴随着罚款，或者干脆解雇或监禁他们。有时候会从轻处罚：宣告让犯错的当事人进行更多的培训。差错的结果就是谴责和惩罚，责备和培训。对差错的调查和随之而来的处罚给人们带来相当良好的感觉，因为"我们抓到了肇事者"。但这并不能彻底解决问题：同样的差错将一次又一次地反复发生。相反，当差错发生时，如果分析根本原因，然后重新设计产品或程序，差错将不再发生，这样做的后遗症最小。

根本原因分析

根本原因分析也是这样一个游戏——调查事故——的名字，直到发现单一的、潜在的原因。根本原因分析本该意味着，如果有人真的做了错误的决定或者行动，我们应该确定是什么因素导致他们犯错。这就是根本原因分析应该做的。唉，事实是往往人们一旦发现某个人的不当行为，根本原因分析就止步于此。

努力找出事故的原因听起来不错，但这样做会存在缺陷，原因有两个。

首先，大多数事故的发生没有单一的原因：通常会有多个事情出错，或者多个事件，只有要它们中的任何一个没有发生，就不会发生事故。这就是著名的"詹姆斯·里森原则"，詹姆斯·里森（James Reason），英国调查人为因素的专家，将人为差错称作"事故的瑞士奶酪模型"（见本章图5.3，会有更详细的讨论）。

其次，为什么一发现人为差错，根本原因分析就停下来了？如果机器设备停止工作了，我们会不停地分析，直到发现失效的零件。接着，我们会继续追问："为什么零件会损坏？是质量低劣吗？还是零件的规格要求太低？是因为零件承受了过高的负荷吗？"我们不断地提问，直到确信自己真正找到了差错的原因，然后就会着手补救。当我们调查人为差错时，应该做同样的事情。我们应当探寻什么原因导致了差错。在根本原因分析中，当发现人为差错可能是因素之一，我们的工作才刚刚开始：我们将继续分析并找到为什么会发生差错，可以做些什么来防止它再次发生。

美国空军的 F－22 是世界上最先进的飞机之一。然而，它已经卷入数起事故之中。飞行员抱怨说，他们感觉到了缺氧反应（供氧不足）。2010年一架 F－22 坠毁，导致飞行员死亡。空军调查委员会参与了此次事件的调查，两年后，即 2012 年他们发布了一份报告，把事故归咎于飞行员的差错："由于注意力局限，可见扫描故障和识别空间定向障碍。飞行员没有识别和及时启动俯冲减速板。"

2013 年，美国国防部监察长办公室重新审阅了空军调查委员会的报告，不同意这个结果。在我看来，这时应当进行根本原因分析。监察长讯问道："为什么突然丧失民事行为能力或者无意识没有被认为是影响因素。"不出所料，空军不同意这样的批评。他们认为自己做了彻底的审查，他们的结论"有明确的和令人信服的证据支持"，他们唯一的过错是"没有更加清楚地书写报告"。

如此调侃这两份报告，也没有什么不妥：

空军：这是飞行员的差错，飞行员未能采取正确的行动。

监察长：那是因为飞行员可能是无意识的。

空军：所以你也同意，飞行员没有纠正问题。

五个为什么

根本原因分析的目的是确定事故背后隐含的深层原因，而不是直接原因（浅层的原因）。日本长期以来遵循一定的流程探究问题的根源，他们叫这个步骤"五个为什么"，由丰田佐吉（Sakichi Toyoda）最早提出来，为了提高质量丰田汽车公司将"五个为什么"作为丰田生产系统的一部分。现今，它已经被广泛应用于各行各业。基本上，它意味着在寻找原因时，即使你已经找到了一个，不要停下来，要问问为什么是这个原因。然后再一次询问为什么，继续问，直到你发现真正的、隐藏的原因。难道要正好询问五次吗？不一定，但使用"五个为什么"步骤，强调即使已经找到一个原因，还要继续深入探究。考虑一下，如何在 F-22 的事故分析中运用这个方法：

五个为什么

问题	答案
问题1：为什么飞机失事？	因为它当时处于不可控制的俯冲状态。
问题2：为什么飞行员不能从俯冲状态中恢复？	因为飞行员未能及时启动姿态恢复装置。
问题3：这是为什么？	因为他可能已经没有意识了（或者在缺氧状态下）。
问题4：这是为什么？	不知道。我们需要找出原因。
继续……	

这个例子用五个为什么只做了部分的分析。例如，我们需要知道飞机为什么处于俯冲状态（调查报告解释了这个，但太过于技术层面的分析，并未深入到原因探究。同样，我只想说，俯冲可能同缺氧相关）。

"五个为什么"并不能保证成功。多问几个"为什么"，答案可能是模糊的，不同的研究者可能会得到不同的答案。但有一个倾向，如果调查员已达到认知的极限，询问会过早地停下来。"五个为什么"还倾向于为事件寻找唯一的原因，但现实中很多复杂的事件有多重复杂因素。尽管如此，它仍然是很有效的方法。

普遍存在这种倾向，一旦发现了人为差错，就停止寻找深层次的原因。我曾经回顾了一些事故，在一家公共事业电力公司，一些训练有素的工人在接触或接近要工作的高压线时触电了。所有的调查委员会都发现，工人有错，那些工人（那些幸存者）也没有抗议。但是当委员会在调查事件的复杂原因时，为什么一旦发现有人为差错，就停止了调查？他们为什么不继续调查什么导致了差错，什么情况下导致了差错，然后，为什么会发生这种情况？该委员会没有更进一步地找到深层次的、事故发生的根本原因。他们也没有考虑重新设计系统和程序，使灾难不再发生或很少发生。当人们犯了错，最好改进系统，这样会减少或消除相同类型的错误。如果不可能完全消除，就进行重新设计以减少不良影响。

我建议简单地改变事故处理流程，以防止大多数公共事业公司发生的大部分事故，做起来并不难，但调查委员会从来没有如此认为。问题是，听我的建议就意味着改变一种文化，即电力工人的态度——"我们是超人：我们可以解决任何问题，我们可以修复最复杂的停电故障。我们不会犯错误。"如果这些事故被认为是个人的错误，而不是程序或设备设计不良的表现，这样就不可能消除人为差错。公司高管很有礼貌地接收了我的报告，我甚至还得到感谢。几年后，我联系了这家公司的朋友，问他们有什么变化。"没有改变，"他说，"我们仍然有工人伤亡。"

　　一个严重的问题是，那些犯了错误的人，和经常将错误揽到自己身上的人，都倾向于认为差错确实应归咎于人，而非设计。当人们做了某些似乎不可原谅的事情时，事后倾向于责备自己。"我早就知道。"这是那些犯错的人一个常见的借口。但是，当有人说"我清楚地知道，这是我的错"，这不是有效地分析问题。因为这样做对问题的再次发生没有任何帮助。当许多人都有同样的问题，难道不应该探讨其他的原因吗？如果系统让你犯了错误，这就是糟糕的设计。如果系统诱导你犯下错误，那真是非常糟糕的设计。当我打火点着错误的炉灶，不是因为我缺乏知识，而是由于控制器和燃烧器之间差劲的对应关系。教会我正确的对应关系并不能阻止差错再次发生：必须重新设计新的炉灶。

　　除非人们承认存在问题，否则不能彻底解决问题。当我们一味责备用户，这就很难说服公司重新设计新的产品和系统来消除这些问题。毕竟，如果真是某个人犯了错，替换成别人就可以了。但很少是这样的情况，通常是系统、程序和社会压力导致问题出现，没有搞定所有因素之前，问题无法解决。

　　为什么人们会犯错？因为设计的重点关注于系统和设备的要求，而不是使用者的需求。大多数机器需要精确的指令和指导，强迫使用者完美地输入数字信息，但人类并不擅长高精确度的操作。众所周知，要求人们打字或写下一系列的数字或字母时，人们会频繁出错。那为什么还设计出要求精密输入的设备？当人们按错键时，可能导致可怕的结果。

　　人类是具有创造性、建设性和探索性的生物，尤其擅长创新，发明新的做事方式，发现新的机会。无聊的、重复的、精确的要求与上述特性背道而驰。我们对周围环境的变化非常警惕，观察新事物，思考并得到启示。这些是人的优点，但当人们不得不面对机器时，这些优点就成为缺陷。然后人们因为偶尔的差错，或偏离严格规定的程序而受到惩罚。

差错的主要原因之一是时间压力。特别在制造业、化工厂和医院等场所，时间往往至关重要。其实日常任务都有时间压力。加之环境因素，如恶劣的天气或拥堵的交通，就会增加不少时间压力。在商业企业，如果流程减缓，压力就会增大，因为这样会带来许多不便，造成重大的损失。在医院里，流程缓慢可能会降低病人护理的质量。我们有很大的压力将工作向前推进，即使作为旁观者会认为这样赶很危险。在许多行业，如果操作者严格遵守所有程序，就永远也无法完成工作。所以我们挑战极限，加班加点，远远超过正常状态。在同一时间我们试图做太多事情。比如开车时只看速度，不顾安全。大部分时间我们可以搞定这些，甚至得到回报，由于自己的英勇行为而受到称赞。但当事情出了问题，我们失败了，那么同样的行为会受到责备和惩罚。

故意违规

差错并不是人类失败的唯一类型。有时候人们会有意冒险。如果得到积极的结果，他们往往得到奖励。如果是负面的结果，他们可能会受到惩罚。我们如何对这些可预知的明知故犯的行为进行分类呢？在有关错误的词典里，它们往往被忽视。而在事故记录里，它们是造成事故的一个重要组成部分。

在许多事故里，明知故犯扮演着重要的作用。它们被定义为人们故意违反程序和法规的案例。为什么会发生这样的事情？好，有时候我们每个人都可能故意违反法律、法规，甚至违背自己的最佳判断。比如开车时究竟要不要超速呢？下雪或下雨时是否开车太快？一边做着危险的行为，一边又思忖着这么做太鲁莽了。

在许多行业中，规则描述更多地以合规为目的，而不是解释工作要求。因而，如果工人遵守规则，就不可能完成任务。有时，你会不会用东西垫着打开自锁的门？会不会睡眼惺忪地开车？会不会带病与同事合作（可能会因此传染他人）？

日常频繁发生的违规行为，让人们常常忽略了不合规的事情。在特殊情况下，还会发生情境违规行为（例如：闯红灯是"因为没看到其他车辆，我要迟到了"）。在某些情况下，违反规则或流程则可能是完成工作的唯一方法。

不恰当的规则和流程是违规行为的一个主要原因，它不仅诱使且鼓励了违规。没有违规行为就不能完成工作。更糟的是，当员工认为要把工作做好，有必要违反规则，因此，如果违规成功，他们可能会收到祝贺和奖励。当然，这是不成文地奖励。鼓励和表彰违反规定的文化会树立坏榜样。

虽然违规行为是一种错误，但这些都是组织和社会性的错误，很重要，但不在日用品设计的讨论范围之内。在这里，我们探讨人类无意识的差错：明知故犯，顾名思义是有意识地、故意地违规，存在风险，具有潜在的危害。

差错的两种类型：失误和错误

很多年以前，英国心理学家詹姆斯·里森和我对人为差错做了一般分类。我们将人为差错分为两大类：失误和错误（图5.1）。从理论和实践上，这种分类已被证明是很有价值的。在工业、航空事故，还有医疗事故等不同领域，这种分类广泛地应用于对差错的研究。以下的讨论会有点技术性，所以我会将技术细节删减到最少。这个主题对设计极为重要，所以请坚持读下去。

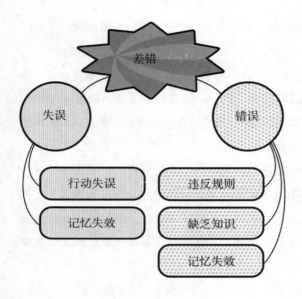

图 5.1   差错的分类。

差错有两大类。当目标正确，但要求的行动没有合理地完成，就造成失误，即执行有瑕疵。当目标和计划根本就不对，就会发生错误。依据失误和错误的内在原因，它们能够进一步被分解。记忆失效既能导致失误，也能造成错误，取决于记忆失效发生在最高的认知层次（错误）还是较低的潜意识层次（失误）。尽管蓄意违反操作流程是明显的不合理行为，经常会导致事故，但它不会被当作差错（阅读文中的讨论）。

定义：差错，失误和错误

人为差错被定义为任何违背"合理"的行为。"合理"加了引号，因为在许多情况下，合理的行为是未知的，只有在确定了事实之后，才能判断以前的行为是否合理。但是，差错被定义为与普遍接受的正确或合理的行为有所偏离。

差错是所有错误的行为的总称。差错有两大类：失误和错误，如图5.1所示；失误进一步分为两大类，错误分为三类。所有类型的差错对设计都有不同的影响。现在，我要更详细地研究这些不同类型的差错和它们对设计的影响。

失误

当某人打算做一件事，结果却做了另外一个事，就产生失误。失误发生时，所执行的行动与曾经预计的行动不一致。

失误有两大类：行动失误，和记忆失效。行动失误，就是执行了错误的动作。记忆失效，即丧失记忆，原打算做的行动没有做，或者没有及时评估其行动结果。行动失误和记忆失效可根据其成因再细分。

> **基于行动失误的例子**：向咖啡里倒了一些牛奶，然后顺手把咖啡杯放进冰箱（应该将牛奶放回冰箱）。这是正确的动作，但应用到了错误的对象上。
> **记忆失效的例子**：做好了晚饭后，忘记关掉煤气炉。

错误

为达到不正确的目的或者形成错误的计划，就会发生错误。从这个角度，即使执行了正确的行动，也是错误的一部分，因为行动本身是不合理的，它们是错误计划的一部分。犯错时，仍然需要配合计划执行，而这个计划本身是错误的。

错误有三大类：违反规则，缺乏知识和记忆失效。在违反规则的错误中，犯错者恰如其分地分析了情况，但决定采取不正确的行动：遵循错误的规则。在缺乏知识的错误中，由于不正确或不完善的知识，问题被误判。记忆失效的错误是指在目标、计划或评价阶段有所遗漏。有两个错误导致了"基米尼滑翔机"（Gimli Glider，加拿大航空波音 767）紧急着陆事件：

> **缺乏知识的例子**：计算燃油重量时，错误地使用磅为单位，而不是千克。
> **记忆失效的例子**：由于分神，地面维修人员没有完成故障排除工作。

差错和行动的七个阶段

可以参照第二章行动的七个阶段（图 5.2）来理解差错。错误发生在设定目标或计划时，也发生在比较行动结果与预期目标时（这是更高水平的认知）。失误发生在执行计划的时候，或者发生在感知和解释结果时（这是较低的一个层次）。记忆失效可能发生在每个阶段之间的八个转换过程中，在图 5.2B 中以 × 标识。在这些转换过程中，记忆失效会打断持续进行的动作周期，因此，人们不能完成所需要的行动。

失误是下意识的行为，却在中途出了问题。错误则产生于意识行为中。意识行为让我们具有创造力和洞察力，能从表面上毫不相关的事物中看出它们的联系，并使我们根据部分正确的，甚至是错误的证据迅速得出正确的结论。但意识行为过程同样可以导致差错。面对新情况时，我们能够从少量信息中归纳出结论，这一能力至关重要，但有时候我们归纳得太快，认为一种新情况与某种原有情况相似，但实际上这两者之间存在着明显的差异。这导致错误很难被发现，更不用说消除它们了。

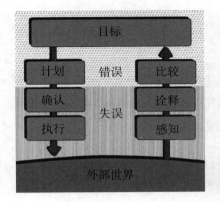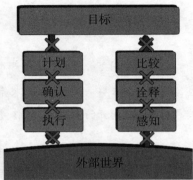

图 5.2 失误和错误会产生在行动的
哪个环节。

在行动周期里，图 A 显示出行动的失
误来自底层的四个阶段，而错误发生
在上层的三个阶段。记忆失效会影响
每个阶段之间的过渡（图 B 中以 X 显
示）。较高层次的记忆失效会导致错
误，若发生在较低层次则导致失误。

失误的分类

一位同事告诉我，他在开车上班时发现自己忘带公文包，于是调转车头回去取。到家时，他把车停下来，关上发动机，然后解下表带。是的，他解开的是表带，而不是安全带。

这个故事同时揭示了记忆失效和行动失误。遗忘公文包是一个典型的记忆失效。解下手表是一个行动失误。这个案例同时包含了一个描述相似性失误和撷取性失误（在本章稍后会讨论这些）。

在日常生活中，我们的差错大多属于失误。比如你本来想做一件事，但却做了另外一件事；或者某人清清楚楚、毫不含糊地对你讲一件事，你所"听"到的却与他讲的有很大区别。研究失误就是研究日常差错心理学，也就是弗洛伊德所谓的"日常生活的病态心理学"。弗洛伊德认为某些失误的确具有隐含的、不为人知的意义，但大多数失误都可以用简单的心理机制加以解释。

失误有一个看来荒谬，但很有趣的特性，即与新手相比，越是熟练的人失误越多。为什么？因为产生失误的常见原因是注意力不集中。熟练的人（专家）已经能够操作自如，完全靠下意识来完成动作。新手不得不特别认真，反而较少产生失误。

一些失误是由动作之间的相似性造成的。有时因为外界发生的某件事自动引发了一个动作，而有些时候，是我们脑中所想的、手中所做的触发了我们原本无意去做的动作。有很多不同种类的行动失误，可以根据产生失误的潜意识机制分类。最常见的与设计相关的三类失误如下：

- 撷取性失误（capture slips）
- 描述相似性失误（description-similarity slips）

- 功能状态失误（mode errors）

撷取性失误

　　我一边使用复印机，一边数着文件的页数，发现自己在说"1、2、3、4、5、6、7、8、9、10、J、Q、K"，因为我最近常常玩扑克牌。

　　撷取性失误指某个经常做的动作，或刚刚做过的动作突然取代了想要做的动作，即某个曾经的动作挤占了需要完成的动作。撷取性失误发生时，两个动作（经常做的动作和想要做的动作）之间的其中一部分行动序列是相同的，但你对其中一个行动序列远比另外一个更熟悉。做完相同部分的动作之后，更频繁或更接近的行动会继续进行，而预期要完成的行动却被搁置。几乎很难见到陌生的动作序列挤占熟悉的动作，这种情况微乎其微。当动作序列相同的部分即将分离成两个不同的动作时，在完成预定动作的关键路径上产生了一个小小的疏忽，就会引起撷取性失误。因此，撷取性失误也是部分记忆失效的错误。有趣的是，有经验和技巧的人比初学者更容易犯撷取性失误，部分原因就是因为有经验的人下意识、自动地完成所需的行动，不能有意识地注意到预期的行动已经转移到更加频繁发生的另外一个行动。

　　设计师要避免有相同的起始步骤，然后再发散的流程。工人的经验越丰富，他们越有可能跌入"被捕获"的陷阱。只要可能，应该从一开始就设计出不同的动作序列。

描述相似性失误

　　有一天，我以前的一名学生到外面慢跑，回到家后，他把汗湿的上衣揉成一团，想扔进洗衣筐里，结果却扔进了马桶——这并非由于他在扔的时候没有瞄准，因为洗衣筐和马桶在不同的房间。

在描述相似性失误中，差错发生在与目标相似的对象上。如果对目标的描述相当的含糊不清，就会发生描述相似性失误。正如我们在第三章，图3.1中所看到的，人们很难区分不同货币之间的图像，因为他们头脑中对硬币的描述不能提供足够的识别信息。尤其当我们累了，心情紧张，或超负荷工作时，同样的事情也会发生在我们自己身上。在本节开篇的例子中，洗衣筐和马桶都是容器，如果对目标的描述十分模糊，就像"一个足够大的容器"会引起描述相似性失误。

记得在第三章我们讨论过，大多数东西不需要精确的描述，只要有足够的精度可以从不同选择中区分出预期目标即可。当遭遇形势变化，意味着通常可以满足要求的描述可能会失效，多个类似的项目都会与描述相符。描述相似性失误导致了在错误的对象上执行正确的动作。显然，无论错误的还是正确的对象，具有的相同特征越多，就越有可能发生更多的失误。同样，在同一时间出现更多相似的对象，描述相似性失误就越多。

在设计不同目的的控制和显示设备时，设计师需要确认它们之间具有明显差异。看上去完全相同的开关或显示，一行行排列在一起，很容易导致描述相似性失误。在飞机驾驶舱的设计中，许多控制按键依靠形状来区分，它们彼此的外观和感觉都不同：比如发动机油门手柄与襟翼操纵杆不同（襟翼操纵杆看起来和感觉上就像一个襟翼），它们也与起落架操作杆不同（起落架操纵杆看起来和感觉上像是机轮）。

记忆失效性失误

常常见到因记忆问题引起的差错。看看下面这些例子：

- 复印文件时，拿走了复印件，但是把原件留在复印机上。
- 遗忘了孩子。有很多这样的例子，譬如开车旅行期间，把孩子落在休息区。有人在百货商店的盥洗室遗忘了孩子，还有一个新妈妈把出生才一个月的宝贝弄丢了，只好找警察帮助寻找。
- 掏出笔要写东西时，放下笔又去做其他事情，结果丢了笔。当收起支票簿、拿起货物时，或与销售人员或朋友交谈时，种种情况下都有可能忘记带上笔。有时刚好相反：借了一只笔，用过后把它放在你自己的口袋或钱包里，尽管它是别人的笔（这也是一个撷取性失误）。
- 在自动取款机用银行卡或信用卡取钱，然后人离开了，但没有带走卡，这种情况也很常见，于是许多自动提款机现在已经设置了强制功能：必须先拔卡，然后再吐钱。当然，很有可能你没有取钱就走了，但这种事情比起忘记银行卡要少多了，因为使用自动提款机的主要目的就是取钱。

记忆失效是差错的常见原因。它们可以导致好几种差错：未能完成程序的所有步骤；不断重复一些步骤；忘记动作的结果；忘记目标或计划，从而导致动作停止。

大多数因记忆失效导致差错的直接根源是记忆中断，即动作开始与动作完成之间介入了意外事件。我们所使用的机器设备会产生经常性的介入：在开始和操作完成之间存在许多步骤，使得短期记忆或工作记忆的能力超过其负荷。

有几种方法可以防止由于记忆失效引起的失误。一种是使用最少的步骤；另外一种，对需要完成的步骤提供生动有效的提醒。还有一种较好的方法是使用第四章所述的强制功能。例如，自动取款机通常要求在吐钱之前拿走银行卡：这可以防止遗忘银行卡。此流程基于这样的事实：在取钱的情况下，人们很少忘记自己的行动目的。关于丢笔的事情，解决办法就是简单地防止其被拿走，比如将公众使用的笔拴在柜台上。不是所有的记忆失效错误可以找到简单的解决方案。许多情况下，设计师不能够控制系统之外的中断。

功能状态失误

当设备有不同的状态，而相同的控件具有不同的含义（我们称这些为状态模式），就可能发生功能状态失误。对于任何设备，如果可能的操作模式比它的控制组件还多，功能状态失误就不可避免；也就是说，这里的控制意味着不同模式下有不同的操作。当我们在机器设备上添加越来越多的功能时，失误就不可避免。

当使用家庭娱乐系统时，你是否碰到关错设备的情况？这尤其发生在使用一个控制器控制多个设备的时候。在家里，这简直令人沮丧。在工业上，当操作者认为系统工作在某一个模式下，但实际上是它工作在另外一个模式下，结果会导致混乱，造成严重的事故，威胁生命。

用单一的按键去控制多个目标，可以节省成本和空间。假设某个设备有十个不同的功能，如果使用十个独立的旋钮或开关，这需要足够的空间，还要增加额外的成本，并且让控制面板看起来相当复杂，为什么不使用两个控件呢？一个用来选择功能，另外一个设置功能所需的条件。虽然最终的设计显得比较简单和容易使用，但这个看似简单的表象掩盖了实际使用过程中的复杂性。操作者必须清楚地知道状态模式，即哪个模式激活哪个功能。唉，容易发生的模式失误显示了这种简单的按键设计是考虑不周的。是的，如果我选择了一个模式，然后立即调整参数，我不容易搞错状态。但如果我已经选择了一个模式，然后被其他事情打断，结果会怎样？或者在相当长的时间保持此模式，结果又会怎样？或者，就像下面讨论的空中客车事故，将要选择的两种模式控制和功能非常相似，但具有不同的操作特性，是不是意味着所产生的模式错误很难发现？有时，如果需要把许多控制和显示集合在一个狭小的有限的空间里，使用模式调节是合理的，但不管是什么原因，状态模式是引起混乱和错误的一个常见因素。

闹钟通常使用相同的按键和显示来设定日期和闹铃的时间，许多人由此设定了其中一个，却当作是另外一个。同样，当时间以 12 小时为单位显示时，就容易犯这样的差错，本来设置了早晨 7 点的闹铃，后来才发现，闹铃被设定为下午 7 点。使用"上午"（AM）与"下午"（PM）来区分中午前后的时间是造成混乱和错误的一个普遍因素，因此世界上大多数国家常用 24 小时计时规则（美国北部、澳大利亚、印度和菲律宾等是主要的例外）。多功能手表也有类似的问题，在这种情况下，因为控制和显示的可用空间很小，不得不采用模式设定。在大多数计算机程序上，在手机和商用飞机的自动控制系统上都有模式设定，一些商用航空器的严重事故可以归咎为模式失误，特别是使用自动驾驶系统的飞机（有着大量复杂的模式）。随着汽车的日益复杂，越来越多地使用仪表盘控制系统来驾驶汽车，调节空调，提供娱乐和导航，模式控制也越来越普遍。

空客飞机的一次事故能够说明模式控制的缺陷。飞行控制设备（通常称为自动驾驶仪）有两种模式，一个用于控制飞机垂直方向的速度，另外一个调整飞机下降中飞行路径的角度。在这个案例中，当机组打算降落时，需要调整飞机的下降角度，然而他们错误地选择了控制下降速度的模式。于是数字（–3.3）被输入系统，代表使用一个合适的角度（–3.3°）下降，但是在速度模式下这个数字被解释为垂直方向的速率（每分钟 3300 英尺），这是个太陡的下降率（角度 –3.3°只代表下降速率 800 英尺/分钟）。这个模式失误的混乱，导致了致命的事故。对该事故进行详细调查研究后，空客公司更改了仪表盘上的显示方式，垂直速度将始终显示为四位数字，而角度显示为两位数，这样就减少了输入失误的概率。

模式失误是真正的设计错误。当设备不能显示可见模式时，尤其容易发生模式失误。要求用户记住已经建立了什么模式，有时这种设定在几个小时前，而这段时间可能发生许多其他事件干扰用户的选择。设计者必须尽量避免模式控制的设计，如果必须这样做，则必须使设备能够明显地显示所激活的功能模式。再者，设计师必须经常设计出可以抵消干扰活动对已设定模式带来影响的系统。

错误的分类

选错目标，或者在行动的评价阶段比较目标与结果时有误，这些往往是导致错误的原因。犯错时，人们可能会做出不明智的决定，错误地判断周遭情况，将某种情况进行不合理的归类或是考虑问题不周全。人类思维变幻莫测，很多错误都由此而生。在处理问题时，人类过度依赖储存在记忆中的经验，而对事物并不进行系统地分析。我们习惯根据自己的记忆来做决定。但就像在第三章介绍过的，源于长期记忆的回顾是重建过程而不是准确的记录，因而它包含了太多的偏见。其他方面，记忆倾向于对一般事物进行过度概括和规范，并且过度强调事物之间的差异。

丹麦工程师延斯·拉斯姆森（Jens Rasmussen）将行为模式划分为三种，分别是基于技能的、规则的和知识的。这种三个层次的分类方案提供了一个实用的工具，在应用领域获得了广泛的认可，譬如许多工业系统的设计。当操作者是这个领域出色的专家，他们常常很少去思考、无意识或无须特意关注便能完成日常任务，这就是基于技能的行为。最常见的基于技能的差错形式是失误。

基于规则的行为发生时，正常的行为方式已经不再适用，人们可以弄清出现的新情况，因为已经有一个很好的行动说明：遵守规则。规则从以往的经验里得来，可以轻松地学到，但包含了手册和课程里规定的正式程序，通常以"如果——那么"的形式出现，例如"如果发动机不能正常启动，那么检查（适当行动）。"基于规则的差错可能是一个错误，或者是失误。如果选择了错误的规则，那么就是一个错误。如果在规则的执行过程中发生差错，最有可能是失误。

当发生不熟悉的事件，既不存在现有的技能，也没有现成规则可以应用时，此时需要用到基于知识的流程。在这种情况下，必须具备一定的推理和解决问题的能力。可能要开发新的计划，测试，然后应用或修改。在这儿，概念模型很关键，是指导计划开发和演绎具体情形的重要因素。

在基于规则和基于知识的行为中，最严重的错误是误判，结果会导致执行不合理的规则。或者发生基于知识的问题时，精力被用于解决错误的问题。此外，对周围状况的误解，会伴随着对问题的误判，继之对当前状态与预期目标进行错误的比较。这些错误很难检测和纠正。

基于规则的错误

当启用新的程序或者碰到简单的问题，我们可以将熟练工人的反应行为称为墨守成规。一些规则来自经验；另一些来自指导手册或规则手册所要求的正式程序，还有些不太正式的操作指南，如烹饪食谱。无论哪种情况，我们要做的是确认问题，选择适当的规则，然后遵循。

开车时，要遵守了然于心的交通法规。碰到红灯了？没错，那么就停车。想左转弯？打左转灯，尽量在法规许可的范围内让车贴着右侧行驶，减缓车子速度，在交通繁忙的路口等待安全通过马路的时间，同时遵守交通法规和相关的交通标志及信号灯。

基于规则的错误有多种发生方式，例如：

- 错误地理解了问题，从而采用错误的目标或计划，导致遵循不恰当的规则。
- 采用了正确的规则，但规则本身就有问题，由于制定不当，或者实施的条件与设想的有差异，或者制定规则时的知识能力不足。所有这些都会导致基于知识的错误。

- 采用了正确的规则，但不正确地评估行为的结果。在评估阶段的错误，通常是本身基于规则或知识的错误，可能会随着行为发展周期导致进一步的问题。

案例 1：2013 年，巴西，圣塔玛丽亚（Santa Maria），甜蜜之吻夜总会（Kiss nightclub），乐队演出时使用的烟花引发大火，超过 230 人死亡。这个悲剧反映了好几个错误。首先，乐队犯了一个常识错误，他们在屋内使用户外焰火，结果点燃了天花板的吸音棉。而乐队以为焰火是安全的。其次，恐惧的人群涌入卫生间，误以为那里可以逃生，结果全部丧生。早期的报告还表明，门口的警卫不知起火，起初还错误地阻止人们逃离大楼。为什么呢？因为到夜总会消费的客人有时会没有付费而离开。

这个错误提醒了人们在制定规则时没有考虑到突发事件。根本原因分析也显示，虽然目的是为了防止不当使用紧急出口，但仍然需要允许在紧急情况下使用大门。防止人们试图偷偷溜出去的一种解决方案是开门时会触发警报，但必要时此门可以用作紧急出口。

案例 2：把烤箱的温控器设定到最高温度，以迅速达到适当的烹调温度，这是个错误的想法，由于人们错误地理解了烤箱的运作方式。如果做饭的人走开了，一段合理时间的内忘记回来检查烤箱温度（记忆失效性失误），过高的温度设定会导致意外事故，或者引发火灾。

案例 3：一个不习惯防抱死制动装置的司机，在下雨天湿滑的道路中遇到了意外的物体。司机全力刹车，但汽车发生打滑，触发了防抱死制动装置，迅速地交替放松和启用刹车，防抱死制动装置就是这样被设计的。司机感觉到震动，以为出现故障，因此抬起刹车脚踏板。事实上，振动是提供给司机的信号，表示防抱死制动系统在正常工作。司机的错误判断导致了错误的行为。

　　基于规则的错误很难避免，也就很难检测。一旦将背景情况进行分类，经常就会直接选择适当的规则。但如果对情景的分类是错误的又如何？这很难发现，因为通常有相当多的证据支持错误的情景分类和规则的选择。在复杂的情况下，太多的信息就是问题所在：信息，既支持决策，也会排斥它。迫于时间的压力做出决策，很难知道哪些证据已经被考虑，哪些被摈弃。人们通常根据现状，还有早些时候已经发生的类似事情来做决定。虽然人类的记忆还不错，可以很好地将过去的例子和现在的情况加以参照，但并不意味着这种参照是正确的或合适的。近因（最近的事件）、规律性和唯一性都会让参照偏颇。人们通常容易记得最近的事件，淡忘远去的事情。由于频繁发生的事件有规律地重复，这些事件人们都会记得。独特的事件也因为其独特性而让人牢记于心。但如果当前事件不同于所有已经历过的那些：人们仍然倾向于在记忆里找到一些相关历史事件作为参考。在处理常规事件时得心应手的能力，会让我们在碰到异常事件时犯下严重的错误。

　　设计师应该怎么做？提供尽可能多的指导，确保现状以一个连贯的和容易理解的形式呈现出来——最好是图像化。这是一个艰难的挑战。所有主要的决策者都担心现实事件的复杂性，那里的问题往往是信息太多，存在太多的矛盾。通常，人们必须迅速地做出决定。有时，甚至不太清楚有意外事件，或者，实际上正在做出决策。

　　这样想吧。在你家里，有很多支离破碎或使用不当的物品。也许是烧毁的灯，或者一个阅读灯（我家里就有），有一段时间工作好好地，突然就灭了，我们必须走过去，摆弄下荧光灯泡，让它亮起来。也有可能是一个漏水的水龙头，或者有其他你知道的小毛病，但一直没时间修。现在，思考一个主要以流程控制的工厂（炼油厂、化工厂或核电厂）。这些工厂都有数以千计也许成千上万的阀门和仪表，显示器和控制器，等等。即使是最先进的工厂总有零件失效。维修人员总是持有一大堆需要特别注意的项目清单。当出现问题时，会触发所有的报警器，即使只是个小问题。还有所有的日常故障，你怎么知道这可能是一个大问题的重要指示呢？每一个单独的问题都有一个简单的和合理的解释，所以不需要迫切的行动，这样做有些道理。事实上，维修人员简单地将问题添加到列表里。大部分时间这样做是正确的。千分之一次（或者，百万分之一次）错误的决定会成为被指责的理由之一：他们怎么能错过这样明显的信号？

事后诸葛亮总是打败深谋远虑。当事故调查委员会回顾了导致问题的事件，他们知道发生了什么事情，所以他们很容易就指出哪些信息是相关的，哪些不是。这是回顾性的判断。当事件发生时，人们很可能被太多无关信息淹没，而不是置身于很多有用信息之中。他们怎么知道哪些应该被优先处理，哪些应该被忽略？大多数时候，经验丰富的操作者做对了。如果有一次他们失败了，回顾性分析就会谴责他们遗漏了如此明显的信息。嗯，在这种事件里，没有什么是明显的。在本章的后面我还会回到这个主题。

开车的时候，处理你的财务状况的时候，抑或你整个的日常生活中，将会面对同样的问题。你可能了解到很多非同寻常的事件，其实同你并不相关，所以你可以放心地忽略它们。什么事情应当注意，什么事情应当忽略？行业一直面临这样的问题，政府也一样。智能社区被淹没在数据里。他们如何决定哪些是严重情况？公众只是听到了他们犯的错误，而不是他们在更多情况下做了正确的事情，还有他们忽略的那些没有多大意义的数据——他们这样做是正确的。

如果每一个决策都受到质疑，什么事情都不会发生。但如果决策不被质疑，会犯重大的错误——尽管很少，但往往会受到实质性的惩罚。

设计的挑战是将当前系统状态的信息（设备、车辆、工厂或被监控的行为），以易于理解和阐释的方式呈现出来，以及提供必要的说明和解释。这对问题的决策很有用，但如果每个行为（或失败的行为）都需要密切关注，则无人能做到。

基于规则的错误，是一个没有明显解决方案的艰难的挑战。

基于知识的错误

当碰到异常情况，没有足够的技能或规则去处理它，人们就会采取基于知识的行为。在这种情况下，必须设计新的程序。在人类反应机制里，技巧和规则受控于行为层次，因此是潜意识和自动的，基于知识的行为则受控于反思层次，是缓慢的和有意识的。

以知识为基础的行为发生时，人们在有意识地去解决问题。他们很茫然，没有任何技能或规则可以直接应用。当人们遇到未知的状况，或者可能被要求使用一些全新的设备，或者在执行一个熟悉的任务而出了错，导致异常的、无法解释的状态，人们就需要采取基于知识的行为。

在这样的境况下，最好的办法就是深入地了解状况。在大多数情况下人们可以借助适当的概念模型来解决问题。在复杂的情况下，人们可能需要帮助，这需要良好的合作解决问题的技能和工具。有时，好的程序手册（纸质的或电子的）可以做到，尤其是可以遵循相关程序进行一些关键的检查。一个更强大的方法是开发智能计算机系统，利用良好的搜索和适当的推理技术（人工智能决策和解决问题）。这里的难点在于建立人类与自动化机器的互动：人类团队和自动化系统应当被设计成齐心协力合作的典范。相反，往往是把机器可以做的工作分配给机器，然后剩下的任务留给人类。通常这意味着对人来说，机器做的部分是比较容易的，但当问题变得越来越复杂，正是人们应该得到援助的时候，也是机器通常不能胜任的时候。[我在《为未来设计》（*The Design of Future Things*）这本书里会深入讨论这个问题。]

记忆失效的错误

如果记忆出错导致遗忘了目标或行动计划，记忆的失误就会导致错误。常见的失误原因是某个中断导致人们忘记正在对目前环境状况所做的评判。这会导致错误，而不仅仅是失误，因为目标和计划都错了。忘记以前的评判往往意味着重新决策，有时完全错误。

对于记忆失效的错误的设计纠正与对待记忆失误相同：确保所有相关的信息连续可用。目标、计划和对当前系统的评价非常重要，应该保持继续有效。一旦已经做出决策或正在执行，太多的烦琐设计反而会让这一切模糊不见。再者，设计师应该假设人们在行动中可能被打断，在恢复操作时他们可能需要帮助。

社会和习俗压力

在很多事故中似乎都有一个不易察觉的因素，社会压力。虽然起初它可能与设计不相关，但它对日常行为有强烈影响。在工业领域，社会压力会导致误解、错误和事故。为了了解人类的差错，理解社会压力是必不可少的。

当面临基于知识的问题时，复杂问题解决方案必不可少。在某些情况下，它会耗费几队人马旷日持久的努力来了解什么出错了，以及最佳的回应方式应该是什么。在调查问题时出错，这也是确实发生的真实情况。一旦做了错误的调查，所有由之而来的信息就会被以错误的角度来解释。只有变换了团队以后，才有可能做出适当的反思，因为新的人会带着新的观点接手，使他们对事件产生不同解释。有时候仅仅要求一个或更多的团队成员休息几个小时，就可以产生新鲜的分析，这也具有相同的效果（尽管试图说服那些处理紧急状况的人员暂停几个小时相当困难）。

在商业环境中，维护系统运行的压力是巨大的。如果一个昂贵的系统停机了，就会损失相当多的钱。运营商往往在压力下不会让系统停摆，有时结果就是悲剧。核电站经常在超过安全寿命后还在运行。飞机离港前必须一切准备就绪，并且机组得到许可才能起飞。在航空史上就曾经发生过这样一个最严重的事故。虽然事件发生在很久以前的 1977 年，但事故带来的经验教训今天仍然适用。

1977 年，在加那利群岛的特内里费，荷兰皇家航空公司的一架波音 747 客机在起飞时与正在跑道上滑行的一架泛美 747 客机相撞，导致 583 人遇难。荷航的飞机当时不应该起飞，但因天气开始变坏，况且这一航班已经延误多时（起初正是由于天气恶劣，这架客机无法飞往原定目的地，才改道降落在加那利群岛），飞行员未经许可，便决定起飞。泛美客机当时也不应该在跑道上滑行，之所以如此，是因为飞行员和飞行调度中心之间产生了很多误解。造成空难的另一个原因是，当时的雾气很浓，两架客机的驾驶员彼此都看不清对方。

这样一来，时间压力和经济压力同时存在。泛美公司的飞行员虽然对调度中心的指令产生了怀疑，但还是照样遵从。荷航的副驾驶也不太同意机长的起飞决定。总之，在出现异常情况时，飞行员试图找到某种合乎逻辑的解释，再加上所承受的社会压力，就酿成了这场悲剧。

你可能也经历了类似的压力，比如直到为时已晚或油箱空空，才不得不给车加油或充电，而这时你可能真的处在一个不方便的地方（这已经发生在我身上）。在学校考试中作弊，或帮助他人作弊，或不报告其他的作弊者，这样做的社会压力是什么？永远不要低估社会压力对个人行为的影响力量，它可能促使原本理智的人们去做他们即使知道是错误或可能危险的事情。

当我做水下（带水下呼吸器）潜水训练时，我们的老师很在意一点，他说他会奖励那些为了安全而及时停止潜水的学员。人体容易上浮，所以需要配重来让自己下潜到水面之下。当水变得愈来愈冷时，问题就出来了，因为潜水员必须穿干燥或潮湿的潜水衣来保暖，但这会增加浮力。调整浮力是潜水的一个重要组成部分，因此随着增加重量，潜水员也要穿空气潜水服，不停地添加或排出空气使身体接近中性浮力。（随着潜得更深，不断增加的水压会挤压潜水员防护服里的空气和他们的肺，使他们变得更重：这时潜水员需要向防护服里增加空气来抵消这个压力。）

当一些潜水员陷入了麻烦，需要快速上升到水面，或当他们已经在水面，想靠近海岸但是被波浪颠来倒去，还有一些因为他们被自己的配重所拖累，就有可能被淹死。由于配重很昂贵，他们不想轻易释放。此外，如果潜水员释放掉配重，然后安全返回，他们就无法证明释放配重是必要的，所以会觉得不好意思，形成自我诱导的社会压力。我们的教练非常清楚，当学员不能完全肯定释放配重是必要的时候，在采取此关键步骤时所产生的负面心理。为了消解这种心理，他宣布，如果有人为安全起见扔掉配重，他会公开表扬并且无偿提供新的配重。这是克服社会压力的一个非常有说服力的尝试。

社会压力不断出现。它们通常很难被记录下来，因为大多数人和组织都不愿承认这些因素，所以即使在事故调查中发现有社会压力的因素，其结果也往往隐匿不见，得不到公众的仔细监督。一个主要的例外是对交通事故的研究，世界各地的审查委员会尽力举行公开的调查会。美国国家交通安全局是这方面一个很好的典范，它的调查报告被许多事故调查者和人为因素研究者广泛使用（包括我）。

另外一个有关社会压力的典型案例来自另一起空难。1982 年，佛罗里达航空公司的一架飞机从华盛顿的美国国家机场起飞后不久，坠落在波托马河上的第十四街大桥上，共有 78 人丧生，其中包括 4 名过桥的行人。这架客机的机翼上有冰，本不应该起飞，但是该航班已经推迟了一个半小时，再加上其他因素，像美国国家交通安全局报告的那样，"使机组人员急于做出起飞的决定"。尽管副驾驶试图警告正在操控飞机的机长（机长和大副——有时被称作副驾驶——通常在飞行的不同航段交替驾驶飞机），空难还是发生了。美国国家交通安全局的报告引用航班机舱记录仪的文件称："尽管副驾驶在飞机起飞过程中，曾经4次向机长表示出自己的不安，认为'有些地方不对劲儿'，机长还是照样起飞。"美国国家交通安全局如此总结这次空难的原因：

> 美国国家交通安全局确定事故的可能原因是此次航班机组的失误，他们在地面运行和起飞过程中没有使用引擎除冰。机组决定起飞时，冰雪仍旧附着在飞机的翼面上。而且当机长注意到发动机仪表读数异常时，在早期没有放弃起飞。（美国国家交通安全局，1982年。）

这一空难事件再次说明了社会压力、时间和经济上的因素共同造成事故的发生。

社会压力可以克服，但它们强大而无处不在。我们开车时昏昏欲睡，或饮酒后，明知充满危险，但还是说服自己相信自己会有侥幸。我们如何能克服这类社会问题？仅仅有好的设计还不够。我们需要不同的培训；我们需要奖励安全，并将其置于经济压力之上。如果设备可以使潜在的危险可见和明确，这很有帮助，但这往往是不可能的。充分解决社会、经济和文化的压力，再依据公司的政策进行改善，是确保操作安全和行为安全的挑战。

检查清单

检查清单是个功能强大的工具，经过验证，它可以增加行为的准确性和减少差错，特别是失误和记忆失效。在多任务，要求复杂，甚至存在很多中断的状况下，使用检查清单尤其重要。在多人参与的任务中，划分清楚职责必不可少。通常有两人一起作为一个团队使用检查单，效果会更好：一个人阅读指令，同时另外一个执行命令。相反，如果一个人先执行清单，然后，第二个人稍后检查项目，结果就没有那么理想。执行检查清单的人，自信任何错误都能够被发现，可能会迅速做完要完成的步骤。同样的偏见也会影响随后检查的人。由于对第一个执行的人的能力充满信心，检查者往往一览而过，做工作很不彻底。

群体的追随模式相当常见，增加更多的人来检查任务，并不能保证把事情做对。为什么呢？好，如果你负责检查一排 50 个仪表是否显示正确的读数，但你知道，在你之前有两个人已经检查了它们，或者在你之后，会有一两个人来检查你的工作，你可能会放松，认为自己不一定要格外小心。毕竟，有这么多人检查，就不可能存在没有检查到的问题。但如果每个人都以同样的方式思考，增加更多的检查实际上增加了出错的机会。一份协同工作的检查清单可以有效地补充人们天性的不足。

在商业航空领域，协作执行的检查清单被广泛使用，已经成为保证安全必不可少的工具。该清单由两人合作完成，通常是飞机的两名机组成员（机长和副驾驶）。在航空运输中，检查清单已经证明了自己的价值，现在美国的所有商业航班都要求使用检查清单。但是，尽管如此有力的证据证明检查清单的实用性，许多行业仍然强烈抵制它。它使人觉得自己的能力受到怀疑。此外，当要求两人都参与时，资历较浅的一个（譬如航空领域的副驾驶）需要检查资历较深的人的工作。在许多文化中这强烈地违背了权力的等级分配。

医生和其他医疗专业人士也强烈抵制检查清单的使用。它被视为对自己专业能力的侮辱。"其他人可能需要清单，"他们抱怨说，"但我不需要。"太让人失望了，犯错是人的本性：精神紧张，或在时间压力或社会压力下，或被多次打断后，我们都会有失误和错误，每样检查都必不可少。

这不会威胁到人的职业能力。对特殊检查清单的正当批评被作为反对清单的理由。幸运的是，检查清单慢慢地在医疗领域开始被接受。当高级人员坚持使用检查清单，实际上提高了他们的权威和专业地位。检查清单被商业航空领域接纳也经历了几十年，我们期待医药和其他专业领域也将快速地转变。

设计一个有效的检查清单有些困难。设计好的清单需要反复修改，追求精益求精，采用第六章以人为本的设计原则，不断调整列表直到它涵盖了基本的项目，却不会额外增加负担。许多人反对检查清单，实际上是反对设计糟糕的清单：对于一个复杂任务清单的设计，最好邀请相关行业的专家，与专业的设计师协同制作。

打印的清单有一个重大缺陷：它们要求按照一定的顺序来完成步骤，即使这不必要甚至不可能。对于复杂的任务，其中许多操作的顺序并不重要，只要它们都完成了就行。有时，列表中排在前面的项目并不能在接到清单时就完成。例如，航空例行检查的一个步骤是检查飞机上的燃油量。但如果加油作业尚未完成，遇到这个项目，飞行员将跳过它，在飞机已经加完油后，再回来检查。这就给记忆失效的差错一个明显的机会。

总的来说，除非任务本身需要，将顺序结构强加于任务实施，是糟糕的设计。这就是电子清单的主要好处：它们可以跟踪被跳过的项目，如果有未完成项目，清单将不会被标记为完成状态，直到所有的项目已被完成。

差错报告

如果可以记录下差错，那么差错可能会导致的许多问题往往可以避免。但并非所有的差错都很容易检测。此外，社会压力往往很难让人们承认自己犯了差错（或报告别人的差错）。如果人们报告自己的差错，他们可能会被罚款或处罚。另外，他们的朋友会取笑他们。如果一个人报告说别人犯了一个差错，这可能会产生严重的个人不良影响。最后，大多数机构也不希望透露他们自己员工的差错。医院、法院、警察系统和公共事业公司等，都不愿向公众承认他们的员工有差错。这些态度令人遗憾。

减少差错发生的唯一方式就是承认它们的存在，收集关于差错的信息，从而为减少差错的发生做出相应的改变。在缺失数据的情况下，改进很困难，甚至不可能。我们应该感谢那些承认差错的人，鼓励报告他人的差错，而不是羞辱这种做法。我们要使报告差错变得更加容易，因为目的不是惩罚，而是决定如何改变，使它不会再次发生。

案例研究：自动化——丰田如何处理差错

丰田汽车公司开发了一种非常有效地减少差错的制造过程，即著名的丰田生产系统（TPS，Toyota Production System）。它的许多重要原则之一，是一个叫做自动化（JIDOKA）的概念，丰田解释说："（JIDOKA）可以大致翻译为'人工智能的自动化'。"如果生产线上的工人注意到某些事情出错了，工人应该立即报告。如果有故障的零件要继续移动到下一个工序，有时甚至需要停止整个装配线。[一种特殊的拉绳或按钮，可以触发称为安灯（ANDON）的系统，停止装配线并且向技术专家报警。]专家们聚集到发生问题的区域以确定故障原因。"为什么会发生这样的事？""这是为什么？"这是原因吗？"原则就是多问"为什么"，经过多次询问，直到找出问题的根本原因并解决它，这样它永远不会再发生。

你可以想象，对发现差错的人来说，这相当令人不安。但是，公司期望员工报告差错。如果差错被发现，而员工没有报告，他们将受到惩罚，这些都试图让工人们诚实工作。

防呆：防差错设计

防呆（POKA – YOKE）是另外一种来自日本的方法，由著名的丰田生产体系创建人新江滋生（Shingeo Shingo）先生发明。防呆也被翻译为"防错误"或"避免错误"。防呆措施之一是添加简单的工具、夹具或设备来限制操作，避免犯错。我自己在家练习过。一个平常的例子就是帮助我记住公寓门钥匙转动方向的设置，因为我住的公寓比较复杂，有很多门。我绕着每个门的锁孔旁边贴上小的圆点形绿色贴纸，用绿色点指示钥匙转动的方向：我在门上增加了示意符号。门锁的设计是一个大的差错吗？不是，但消除它带来的不便已被证明大大方便了住户。（邻居们都说它很管用，想知道是谁把它们放在那里的。）

在制造工厂，防呆措施可能只是一块木头，用来帮助将零件排列整齐，或者是专门设计的平台，上面有不对称的螺丝孔，这样只可以从一个方向放置板子。设计紧急开关或关键按钮的防护罩可以防止意外触发，这是另一种防呆措施：显然是一种强制功能。所有的防呆措施包含了在这本书中讨论过的一系列原则：示能，意符，映射和约束，或许最重要的是强迫功能。

美国国家航空航天局的航空安全报告体系

美国商业航空长久以来一直鼓励飞行员提交差错报告，这是一个非常有效的系统。该计划在航空安全方面促进了许多改进。建立起这样一个体系也不容易：飞行员有严重自我诱导的社会压力，不肯承认差错。此外，他们向谁报告呢？当然不是向他们的雇主，甚至不是给联邦适航局（FAA），那样他们可能会受到惩罚。解决办法就是让美国国家航空航天局设立一个自愿事故报告系统，飞行员可以半匿名地提交他们曾经犯的差错或观察到别人的差错（半匿名，因为报告里包含飞行员的姓名和联系信息，使得美国国家航空航天局可以寻找到更多的信息）。一旦国家航空航天局的人员获得必要的信息，他们会将报告者的联系信息从报告中删除，将报告寄回给飞行员。这意味着国家航空航天局不会再知道是谁报告了差错，这样航空公司和美国联邦适航局（对差错执行处罚的机构）也不可能找出是谁提交的报告。经过独立调查，如果联邦适航局已经发现差错，并试图引用民事处罚条例或吊销执照进行处罚，已经自我报告的收据可以自动豁免飞行员将要受到的惩罚（主要指轻微违规行为）。

当收集到足够数量的类似差错，国家航空航天局将分析、发布问题报告，并建议给航空公司和联邦适航局。这些报告还帮助飞行员认识到他们的差错报告是提高飞行安全性的有价值的工具。譬如检查清单，在医学领域我们需要类似的报告系统，但它不容易建立起来。美国国家航空航天局是一个中立的机构，负责加强航空安全，但没有监督的权力，这样容易获得飞行员的信任。在医疗领域没有类似的机构，所以医生担心自我报告差错可能会导致他们失去自己的执照或者被起诉。除非我们知道差错是什么，否则我们不能消除差错。医疗领域也开始努力改进，但这是一个有挑战的关于技术、政治、法律和社会的问题。

甄别差错

如果差错能够被迅速发现，不一定会导致伤害。不同类型的差错发现起来有不同的难度。一般来说，行动失误相对容易被发现；错误，发现起来会更难一些。行动失误相对比较容易察觉，因为很容易注意到预期行为与执行之间的差异。但这种检测只能在有反馈发生时进行。如果行动的结果不可见，怎么能检测到差错呢？

由于不能看到，难以精确检测到记忆失效导致的失误。由于记忆失效，一些要求的行动没有被执行。没有行动，什么也不能检测到。只有当缺乏行动的结果导致一些不必要的事件，才有希望检测到记忆失效性失误。

　　错误难以察觉，因为很少有东西能提示不恰当的目标。一旦确定了错误的目标或计划，由此产生的行为与错误的目标一致，所以认真监测行为结果不仅没有检测到错误的目标，而且因为行为一步步接近目标，还给不适当的决策提供了额外的信心。

　　对综合情境的错误判断发现起来相当困难。你可能认为，如果判断是错误的，行动将是无效的，那么将很快发现故障。但错误判断并不是随机出现的，它们通常是人们基于大量的知识和逻辑做出的。错误的判断经常既合理，又能消除观察到的问题征兆。结果就是，最初的行动往往显示是合理的和有帮助的，让发现问题更加困难。在数小时或数天之内，可能不会被发现真正的差错。

　　记忆失效的错误特别难以检测。正如在记忆失效性失误中，相比较做了不该做的事，没有做应该做的事情通常很难被发现。记忆失效性失误和记忆失效性错误之间的区别就是，在前一种情况下，只有计划中的单一部分被漏掉，而在第二种情况下，整个计划都被遗忘了。哪个更容易被发现？在这点上，我必须退回到科学喜欢给这类问题的标准答案："视情况而定。"

为错误辩解

　　需要很长时间才能发现错误。听到一个声音，像一声枪响，然后就认为："一定是汽车排气管回火。"听到窗外有人喊叫，就在想："为什么我的邻居不能安静点儿？"在自我排遣这些事件时，我们的判断是否正确？大部分时间是对的，但当我们搞错时，我们的解释会让我们很难更好地判断。

　　为错误辩解是日常事故里一个常见的问题。很多重大事故发生之前都伴随着警示信息：设备失灵或者发生不寻常的事件。通常，有一系列看似无关的故障和差错，会累积成一场大灾难。为什么没有人注意到？因为没有人认真对待一个单一的事件。通常，置身事件里的人也许已经注意到每个问题，但漠然处之，而且习惯于对发现的异常情况找一个合乎逻辑的解释。

在高速公路上走错的案例

我曾经误解了高速公路的标志，而且我相信大多数司机都会犯这种错误。那时我们全家正从圣迭戈到加利福尼亚的莫斯湖去旅游，那儿有个滑雪场，大约在 400 英里以北。正在开车时，我们注意到越来越多的广告牌，显示着内华达州拉斯韦加斯的酒店和赌场。"奇怪，"我说，"拉斯韦加斯总是将广告做得很远，甚至有广告牌在圣迭戈，但这似乎太过分了，在去莫斯湖的公路上做广告。"我们停下来加油，然后继续我们的旅程。后来，当我们想找个地方吃晚饭的时候，才发现已经错过了转弯，那个出口在将近两个小时前，就在我们停下来加油之前，实际上我们是在去拉斯韦加斯的路上，而不是去莫斯湖。我们不得不返回两个多小时的整个路段，浪费了四个小时的车程。好笑吗，一点儿也不幽默。

一旦人们为出现的不正常事件找到一个合乎情理的解释，他们往往认为就此可以简单处理了。但解释往往是基于过去的经验类比，而这个经验，可能不适用于目前的情况。在上面开车的故事里，拉斯韦加斯的广告牌泛滥其实是一个信号，我们应该注意到它，但它似乎很容易解释。我们的经验是程式化的：一些重大的工业事故就来源于对异常事件的虚假的解释。但请注意：通常这些表面的异常应该被忽略。大多数时候，人们给出的解释是正确的。困难在于如何区分真正的异常和表面异常。

事后看来，似乎合乎逻辑的事件

如果对比一下人们对事件发生之前和之后的理解，我们会发现非常有戏剧性。心理学家巴鲁克·菲施霍夫（Baruch Fischhoff）研究过人们事后的解释，似乎人们对其中的事件完全清楚，而且事后看来可以预见，但在事前却完全不可预测。

巴鲁克给人们展示一些情景，并要求他们预测会发生什么：正确性仅仅是随机抽签的概率。当参与研究者不知道实际结果时，很少有人能预测实际结果。然后巴鲁克将同样的情景，加上实际的结果呈现给另一组人，要求他们说出每个结果的可能性：当已知实际的结果时，一切看来似乎是合理的和可能的，不可能出现其他结果。

事后诸葛亮让事件似乎显而易见，而且可以预见。预测很困难。在一次事故中，没有任何明确的线索。许多事情同时发生：工作量大，人们情绪波动、压力水平高。很多同时发生的事情将变得无关紧要。而看似不相干的事情将成为关键。在事后工作的事故调查人员，知道到底发生了什么事，遂将重点放在相关的信息上并忽略不相关的信息。但在事件发生的当时，操作者没有足够信息能够使他们将彼此分辨开来。

这就是最好的事故分析为什么会花很长时间。调查人员应当想象自己置身于事故的参与者之中，考虑操作者的所有信息，曾经接受的所有培训，以及类似的历史事件。所以，当下一次发生重大事故时，请忽略来自记者、政客和管理人员的粗浅报道，他们除了被迫发表声明，不能提供任何实质性的信息。请等待来自可信渠道的正式报道。不幸的是，这可能在事故发生后数月或数年，而通常公众想要得到立刻回答，即使这些答案都是错的。此外，当完整的事故报告终于出炉，此时报纸将不再认为它们是新闻，所以也不会报道。你要搜寻官方报告。在美国，国家运输安全委员会是可以信任的。国家运输安全委员会对所有重大的事故，如航空、汽车、卡车、火车、船舶和管道事故进行认真仔细的调查。（管道？是的，管道运输煤炭、天然气和石油，也是运输工具。）

为差错设计

当一切都正常运转，人们以预期的方式操作设备，没有意外事件发生，在这种情况下做设计，相对比较容易。如果出了问题，设计就比较棘手。

想想两个人之间的对话。出错了吗？当然，但好像错误处理得很不同……如果一个人说什么东西不可理解，我们要求澄清问题。如果一个人说什么事情一定有错，我们可以提问和争论。我们不会发出警示信号，不会发出哔哔声，不提供错误信息。我们要求更多的信息和相互对话以达成谅解。这是两个朋友之间的正常对话，口误很正常，有时也近似真正的本意。语法错误、自我修正、语无伦次通常会被忽略。事实上，它们通常甚至没有被注意到，因为我们专注于对方的意图，而不是表象的特征。

机器没有足够的智能来确定人类行为的意义，即使如此，它们远没有想象的那么聪明。如果使用人类设计的设备做一些不合理的操作，操作配合一定的格式性的命令，即使非常危险，设备也会照样执行，但这可能导致灾难性的事故。特别在医疗保健领域，设计不合理的输液泵和 X 射线设备，会让病人接受远远超过剂量的药物或射线辐射，导致病人死亡。在金融机构里，简单的键盘错误会导致金额巨大的金融交易，远远超出正常范围。即使为合理性而设定的简单检查未必会阻止所有这些错误。（这个会在本章的结尾讨论，标题为"合理性检查"。）

很多系统集合了大堆的问题，很容易出事故，但发现错误或修复问题异常艰难，甚至不可能。一个简单的差错不可能酿成大祸，带来严重损伤。以下是应该参考的原则：

- 了解差错的根本原因，通过设计以尽量减少这些诱因。

- 进行合理性检验。检查操作行为是否能够通过"一般性常识"的测试？

- 设计出可以"撤销"操作的功能——"返回"以前操作，或者如果操作不能"返回"，则增加该操作的难度。

- 让人们易于发现一定会出的差错，以便容易纠正。

- 不要把操作看成是一种差错；相反，帮助操作者正确地完成动作。应该将操作认为近似于预期目的。

通过本章的讨论，我们对差错了解更加深入。例如，比起失误，新手会犯更多的错误，而专家更容易失误。错误常常源于对系统的当前状态模糊不明确或含糊不清的信息，缺乏良好的概念模型，还有不恰当的程序。回忆一下，大多数错误来自选择了错误的目标或计划，或者进行了错误的评价与解释。之所以发生所有这些，因为系统对于选择目标和完成方式（执行计划）不能够提供充分的信息，还有对实际发生的结果缺乏良好的反馈。

差错的主要来源，尤其是记忆失效性差错，是记忆的中断。当一个活动被其他一些事件打断，打断的成本远远大于需要处理中断所失去的时间：也就是恢复被中断了的行动的成本。要恢复以前状态，必须记得准确的活动被打断之前的状态：目标是什么，被打断的活动处于行为周期的哪个阶段，以及当时系统的状态。多数系统在中断后难于恢复。多数用户需要的关键信息丢失，里面包含了无数已经做出的细微抉择，这是人类短期记忆的东西，对当前的系统状态不能提供任何帮助。还需要做些什么？也许我已经完成了？难怪许多失误和错误都是中断的结果。

通过多任务处理，我们可以从容不迫地同时执行几个任务，错觉上认为这是完成许多工作的有效方式，尤其被青少年和忙碌的工人所钟爱，但事实上，所有的证据都指出多任务下绩效严重倒退，差错增加，普遍缺乏质量和效率。同时做两项任务需要的时间，比每次做一件事累积起来的时间更多。即使是简单而普通的任务，比如边开车边使用免提电话，会严重影响驾驶技能。一项研究甚至表明，在行走过程中使用手机会导致严重的问题："相比其他状况下的个体，使用手机的人走得更慢，频繁地改变方向，并且不大注意其他行人。在第二项研究中，我们发现，使用手机的人很少会注意到他们行走路线上不同寻常的活动（譬如一个骑独轮车的小丑）。"（海曼、鲍斯、维斯、麦肯齐和卡贾诺，2010）。

中断引起很大一部分医疗差错。在航空业，在飞行的关键阶段——起飞和着陆过程中，中断也被确定为主要的问题。美国联邦适航局要求一个所谓的"无菌舱配置"，即在这些关键时期，机组不允许讨论任何不会直接关系到飞机操控的话题。除此而外，在这段时间，不允许乘务人员同机组交谈（不过这有时会导致相反的问题——无法通知机组发生了紧急情况）。

在很多专业领域，包括医疗和其他事关安全的操作，设置类似的屏蔽期很有益处。在开车时，妻子同我就有约定：当司机正驾车驶入或离开高速路口，必须停止一切谈话，直到驶过这段过渡期。打断和分神会让司机出错，失误与错误都会发生。

提供警示信号通常不是避免差错的完美答案。想象一下核电站的中心控制室、商用飞机的驾驶舱或者医院的手术室。每个房间都堆满了大量不同的设备、仪表和控制键盘，所有这些都发出类似的声音信号，因为它们都使用简单的发声器来做提醒。设备之间没有协同机制，这意味着如果出现紧急状况，它们会同时响起来。其中有很多声音可以被忽略掉，因为操作者已经知道它们的提醒。而且这些设备互相竞赛，想让自己被人听见，严重干扰了正在解决问题的努力。

在许多场合充斥着不必要的、恼人的警报声。用户怎么应付它们？断掉警报信号，将报警灯光用胶带裹起来（或者摘掉灯泡），把声音提醒调成静音，或者干脆解除整个安全警示系统。无论是人们忘记恢复警示系统

（这是又一次记忆失效性失误），还是断开提醒后，发生了新的事故，当那些提醒功能被禁用后，问题就出现了。从这点来讲，没有人注意。设计警示和安全方式时认真思考，巧妙设计，必须考虑到受其影响的用户的体验。

设计警示信号异常复杂。声音要足够响亮，灯光要足够明亮，才能被注意到，但是过大的声音和刺眼的灯光会让用户分神，让人烦躁。警示信号应当能够吸引人的注意（作为关键信息的指示），同时也应当自然地体现出正在警示的事件信息。不同设备之间在反应时应当协调一致，这就要求建立国际标准，召集不同厂家的设计团队一起协商工作，而他们大多是竞争对手。尽管相当多的研究已经指出这个问题，包括为警示管理系统开发国家标准，很多场合下这个问题依然存在。

我们所使用的越来越多的机器可以用语音传递信息。但就像其他所有方法一样，语音也有优缺点。语音可以传递清楚的信息，尤其当用户的视觉注意力被占用时。但如果好几个语音同时播报，或者环境很嘈杂，语音发出的警告就很难被听清楚。如果用户或操作者之间需要语言交谈，语音警报就会干扰对话。如果巧妙使用，语音警告信号会很有效。

通过研究差错得到的设计经验

可以通过研究差错得到一些有用的设计经验，一是在差错发生前设计预防措施，另一个是差错发生时如何检测并纠正。通常，以下的解决方案直接得自于上述关于差错的分析。

增加约束以阻止差错的发生

防范差错的方法常常是对操作行为施加特殊的约束。在物理世界，可以通过巧妙地使用形状和尺寸约束。例如，汽车需要不同的液体来进行安全操作和维护：发动机润滑油、变速箱润滑油、刹车液、挡风玻璃清洗液、散热器冷却液、蓄电池液和汽油等等。如果将错误的液体添加到容器里，会严重损坏汽车，甚至发生事故。汽车生产厂商试图通过隔离不同的添加口来减少失误，就是减少描述相似性差错。偶尔使用的添加口，或者仅仅由资质合格的机械师来使用的液体添加口，与那些频繁使用的添加口分布在不同位置，如此一来普通的驾驶者就不会搞错。将容器的开口设计成不同的尺寸和形状，即使用物理约束防止错误的添加，会降低液体添加到错误容器里的差错率。不同的液体常常有不同的颜色，易于区分。所有这些出色的方式减少了差错。同样的技术也广泛应用在医院和工业领域。这些都是聪明地使用了约束条件、强迫性功能和防呆措施。

电子设备也使用了很多种方式来减少差错。一种是隔离操控，即将那些易于混淆的操控彼此远离安放。另一种是使用分离模块，即那些与当下操作没有直接关系的操控根本就不会显示出来，但这需要额外的努力才能实现。

撤销

在现代电子设备上，撤销功能或许是最强大的工具，可以减少差错带来的进一步影响，即如果可能，取消前一个命令的操作。优秀的系统拥有多重撤销功能，因而完全可以返回到最初的状态。

显然，撤销并非经常有效。有时，只有在误操作后立即执行撤销命令才能奏效。不过，撤销功能仍然是减少差错影响的强大工具。我一直迷惑不解的是，许多电子设备和计算机系统完全可能，也值得提供撤销功能，但它们没有。

差错信息确认

在实施一个命令之前，尤其当实施结果可能会破坏某些重要的东西，很多系统要求先确认，这也能防止差错。但这些要求往往设置的时间不恰当，因为人们在执行一个操作后，通常确定他们就是要进行这个操作。关于确认的警示信息，这儿有个典型的段子：

> 操作者：删除"我最重要的文件"。
>
> 系统：你想删除"我最重要的文件"吗？
>
> 操作者：是。
>
> 系统：你确认吗？
>
> 操作者：是！
>
> 系统："我最钟爱的文件"已经被删除了。
>
> 操作者：噢，该死。

对确认的要求更像是一种刺激，而不是至关重要的安全检查，因为人倾向于关注行动，而不是正在执行的对象。好的检查应当突出显示所有即将采取的行动和对象，或许会提供"取消"或"执行"的选择。重点是突出行动的后果。当然，正是由于这种类型的差错，撤销功能才越发重要。在传统的计算机图形界面，撤销不仅是标准命令，而且当文件被删除之后，它们实际上被移出视线，存储在名为"回收站"的文件夹里，所以在上面的例子里，人们其实可以打开"回收站"，将错误删除的文件恢复回来。

确认，对于失误和错误，有着不同的含义。我写作时，使用两个非常大的显示器，再加上一台功能强大的电脑。我可能会同时打开七到十个程序，有时候多达四十个窗口。假设我点击关闭其中一个窗口，就会触发一连串确认信息：我希望关闭窗口吗？如何处理这些信息取决于为什么我要关闭那个窗口。如果操作属于失误，则确认信息就会有效——我会取消操作。如果关闭窗口属于操作错误，一般我会忽略掉确认信息。仔细考虑一下这两个例子：

> 失误让我关闭了错误的窗口。

假设我想敲个单词"We"，但是没有为第一个大写字母键入 Shift +
W，而是 Command + W（或者 Control +W），此键盘命令就是关闭窗口。
我期待屏幕上会出现大写的 W，但一个对话框弹出来，询问我是否真的想
关闭文档，我很惊讶，这立刻提醒我可能有失误。我会取消操作（对话框
会善解人意地提供这个备选方案），然后重新键入 Shift + W，这次我很
小心。

错误让我关闭了错误的窗口。

现在假设我确实想关闭窗口。我经常使用窗口打开的临时文件做备注，
标记正在撰写的章节。当我完工了，要关闭窗口，不保存临时内容——别
忘了，我确实完工了。但由于通常有很多个窗口在打开状态，很容易就关
错窗口。电脑会认为所有的命令适用于已激活的窗口——最后一次操作的
那个窗口（带着文本光标的那个）。但如果我恰好在关闭文档之前看了一
眼临时窗口，我的视线还停留在那个临时窗口，然后就确定关闭它，其实
我已经忘了此窗口非电脑所默认的活动窗口。我发出命令，关闭窗口，电
脑弹出对话框，要求确认，然后我就接受，确认无须保存！由于我对对话
框的信息已经了然于心，嫌麻烦，我不会再仔细读它。结果就是，我关错
了窗口，更糟的是，没有保存，曾经输入的所有文字，或许是相当多已经
完成的工作都丢失了。在对付错误方面，警告信息惊人地无效（即使是很
细心的要求，像第四章，图 4.6 所示）。

这到底是失误还是错误？都是。对错误的活动窗口发出关闭指令，是
记忆失误。但没有仔细阅读对话框提示，接受并且不保存内容就是错误
（实际上是两个错误）。

设计师该怎么做呢？有这样几个方案：

- **使正在操作的对象更加显眼**。也就是说，改变正在操作的对象的外观

使其更加显眼：放大，或者改变颜色。

- **让操作可逆**。如果用户要保存内容，除了不厌其烦地再次打开要保存的文件，不能发生任何损失。如果用户选择不保存，系统能够秘密地保存内容，等到下次用户再打开文件时，询问是否恢复为最近的版本。

合理性检查

电子设备比机械设备有另外一个优势：它们能够检查以确保要求的操作是否合理。在当今世界，医务人员能够意外地要求比常规剂量多数千倍的射线，而设备竟然顺从地满足其要求，这令人震惊。在一些事件中，操作者根本不可能注意到这些差错。

同样，发生在货币兑换过程中的差错可能导致灾难性的结果，尽管只要迅速扫一下金额，就能发现事情不对劲。例如，韩元兑美元的比率大约为1000∶1，假设我想将1000美元兑换成韩元存入韩国银行的账户（1000美元大约等于1百万韩元）。但如果我将韩元数目输入到美元栏目中，哎呀——我正在转账1百万美金。电脑的智能系统会注意到我转账的正常范围，就会质疑这次转账的数额如此巨大。对我来说，应当质询百万美元的操作。但如果缺乏智能系统，也许就会盲目遵循指令，尽管我的账户里并没有百万美元（实际上，我还会因为账户透支而被罚款）。

当然，由于医院将不合适的数值输入到X射线设备，或弄错了药物剂量，或者就像前面讨论的财务交易，合理性检查也是杜绝这些事件发生严重差错的灵丹妙药。

减小失误

无论是外在原因使思路被打断，还是仅仅因为对正在执行的动作已经了然于心，可以无意识地自动进行，当有意识的思维被分散时，就会频繁发生失误。思路被打断的结果，就是人们不会再花足够的精力关注行动及其结果。因此，似乎减少失误的方法之一，就是让人们对正在从事的行动保持紧密的、有意识的关注。

这是个糟糕的想法。熟练行为是下意识的，迅捷，信手拈来，而且通常准确无误。由于完全不假思索，我们才可以快速地打字，而这时有意识的思维正忙着组织词句。这就是为什么我们能够穿行于车流与障碍之间还能边走边聊。如果需要在生活中的每一件小事上都有意识地去关注，我们就不会有今天的成就。大脑的信息处理结构能够自动调节在一个任务上应该分配多少有意识的注意力：当穿过繁忙拥挤的马路时，正在进行的交谈会自动暂停。虽然如此，不要过分依赖它：如果在某件事情上花费太多注意力，实际上你可能注意不到正在恶化的交通堵塞。

如果能够保证操作及其控制尽可能不同，或者至少在物理距离上越远越好，就能减少很多失误。通过去掉多余功能这种简单的办法就能消除功能状态失误，如果不行，让功能彼此容易区分和明确可见也是好的办法。

防范失误最好的办法是对正在实施的动作的特性，提供可以感受到的反馈，越是灵敏的反馈越能体现新的结果和状态，再伴之以能够撤销差错的机制。例如，使用机器可以识别的条形码大大减少了给病人的错误用药。送到药房的处方被贴上电子条码，药剂师就能扫描处方和用药的结果，确保它们一致。然后，医院的护理人员扫描药品的标签和病人腕带上的标签，确认药品发放给正确的病人。再者，计算机系统能够标示出同一种药品的重复使用。这些扫描可能会增加工作量，但也是轻微的。其他类型的差错仍有可能发生，但这些简单的步骤已经被证明行之有效。

普遍的工程和设计实践看起来似乎有意造成了失误。成排的完全一样的控制器或仪表无疑是描述相似性失误的元凶。没有显著标示的内部模式毫无障碍地引发了功能状态差错。伴有无数中断的情境，毫无疑问促使记忆失效性失误——现今几乎没有哪个设备被设计得能够支持不计其数的中断。无论对很少使用的程序，还是非常频繁使用的程序，如果在实施过程中不能够提供帮助和可视的提醒，就会产生撷取性失误，即频繁重复的动作会取代一定情境下正确的行动。设计流程应该注意，尽可能让前面几步不要相似。

重点就是，优秀的设计能够防止失误和错误。设计能够挽救生命。

从差错到事故——瑞士奶酪模型

幸运的是，很多差错不会导致事故的发生。发生事故常常有很多诱因，没有哪一个单独的因素能成为根本原因。

詹姆斯·里森喜欢援引多层瑞士奶酪的比喻来解释事故的缘起，这种奶酪由于布满筛眼似的孔洞而出名（图5.3）。如果每片奶酪代表正在完成任务的一种状态，只有所有四片奶酪上的孔洞刚好排成一线，事故才会发生。在设计良好的系统里，可能存在许多设备故障，很多的差错，但除非它们恰好精确地组合起来，否则不会酿成事故。任何疏漏——就像洞穿奶酪上的一个个孔——经常会被下一个事件堵住。设计良好的系统对故障有很好的免疫力。这就是为什么努力去寻找事故的"某个"原因，常常注定会失败。事故调查者、媒体、政府机构，还有普通的市民，都喜欢给事故的原因找个简单的解释。"看，如果第一个奶酪片上的洞再稍微高点儿，就不会发生事故了。所以扔掉第一片，换一个。"当然，同样的解释可以用在第二、三、四片上（实际上在真正的事故里，会有成千上万的奶酪片）。找到或确定一些方案，相对比较容易，做些不同的改动，或许会起到预防事故的效果。但这不是事故的根本原因，这只是诸多原因之一：所有的因素都需要综合考虑。

在许多事故中你都会看到类似"要是……"的陈述。"要是我没有决

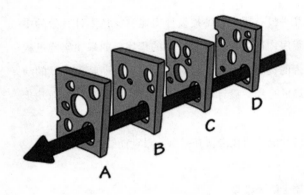

图5.3　里森的瑞士奶酪事故模型。
发生事故通常有多种因素。任何其中
一个原因不出现，事故就不会发生。
英国事故调查员詹姆斯·里森用多层
瑞士奶酪比喻这种状况：除非奶酪上
所有的孔都完美地连成一线，否则没
有事故。其次，要减少事故的发生，
让系统更加有弹性，我们可以通过设
计额外的差错预防机制（即切出更多
层的奶酪），减少失误、错误或设备失
效的机会（奶酪上更少的孔），以及为
系统中不同的零部件设计完全不同的
运行机制（努力使奶酪上的孔不要排
列起来）。（图片来自里森，1990年。）

定走捷径，就不会发生事故。""要是不下雨，我的刹车不会失灵。""要是我当时看一眼左侧，就能看见疾驰而来的车子。"确实所有的陈述都是正确的，但没有任何一个是事故的"真正"原因。通常，不存在单一诱因。是的，记者和律师，还有公众，喜欢搜寻原因，这样有人就会被谴责和惩罚。但声誉卓著的调查机构明白不存在单一的原因，这也就是为什么他们的调查往往旷日持久。他们的职责是了解系统，做出改变，降低可能导致未来事故的系列事件的发生概率。

瑞士奶酪的比喻启发我们应用以下几种方式减少事故：

- 增加更多层的奶酪。
- 减少孔洞的数量（或者让现有的孔更小一些）。
- 如果一些孔洞将要排成一线，提醒操作者。

上述每一种方法都有操作上的含义。多层奶酪意味着多重保护，像在航空和其他行业要求使用检查清单，一个人诵读清单条目，另外一个人执行，然后前一个人再检查操作以确保符合规程。

在可能发生差错的地方，减少危及安全的操作的数量，就像减少瑞士奶酪上孔洞的数量和尺寸。精心设计的设备会降低失误和错误的发生概率，这就是减少孔洞数量的同时让孔洞变得更小。正是这些措施极大地提升了商用飞机的安全水平。德博拉·赫斯曼（Deborah Hersman），国家交通安全局的主席，这样描述设计原则：

美国的航空公司每天要在空中安全地运送 200 多万旅客，这些成就大多来自冗余设计和多重保护措施。

冗余设计和多重保护措施：这就是瑞士奶酪。这个比喻说明，试图找到事故的单一深层原因（通常是一些人），然后惩罚肇事者，是多么徒劳无益。相反，我们应该好好思考系统，思考所有可能导致人为失误，进而酿成事故的交互因素，然后，策划出从总体上改进系统，使之更加可靠的方案。

良好的设计还不够

当人们确实错了

有时候我被问道，宣称用户从来没有过错，过错常常都是糟糕的设计造成的，这样说是否真的正确无误？这个问题合乎情理。是的，有时候当然是人在犯错。

操作者严重缺乏睡眠而疲乏至极，或者受到药物影响，即使称职的人也会丧失工作能力。这就是为什么我们立法明确饮过酒的飞行员在一段时间不能飞行，还要限制飞行员在没有休息的情况下不间断飞行小时数。很多牵涉死亡或伤残风险的专业人员，都被一些关于饮酒、睡眠和药物的规定所约束。但普通岗位没有这些限制。医院经常要求员工在没有睡眠的情况下长时间持续加班，远超过飞行航班的安全规定。为什么？你乐意让一个昏昏欲睡的大夫给你做手术吗？为什么在某些情况下剥夺睡眠被认为很危险，而另外的情况下却被忽略？

有些操作有身高、年龄或力量的要求。其他一些要求具备一定的技能或技术知识：没有受过培训，或者没有能力的人不能从事这些工作。这也是为什么很多职业要求持有政府批准的培训和执照的原因，比如驾驶机动车、开飞机和医疗行业等等。所有这些都要求参加培训，通过测验。在民航界，仅仅通过培训还不够：飞行员必须在每个月保证最低量的飞行小时数，以保持足够的练习时间。

酒后驾车仍然是交通事故的主要原因：这纯粹是司机的过错。在机动车事故中，缺乏足够的睡眠是另一个主要肇因。但人们偶尔犯错，并不能证明人们有总想犯错的故意。糟糕的设计仍然占据事故原因的绝大部分，不论是设备的设计，还是像频繁发生的工业事故里需要遵循的程序的设计。

必须注意本章节前面讨论过的蓄意违反规则的情况，人们有时候故意违反程序和规定，可能由于他们不想完成这个工作，或是由于他们认为自己处于情有可原的境地，有时候还因为他们心存侥幸，想赌一把，认为出错的概率相对较低。不幸的是，如果某人做了可以导致死亡或重伤害的危险活动，尽管造成死亡或重伤害的概率低到只有百万分之一，按全球70亿人口计算，每年将有数百人因此丧生。我最爱举的航空界的例子是一个飞行员，在三个飞机引擎都发出低油压读数警告后，他仍然认为一定是仪表故障，因为读数正确的概率是百万分之一。他的判断是正确的，但很不幸，他是唯一的一个。2012年仅美国就有大约900万航班，所以，百万分之一的机会可以翻译为9次事故。

有时候，人们真的会犯错。

修补回复工程

在工业应用中，巨大而复杂的系统，比如油井、炼油厂、化工厂、发电厂、交通运输和医疗服务中发生的事故对工厂和周边环境都有巨大影响。有时问题没有发在组织内部，而是来源于外部，诸如强烈的暴风雨、地震和潮汐会损毁大部分现有基础设施。不管什么情况，问题是如何设计并管理这些系统，让它们能够以最小的破坏和损失恢复运转。一个重要的方式就是修补回复工程（resilience engineering），将其用作设计系统和流程、管理和人员培训的目标，因而设计的结果就能够应对发生的问题。力求保证所有这些方面的设计——设备、流程，以及工人之间的沟通、管理层同外界之间的沟通——被反复评估，测试和改进。

于是，主要的电脑厂商可以故意在程序中设置漏洞，以测试工厂的反应水平。通过故意关闭关键的生产设施，来验证备用系统和冗余设计的实际工作状况。当系统正在上线工作，为真正的客户生产，这样做似乎有些危险，尽管如此，这是唯一能够测试巨大而复杂的系统的方法。小范围的测试和模拟反映不出系统的复杂性、抗压水平，以及比拟真实系统故障的意外事件。

埃里克·霍纳格尔（Erik Hollnagel）、戴维·伍兹（David Woods）和南希·莱维森（Nancy Leveson）是这个主题一系列有影响力的书的作者，他们娴熟地总结如下：

> 修补回复工程是安全管理的范例之一，关注于帮助人们在压力下成功应付复杂的环境以取得成功。它与现在典型的模式有巨大差异——将差错列成表格，好似一件事情，然后干预并降低其数量。实施修补回复工程的组织将安全视为核心价值，而不是可以清算的商品。实际上，在没有发生安全事件时才能看到安全的影子！不仅要回顾过去的成功案例作为分配时间和精力的理由，实施修补回复工程的组织要持续关注于预测故障的潜在变化，因为他们深知自己关于事故的知识仍有欠缺，而且周围环境在不断改变。对修补回复工程的一个评价是预见的能力，即在故障和损伤发生前，预测风险的形势变化。（摘录已得出版方许可，埃里克·霍纳格尔、戴维·伍兹、南希·莱维森，2006 年。）

自动化的悖论

机器正越来越聪明。越来越多的工作可以完全自动化。随之而来的是一种倾向，认为很多与人类控制相关的困难就要消失了。纵观全球，汽车交通事故每年造成数百万人伤亡。当我们最后广泛使用自动驾驶汽车时，事故和伤亡概率将可能令人吃惊地大幅下降，仅仅由于自动化技术在工厂和航空领域增加了效率，同时降低了差错和伤残率。

　　当自动化系统工作正常时，好极了，但当它出了故障，其结果通常无法预计，也许会非常危险。如今，相较于没有电力供应以前的家庭和商业，基于自动化和网络运行的电气设备极大地减少了工作时间。但是电网停止运行，也将影响大批的用户，需要很多天系统才能修复。使用自动驾驶汽车，我预言会产生更少的事故和伤残。但如果出了事故，将会是大事故。

　　自动化技术越来越强大。自动化系统能够接手以前需要人来完成的工作。汽车的自动驾驶系统不仅仅维持舒适的温度，自动驾驶可以让汽车行驶在指定的车道，并与前车保持适当的距离。自动驾驶系统可以让飞机从起飞到着陆自己飞行，或者让船只自己航行。当使用自动化系统时，工作完成得比人还好。此外，它将人从枯燥乏味、令人厌烦的日常工作中解放出来，可以更加高效地利用时间，减少疲劳和差错。但如果任务太复杂，自动化系统便应付不来。当然，此时往往却是最需要它们的时候。自动化的悖论就是能够执行那些枯燥乏味、令人厌烦的工作，但是不能做太复杂的工作。

　　当自动化系统发生故障，经常没有警告。我在自己的其他书和很多论文里非常详细地梳理过这种状况，很多在安全与自动化领域的人都有同感。当发生故障时，人"在系统环路之外"。这意味着人没有太注意系统的运转情况，人们需要一些时间才能注意到故障，评价分析，然后决定如何处置。

　　在飞机上，当自动驾驶失效，飞行员通常有相当长的时间了解状况并做出反应。飞机飞得很高：地面上空一万米（6英里），所以即使飞机开始下降，飞行员还有几分钟做出反应。此外，机组都受过很好的培训。但当汽车的自动驾驶失效，司机恐怕只有几分之一秒来避免发生事故。

即使对于多数熟练的司机，这都非常困难，更何况很多司机并没有受到很好的训练。

在另外一些状况下，诸如船只，会有更多时间做出反应，但仅限于已经注意到自动驾驶发生故障。有一个戏剧性的案例，在1997年，"女王陛下"号搁浅。故障持续数日，只是在事故发生后才发现问题，那时候船已经触礁，造成数百万美元的损失。到底发生了什么？通常由全球定位系统（GPS）确定船的位置，但是将卫星天线连接到导航系统的线缆不知怎么断开了（没有人知道是如何断开的），结果，导航系统自动从使用GPS信号转入到"死循环"，即使用估算的速度和航行的方向来给轮船定位，但是设计导航系统时没有将这个模式显示出来。结果，当轮船从百慕大驶向目的地波士顿时，太偏向南方，搁浅在科德角（Cape Cod，波士顿南部水面突出的一个半岛）。自动导航几年来都工作得毫无瑕疵，人们信任并依赖它，所以没有人对它进行正常的人工定位，或者仔细分辨显示器上的字母［细小的字母"dr"代表"dead reckoning"船只定位故障模式］。这是一个严重的功能状态失效。

应对差错的设计原则

人类是灵活的，多才多艺且具有创造力。机器是死板的，需要精密设置且相对局限于规定的操作。在二者之间就可能存在配合不当，如果使用得当，还能互相增强能力。想想电子计算器。它不能像人一样做数学，但能够解决人不能解的问题。再者，计算器不会出错。所以人使用计算器是个完美的组合：我们人类搞清楚重要的问题是什么，以及如何编写算式，然后使用计算器算出结果。

如果我们不认为人与机器是协同工作的系统，仅仅将可以自动化的任务指派给机器，剩余的留给人来做，这样就会出现困难。这最终使得人们像机器一样行动，就像时尚界的模特，这种方式不符合人的才能。我们希望人来控制机器，这意味着要长时间保持警惕，而这不是我们所擅长的。要求人类做极其精密和准确的重复操作，这也是我们不擅长的。当我们以这种方式分配机器和人的任务时，不能够发挥人的长处和能力，反而依赖于我们天生的从生物学上角度不擅长的领域。然而，当人出错了，他们会受到指责。

我们所说的"人为差错"，往往只是一种人类特性与技术需求不相符的行动。结果，它标志着技术的不足，不应该被认为是差错。我们应该去除差错的概念。相反，应该认识到人们可以使用辅助手段，将目标和计划转变为适应技术的合理形式。

鉴于人类的能力和技术要求之间存在不匹配，差错不可避免。因此，最好的设计承认这个事实，同时寻求减少差错的机会，并且减轻差错带来的影响。考虑到有可能出现的每一个差错，然后想办法避免这些差错，设法使操作具有可逆性，以尽量减少差错可能造成的损失。以下是一些关键设计原则：

- 将所需的操作知识储存在外部世界，而不是全部储存在人的头脑中，但是如果用户已经把操作步骤熟记在心，应该能够提高操作效率。
- 利用自然和非自然的约束因素，例如物理约束、逻辑约束、语义约束和文化约束；利用强迫性功能和自然匹配的原则。
- 缩小动作执行阶段和评估阶段的鸿沟。在执行方面，要让用户很容易看到哪些操作是可行的。在评估方面，要把每一个操作的结果显示出来，使用户能够方便、迅速、准确地判断系统的工作状态。

以拥抱差错的态度来处理差错，探寻并理解引起差错的原因，确保它们不再发生。我们应当提供帮助而不仅仅是惩罚或责备。

第六章

设计思维

做咨询时，我有一条简单的原则：从来不去解决问到我的问题。为什么有如此相互矛盾的原则？因为，咨询我的问题从来都不是真正的、根本的和本质的问题。通常只是问题的表面。就像在第五章所讲，对事故和差错的解决方案依赖于找到真正的、深层的事件诱因，在设计中，成功设计的秘诀就是理解真正的问题是什么。

让人吃惊的是，有多少人经常没有深入提问就去解决摆在面前的问题。在我的研究生课堂上，无论是工程学还是商务课程，我喜欢在第一天就抛给学生们一个问题，然后在下一周的课堂上聆听他们的精彩方案。学生们会准备详尽的分析、绘图和说明。MBA 的学生还会使用图表展示潜在客户的分布特征。他们亮出一大堆数据：成本、销量、效益和利润。工程师们会画出详细的图纸和规格。这些都做得很出色，展示得非常完美。

当所有的陈述报告结束，我会祝贺他们，然后问："你怎么知道你解决了正确的问题？"他们一脸迷茫。工程师和商业人士都受过训练，能处理问题。为什么没有人曾经给过他们错误的问题呢？"你认为问题来自哪里？"我问。现实世界与大学不同。在大学里，教授们编造一些虚拟的问题。而在现实世界里，问题不会像学习材料那样亲切友好、干净整洁地来到你面前。你需要探究问题的来源。你仅仅看到表面现象，从来不深究真正的问题所在，这样太容易了。

解决正确的问题

工程师和商业人士都受过训练，能处理问题。而设计师经过培训，能够发现真正的问题。对错误的问题提出精彩的解决方案，还不如根本不采取措施：我们要解决正确的问题。

优秀的设计师从来不会一开始就着手解决丢给他们的问题：他们会先努力理解真正的问题是什么。因而，设计师首先不是聚焦于解决方案，而是发散式思考，先做用户研究，搞清楚要实现什么，产生一个又一个新点子。这会让管理者抓狂。管理者想看到向前推动的过程，但设计师看起来似乎在倒退。当他们碰到一个清晰的问题，反倒并不会马上开始工作，而是忽略这个问题，相反，考虑产生的新问题，探索不同的方向。这样的事情可不止一次，而是常常出现。发生什么了？

本书最想强调的，就是开发那些能够满足人们需求和能力的新产品的重要性。设计可能由很多不同方面所驱动。有时候是科技，有时候是竞争压力，或者纯粹审美需要。一些设计挖掘科技的极限，一些设计探索想象的、社会的、艺术的或时尚的广度。工程设计着重于加强可靠性、低成本和高效能。本书的侧重点，或者称作以人为中心的设计，探讨设计的结果要符合用户的愿望、需求和能力。毕竟，我们生产产品的目的，就是提供给用户使用。

设计者已经发展出许多方法，可以避免拘泥于太容易实现但没有什么价值的解决方案。他们将原始问题作为一种建议，而不是最终结果，然后集思广益，理解潜藏在问题背后真正的深层因素（像第五章描述的连续询问"五个为什么"，就是挖掘根本原因的方式之一）。这样设计过程就会不断地反复和扩展。设计师拒绝从初始问题一步就跳到解决方案。相反，他们花时间确定真正的、根本的问题所在，然后，不是立即解决问题，而是停下来想一想更充分的潜在方案。只有这样才能最后得出新的建议。这个流程就叫作设计思维（design thinking）。

设计思维不是设计师的专属权利——无论是艺术家、诗人、作家、科学家、工程师还是商务人士，所有的创新者都在实践中不知不觉地经历这个流程。由于设计师对自己的创新能力很自豪，能够发现根本原因，找到极具创意的解决方案，设计思维就成了现代设计机构的标志。设计思维有两个强大的工具，以人为本的设计思想和双钻（发散—聚焦）设计模式。

以人为本的设计，即确保满足用户的需求，设计出的产品具有易用性和可理解性，能够完成期待中的任务，并且拥有积极和愉悦的用户体验。有效的设计需要满足一大堆限制约束和用户的期待，包括形状与外观，成本与功效，可靠性与效用，可理解性与易用性，友好的界面，拥有此产品的自豪感，还有用户实际使用中的快乐等等。以人为本的设计就是实现所有这些要求的流程，它强调两个方面：解决正确的问题，采用满足用户需求和能力的恰当方式。

随着时间的推移，很多参与到设计之中的人员和各行各业的人们，发展出一系列共通的方法应用以人为本的设计原则。每个人（他或她）都有自己独特的喜好方式，但都是这一共同理念的变体，即循环往复地进行四个步骤：观察、创意、打样和测试。不过在此之前，还有一个超越一切的原则，即要解决正确的问题。

双钻设计模式

设计师经常从质疑拿到的问题开始设计之路：他们会扩大问题的范围，进一步分别检测问题之下隐藏的根本原因，然后聚焦于其中某一个问题的描述。在研究制定解决方案的阶段，首先他们扩展可能的方案，再进行一次发散思考的过程。最后，将这一切重归于某个合适的方案（图 6.1）。2005 年，英国设计协会（the British Design Council）首次提出这种双发散—聚焦设计模式，被称作双钻设计模式（double-diamond design process model）。英国设计协会将设计过程分为四个步骤："发现"和"定义"，确认正确问题的发散和聚焦阶段；然后是"开发"和"交付"，制定正确方案的发散和聚焦阶段。

双钻（发散—聚焦）设计流程，可以有效地将设计师从不必要的局限中解放出来，关注问题和方案的广阔空间。因而你会同情那些把需要解决的问题交给设计师的产品经理，他们发现设计师在质疑拿到的问题，坚持在全球飞来飞去以寻求更透彻地理解问题何在。即使设计师已经开始关注于将要解决的问题，他们好像并没有什么进展，只是搞出一大堆各种各样的主意和想法，很多只是半成品，还有很多简直就不切实际。对于关注项目进度、想要看到直接结果的产品经理来说，这一切非常令人不安。让产品经理更加崩溃的是，当设计师开始聚焦于解决方案时，他们可能会意识到自己没有恰当地勾画出问题，于是所有的流程必须再重复一次（尽管这次可能会进展更快一些）。

在确认将要解决的正确问题时，这种重复的发散—聚焦过程非常重要，也是最好的实施方法。看起来好像杂乱无序，漫无章法，但这个流程实际上遵循了精心建立的原则和程序。虽然存在设计师貌似随机和发散的设计方式，产品经理如何才能让整个团队遵守时间表呢？产品经理应鼓励设计师自由探索，但同时控制这些流程在特定时间（或成本预算）限制之内。没有比设置不可更改的截止日期更有效的方法，能够让这些创意的心灵最终汇聚在目标上。

以人为本的设计流程

双钻设计模式描述了设计的两个阶段：找到正确的问题，和满足用户需求。实际上这些怎么实现呢？这时以人为本的设计流程就可以发挥优势：以人为本的设计可以嵌入双钻（发散—聚焦）设计流程中使用。

以人为本的设计流程有四个行动步骤（图6.2）：

1. 观察
2. 激发创意（构思）
3. 打样
4. 测试

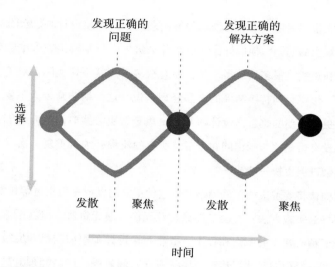

图 6.1   双钻设计流程。

从一个点子开始，通过初步的设计调查，然后发散思考问题，试图探究基本的核心问题。只有这个时候人们才会聚焦于真正的深层的问题。同样，在设计师得出最终的解决方案之前，他们用设计调查工具再一次拓展思路，发掘各种可能的解决方案。(来自英国设计协会，2005，图片有轻微修改。)

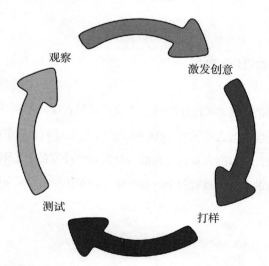

图 6.2   以人为本的设计迭代流程。

观察潜在目标人群，激发创意，制作样品，然后测试。不断循环这个过程，直到满意为止。这也经常被称作 " 螺旋式理论" (与这里描绘的环状稍有不同)，强调每一轮的重复都要有提升、进展。

这四个步骤循环往复，也就是说，可以一遍又一遍地重复它们，每一次循环都会对问题有更多的领悟，逐步接近期望的方案。现在让我们来逐个分析每一个步骤。

观察

初步理解问题的本来面目，是设计研究的原则的一部分。请注意，这里指对客户和在一定条件下使用产品的用户的调查研究。这不是科学家们在实验室里做的科学研究，科学家们在努力寻找自然法则。设计调研者会找到潜在用户，观察他们的行为，试图理解他们的兴趣爱好、动机以及真实需求。为产品设计逐步进行问题定义，就来自深入了解用户想要完成的目标任务，以及他们要经历的障碍。客户研究非常关键的一点就是观察目标用户的行为，在自然状态下，在他们的日常生活中，以及正在设计的产品或服务将来实际应用的场合。在用户的家里、学校和办公室观察他们的活动。注意用户的通勤、聚会、用餐，以及同朋友在本地酒馆的小聚。如果必要，可以跟随用户去淋浴，因为这是了解用户的关键时刻，只有在使用中，用户才可能碰到真实状况下的问题，而不仅仅是一些纯粹的孤立事件。这个方法被称作"应用人类学"①。从人类学研究的一个领域延伸而来。由于目的不一样，人类的种群分析不同于缓慢的、更加学术化和研究型驱动的学院派人类学研究。一方面，设计调研者要确定用户需求的明确目标，可以通过新产品来体现。另一方面，产品的设计周期受时间和预算的限制，比起典型的、持续数年的学术理论研究，这些都要有快速的评价结果。

调研对象应当与潜在用户一致，这一点非常重要。注意，用传统方法衡量人群而得到的数据，比如年龄，教育和收入等等，并非经常那么重要：我们最关注的是将要完成的行动。尤其当我们观察大范围不同的文化，行动通常惊人的相似。因而，研究应当注重行动，以及它们如何被实施，同时观察本地环境和文化如何影响并改变行动。在一些情况下，譬如那些广泛使用在商业中的产品，操作行为占据主导地位。于是，汽车、计算机和电话都是全球相当标准化的产品，因为它们的设计需要反映产品所支持的行为方式。

其他一些情况下，需要对潜在人群做细致的分析。日本的少女与成年妇女非常不同，相应地，与德国的少女也有很大区别。如果一个产品打算在诸如此类的亚文化里使用，就必须研究特定人群。另外，可以为不同的需求设计不同的产品。一些产品成了身份地位或者群体的象征符号。在这一点上，这些产品仍然具有使用功能，但它们还是时尚的代言。这也是一种文化里的青少年与另外一种文化里的青少年的不同之处，甚至在同一种文化里，从幼儿到老人都存在使用不同产品彰显身份的差异。设计调研者必须仔细地校准要观察的潜在市场和产品的目标用户。

是否正在设计的一些产品，会被用于计划投放的国家？只有一个方法能真正了解用户：到那个国家走一趟（设计团队里通常包括当地人）。不要走捷径，如果只是待在家里，与学生或从那个国家来的客人交谈，而你自己还是留在本地，你只能获得很少的能够准确反映目标市场的信息，或未来产品实际使用的方式。没有什么能够替代直接观察、同产品的未来使用者互动等有效方式。

设计调研支持双钻设计流程的两个阶段。第一个菱形，即找出正确的问题，要求深入了解用户的真实需求。一旦清楚地定义了问题，第二个阶段要求深入了解潜在用户群的行为方式。例如这些用户通常怎样表现，他们的能力和过往经历如何，以及可能支配其行为的文化习惯等等，然后再找出合适的解决方案。

设计调研与市场调查

设计和市场是产品研发的两个重要组成部分。它们互为补充，但又各自有所侧重。设计想知道用户的真实需求，以及用户如何在实际条件下使用产品或服务。市场想知道人们买什么，包括了解他们如何做出购买决定。这些不同的侧重让两个团队发展出不一样的调查方法。设计师倾向于定性的观察方式，这样就能深入研究用户，了解用户如何操作，以及环境因素对实际应用的影响。这些方法都耗费时间，所以设计师只是有代表性地考察小部分人群，通常十来个人左右。

市场调查关注用户。谁有可能购买产品？什么因素促使他们考虑和购买产品？市场调查惯常使用大批量的定量的研究，主要依赖于分组讨论、问卷调查等方式。在市场调研中，组织上百人的团队讨论，或者向成千上万的人群发放调查问卷等方法并不少见。

依赖互联网的优势和分析大数据的能力，涌现出定量市场分析的新方式。即"大数据"，有时候也叫"市场分析学"。在公众网络上，可以进行A/B测试，即提出两个可能的变量进行测试，给予随机选择的一部分参与者（或许10%）一套网页调查问卷（A卷），给另外一部分随机选择的参与者另外一套问卷（B卷）。在几个小时里，成千上万的参与者可能做了调查，很容易就能看出哪个方案有更好的反馈。而且，网站能够捕捉到用户丰富的信息及他们的行为习惯：年龄、收入、家庭或工作地址，以前的购买记录，还有曾经访问的网站。使用大数据进行市场调研的优势经常被称颂，但其缺陷往往不引人注意。除了用户隐私的暴露风险，真正的问题是大量的数据关系并不能揭示用户的真实需求，他们的渴望，以及他们行为的动机。结果，这些海量数据可能让你得到关于用户的错误印象。但使用大数据和市场分析还是很吸引人：无须旅行，很少的花费，海量的数据，迷人的图表，以及令人印象深刻的统计分析，所有这些都具有说服力，引导决策团队决定新产品研发的方向。毕竟，你会相信什么——是那些整洁的演示，多彩的图表，分析数据，还有来自上百万调研结果的显著性水平，还是来自五湖四海的设计调研者的主观感受，此刻他们正在遥远的小乡村工作、睡觉和吃饭，那里只有最低限度的卫生条件和寒酸的基础设施。

不同的方法具有不同的目的，产生非常不一样的结果。设计师抱怨市场调查使用的方法不能得到用户真实的行为反馈：人们说自己做什么和想做什么不一定与他们真实的行为或期望一致。进行市场调查的人员同样在抱怨，尽管设计调研方法可以直指内心，但少数的调研对象仍是个问题。设计师反击道，尽管有大量人群参与，通过观察得出，传统的市场调查方法遮蔽了用户的内在需求。

争论没有用。所有的方式都需要。客户研究是个折中的过程：相比从广泛而大量人群中得到充分的、信息更可靠的购物数据，也可以从很小范围的人群得到用户内心深处的真实需求。二者我们都需要。设计师了解用户的真实需求是什么，市场调研了解人们实际购买了什么。它们不是一回事。这就是为什么二者我们都需要：市场调研与设计调研团队应该精诚合作，互为补充。

对一个成功的产品要求是什么？首先，如果没有人买它，那么所有一切都没有意义。产品设计必须提供影响用户购买决定的所有要素。其次，一旦用户购买了产品，开始使用产品，产品应当能满足用户的真实需求，人们才会使用和了解，并从中得到快乐。设计规范必须包括所有这些要素：市场和设计，购买和使用。

激发创意

当设计团队确定了设计需求，下一步就是产生可能的解决方案。这个过程被称作"激发创意"（idea generation），或"构思"（ideation）。在双钻模式的两个阶段都可能激发创意：首先在探寻问题的第一个阶段，其次在解决问题的第二个阶段。

这是设计中有趣的部分：在这个步骤中创意非常关键。有很多种激发创意的方法：其中的很多方法被冠以"头脑风暴"（brainstorming）。无论使用哪种方法，通常要遵循两个主要的规则：

- 激发足够数量的创意。在设计流程的初期，如果只是拘泥于一两个点子，那将很危险。

- 创意，不要受限制。避免批评任何点子，无论是你自己的还是别人的。即使非常疯狂的点子，经常具有明显的错误，但也包含着潜在的创意，能够在日后被提取，应用到最终创意的选择中。要避免过早地抛弃任何点子。

我还想加上第三个规则：

- 质疑每一件事。我特别喜欢"愚蠢"的问题。愚蠢的问题可能会触及事情的本质，而每个人都认为答案是显而易见的。当你认真对待每个提问时，经常会发现意义深远：显而易见的事情经常根本就不明显。我们之所以认为它显而易见，仅仅因为我们以前经常这样做事，但现在这些事情被质疑，实际上我们不知道原因是什么。曾经多少次我们通过愚蠢地提问，通过质疑显而易见的事情，才发现问题的解决之道。

打样

想真正知道一个创意是否合理，唯一的方法就是测试。对每一个可能的解决方案制作快速模型或实物模型。在这个过程的初期阶段，模型可能只是铅笔草图、泡沫或卡片制成的模型，或是用简单的绘图工具画出来的简单图像。我曾经使用电子表格，演示文档，在索引卡片或者便笺上勾画草图等等来制作模型。有时候创意还可以用幽默剧来表现，尤其当你在设计服务流程或自动操作系统时，它们可能难以制作样品。

一个很流行的打样技术叫"奥兹向导"（Wizard of Oz），出现在弗兰克·鲍姆（L. Frank Baum）的经典书籍（还有经典电影）《奥兹的精彩魔术》（*The Wonderful Wizard of Oz*）里。魔术师本来是个很普通的人，但是通过使用烟雾和镜子，他显得神秘和无所不能。也可以说，所有的都是假象：魔术没有特别的力量。

在开始制造之前，奥兹向导可以用于仿制威力巨大的系统。在产品研发的早期阶段，使用它异常有效。我曾经用这个方法测试过一个航班订座系统，由施乐公司在帕洛阿尔托研发中心（Palo Alto Research Center, PARC）的研究团队设计。我们每次将一个测试者带到位于圣迭戈的实验室，让他们坐在一个隔离的小屋里，在计算机上输入他们的旅行要求。测试者认为自己在与一个自动的旅行自助软件互动，但实际上，我的一个研究生就坐在邻近的房间，读取测试者输入的旅程询问，用键盘回应（查找真实而恰当的旅行安排）。这个模拟测试教会我们很多关于这个系统的要求。例如，我们知道用户输入的句子可能与我们在系统里预设的大不相同。例如，参与测试的一个用户要求圣迭戈与旧金山之间的往返机票。当系统确定了前往旧金山的航班之后，会询问："你计划什么时候返回？"测试者回答："我计划下周二离开，但必须在上午 9 点钟，我的第一堂课之前返回。"我们很快就知道没有充足的信息理解这样的句子：我们要想解决问题，必须了解多的信息，譬如机场和会议地点、交通路线、可能延迟提取行李和租车，当然还有停车——这已经超出我们所设计的系统的能力。我们的最初目标是理解语言。研究显示这个目标太有局限性了，我们还需要理解人类的行动。

在厘清问题的阶段就制作样品模型，主要是确保很好地理解问题。如果目标人群已经在使用与新产品相关的东西，那也可以被当作是样品。在设计过程中解决问题的阶段，我们会针对建议方案制作真实的样品。

测试

汇集小部分与目标人群特征尽量符合的人，目标人群即未来使用产品的用户。让这些人使用样品，尽可能接近他们实际使用的方式。如果设备通常要由一个人使用，那就一次一个人来进行测试。如果设备通常可以由一组人使用，以小组为单位进行测试。仅有的例外是，即使正常情况下单人使用的设备，让几个人同时测试也很有帮助，一个人操作样机，其他人指导操作，并且大声报出结果。在这种情况下让多人参与测试，可以公开地、自然地讨论他们的想法、假设和挫折。设计调研团队应该全程观察，坐在测试者背后（不要让测试者分心），或者通过另外一个房间的监控录像仔细观察（但是得看得见摄像头，且已描述流程）。摄像记录经常相当有价值，不论是事后播放给那些不能参加观察的团队成员，还是留作反复的评审。

当研究结束后，通过追溯测试者做过的步骤，提醒他们曾经的动作，并做进一步提问，这样就能得到关于用户体验的更加详细的信息。有时候可以向测试者回放操作的摄像记录，作为一种提醒。

应该测试多少人？存在不同观点。但是我的搭档，雅各布·尼尔森（Jakob Nielson），很长时间以来坚持五个，即单独测试五个人，然后研究测试结果，改进测试方案，再做另一轮重复测试，选择五个不同的人。通常五个人就有足够重大的发现。如果你真的想测试更多的用户，每一次测试五个会非常有效，用测试结果改进系统，然后不断重复测试—改进循环，直到你测试完所有预期数量的用户。比起仅仅测试一次，这样可以多次循环地改进产品。

就像打样，在定义问题的阶段进行测试，可以保证很好地了解问题，然后在解决方案阶段再次测试，可以确保新的设计满足那些将要使用产品的用户需求和能力。

重复

以人为本的设计原则中，重复能够促使设计持续地改进和加强。目的是快速打样和测试，或者用 IDEO 设计公司的联合创始人、斯坦福大学教授戴维·凯利（David Kelley）的话——"频繁失败，快速失败。"

许多理性的管理者和政府官员向来难以理解这一设计流程。为什么你们想要失败？在他们眼里，确定用户要求，然后创造新产品来满足这些要求，似乎只有这些是必要的。他们认为，测试仅仅在保证用户的要求被满足时才是必要的。正是这种理念导致了如此多的不可用的系统。精心设计的测试和改进能够让产品更完善。应该鼓励失败——实际上，它们不应当被叫作失败：它们应该被当作学习经验。如果每件事都完美运转，你学不到什么。当遇到困难，才有真正学习的地方。

设计最难的部分就是搞清楚正确的设计要求，意味着解决正确的问题，同时提出恰当的方案。抽象的设计要求总是错误的。仅仅通过询问用户需要什么而得到的设计要求，也往往是错误的。通过观察用户在自然状态下使用产品，才能产生正确有效的设计要求。

当人们被问到他们需要什么，他们首先会想到日常面临的问题，很少注意到存在更大的问题、更关键的需求。他们不会质疑正在使用的主流方式。此外，即使他们详细解释自己如何完成任务，当你将这些演示给他们看，他们会承认你抓住了要点，但当你观察他们，经常会发现他们的行为与他们所描述的不一致。"为什么？"你会问。"哦，我曾经有过不一样的做法，"他们或许会这样回应，"但这次有点儿特殊。"结果，许多事情都是"特殊的"。任何不能容许特殊操作的系统都会失败。

　　找到正确的设计需求需要反复研究用户和进行测试：反复循环。随着每一次反复循环，想法会越来越清楚，能够更好地定义需求，样品也越来越接近目标，即实际的产品。在最初的几轮反复研究之后，就可以开始聚焦于解决方案。几个不同的样品思路可以被优化集成为一个。

　　这样的设计流程什么时候结束？这得取决于产品经理，他们需要交付尽可能高质量的产品，还要满足时间规划。在产品研发中，时间和成本是非常重要的限制，所以设计团队要满足这些要求，同时做出可接受的高质量的设计。无论给设计团队分配多少时间，最终结果也只会出现在截止日期前 24 小时。（就像写作，无论给你多少时间，在截止日期前几个小时才能完成。）

以活动为中心的设计与以人为本的设计

　　强烈关注个体用户的设计理念，是以人为本的设计思想的标志。以人为本的设计确保产品满足用户的真正需求，因而产品具有易用性和可理解性。但如果所设计的产品面向全球的用户，那会怎样？很多制造商基本上给每一个人生产同样的产品。尽管汽车会根据所销售国家的要求做轻微调整，它们在全球市场基本上是一样的东西。同样的情况也见诸照相机、计算机、电话、药品、电视和电冰箱等等。是的，存在一些地域差别，但这种差别明显很小。即使为某种文化特别设计的产品，如电饭煲，也能被其他文化所接受。

　　我们又怎么能假装去调和所有这些根本不同的用户？反之，我们应该关注操作，而不是单个的用户。我称其为以活动为中心的设计（activity-centered design）[2]。让操作方式来定义产品和结构。依据操作的概念模型来建立产品的概念模型。

　　为什么这样做？因为世界各地的人们的行为比较相似。此外，尽管用户不想学习新的系统，这些系统可能看起来霸道、难以理解，用户仍然希望知道关键的操作方式。这样会不会违背以人为本的设计原则？根本不会：将以活动为中心的设计当作以人为本设计方法的加强和补充。毕竟，所有的操作需要人来完成，也是为人而设计。以活动为中心的设计就是以人为本的设计思路，尤其适用于大量的各种各样的目标人群。

从另外一个角度来看汽车，纵观全球，汽车基本上是一致的。驾驶汽车要求很多操作，操作之外的很多东西无关紧要，只能增加驾驶的复杂性，使成为一个合格的熟练的司机需要更长的时间。驾驶汽车需要掌控油门、会转向、使用转向信号、控制灯光、注意观察路面，并在所有时间知晓汽车每一侧或后面发生的情况，或许还要一边开车一边与车里同行的人交谈。除此而外，要时刻关注汽车仪表盘的指示，尤其是速度显示，还有水温、润滑油油压和燃油油量指示。后视镜和侧视镜的位置要求司机适时将视线从前方路面转移，去观察镜子。

尽管需要操作如此多的分项任务，人们仍然可以成功地学会驾驶。考虑到汽车设计和驾驶行为，每一项操作看起来都合情合理。是，我们可以做得更好。自动变速器的发明消除了离合器踏板。位于驾驶员前方的显示屏，可以用来显示关键的仪表读数和导航信息，这样就不需要转移视线来监控这些信息（即使如此，仍然需要转移注意力，司机需要将注意力从路面切换到显示屏上）。有一天我们将会取代三个不同的反光镜，汽车周围的所有物体可以在一个视频显示器上呈现为一幅图像，这样就简化了另一个操作。还能再好点儿吗？仔细研究驾车时的操作行为吧。

一边改善操作，一边留心人们的能力。人们会接受新的设计，乐于学习必要的知识。

关于任务与活动的区别

首先声明：任务与活动存在不同之处。我强调，必须为活动而设计：

为任务而设计通常存在太多约束。一项活动具有高层次的结构，比如"去购物"。任务则是行动里低层次的部分，例如"开车去市场"，"找个购物筐"，"参考购物指南来买东西"，等等。

一项活动通常包含一系列的任务，但所有任务都向着一个共同的、更高层次的目标。任务是有组织的、紧密结合的一系列操作，朝向单一的、较低层次的目标。产品必须支持所有活动和相关的不同任务。良好设计的设备能够将支持任务所需要的各种各样的活动，整合在一起，做到彼此无缝过渡，确保为某一个任务所进行的工作不会影响另外一个任务。

活动是分等级的，因而高层次的活动（去工作）可以被分解成置于其下的无数低层次的活动。相应地，低层次的活动会产生大量的"任务"，这些任务最终被基本的"操作"来执行。美国的心理学家，查尔斯·卡弗（Charles Carver）和迈克尔·沙伊尔（Michael Scheier），提出目标有三个基本的层次来控制活动。"成为什么"（Be-goals）在最高的、最抽象的层面，支配人的存在：它们是最基础的，长久存在，决定人们为什么行动，确定人的自我。"行动目标"（Do-goals）在下一级，贴近实用的日常行动，更加接近我在行为的七个阶段讨论的目的。行动目标为活动制订将要执行的计划和手段。这个层级结构的最低级是"执行目标"（Motor-goals），详细定义如何执行这些手段：更多地在行动和操作层面，而不是活动层面。德国心理学家马克·哈森萨勒（Marc Hassenzahl）展示了如何使用这个三级的分析方法，来指导开发和分析人们的经验（用户体验，通常缩写为 UX）与产品进行互动。

仅仅关注于任务有很大的局限性。苹果公司成功地开发了音乐播放器 iPod，就揭示了这一点，由于苹果的 iPod 支持关于听音乐的完整的活动：找歌曲，购买，下载歌曲到播放器里，创建播放列表（能够互相分享），然后聆听美妙的音乐。苹果还允许其他厂家生产外接音箱、麦克风和各种各样的配件来扩充 iPod 的功能。苹果的播放器使得音乐在整个家庭里共享成为可能，可以通过其他厂家的音响系统来聆听。苹果 iPod 的成功，在于它整合了两个要素：出色的设计，加上可以支持所有享受音乐的活动。

为个人所做的设计，结果可能对一部分特定的目标人群非常出色，但与其他的人并不相配。为活动而设计，其结果适用于每一个人。主要的好处还在于，如果新的设计要求与用户的活动相一致，用户会容忍复杂和新的要求，去学习新的东西：只要适应了任务，掌握了复杂和新的要求，用户会感到自然，认为这都是合理的。

循环往复的设计流程与线性流程

传统的设计流程是线性的，有时也叫"瀑布式方法"，因为设计过程趋向于单一方向，一旦做了决定，想回头就非常困难或几乎不可能。这也是与以人为本的循环设计流程相比较而言，因为在以人为本的设计思想里，过程是循环的，不断改进，不断变化，允许改变主意，重新考虑早期的想法。很多软件开发者体验过这种不断变化的过程，通常使用诸如 Scrum 或 Agile 这样的管理软件。

线性这种瀑布式的方法具有逻辑性。它认为设计调研应该先于设计，设计应该在工程开发之前，生产应该在工程开发之后，诸如此类；循环往复的设计过程可以帮助设计者更好地弄清问题和需求，但是当项目比较大，需要相当多的人员、时间和预算时，持续太长时间的反复会产生可怕的成本。从另一方面说，拥护循环设计过程的人会看到太多的项目团队急匆匆地列出设计要求，后来被证明是错误的，结果就是浪费惊人的钱财。不计其数的大型项目就失败在数百亿美元的成本超支上。

最传统的瀑布式流程也被称作"关口式"，它们有一系列线性的阶段或周期，从一个阶段过渡到下一个阶段有一个把关的大门。在关口通常会进行管理评审，即评价上一个阶段的过程状态，决定项目是否要推进到下一个阶段。

哪种方式会更好？如上所述，这个问题总是存在激烈的争论，两种方式都有其优点和不足。在设计中，最困难的一件事是确定正确的设计范围，换句话说，即正确地确定需要解决的问题。循环往复的设计流程延迟了形成固定范围的时间，以发散方式开始，在收缩汇集前，产生大量可能的需求或问题陈述，然后在汇聚之前又一次发散出大量可能的解决方案。邀请目标人群对早期的样品进行真实的测试，以确认并提炼用户需求。

然而，循环往复的方法适用于产品设计的初期阶段，不适用于后期，而且这种方法很难控制设计流程的时间以适应大型的项目。尤其当大型项目包含成百上千的开发者，经历数年，花费上百万或几十亿美元才能完成时，循环往复的方法不可能成功。这些大型项目包括复杂的消费类产品和庞大的程序开发工作，例如汽车、计算机的操作系统、药品、电话、文字处理软件和电子表格软件等等。

比起循环往复的流程，关键点评审可以让管理者更好地进行流程控制。然而，这相当麻烦。在每一个关口进行管理评审，无论是准备评审，还是汇报完成后等待决定，均需要大量的时间。由于协调公司不同部门高层经理们的时间很困难，而他们都想在评审上发言，这种情况下，评审会耗费数周时间。

很多团队都尝试过使用不同的方式管理产品研发流程。最好的办法就是将循环往复和阶段评审结合在一起。在研发的某个阶段之中，两个评审关口之间，可以使用循环往复的流程。目的是结合这两个方法的长处：循环往复地提炼问题，改善方案，在流程的关口处结合阶段评审。

诀窍就是延迟对产品需求进行精确地定义，直到对快速样品的反复测试结束，同时保持对时间计划、预算和质量进行严格控制。对一些大型项目，制作样品看起来不太可行（例如，巨大的运输系统），即使这样，也有很多可以做到。样品可以是缩小的模型，由模型制作厂或三维打印制作。

甚至那些经过精心渲染的图样、卡通的视频或者简单的动画草图都非常有用。视觉仿真计算机辅助设备能够帮助人们预想他们使用最终产品的场面，例如进入到建筑物里，模拟在其中生活或工作。在投入更多时间和金钱之前，所有这些方法可以提供快速反馈。

研发复杂的产品，最难的部分是管理：需要组织、沟通和协调许多不同的人员、小组和部门，让项目顺利成功进行。大型项目尤其困难，不仅仅因为要管理这么多的人员和组织，还因为项目进行太长周期会产生很多新问题。这些项目从开始构想到结束，可能持续数年，在这期间需求和技术都有可能发生变化，一些工作不得不返工或半途而废；享用项目成果的用户或许会发生很大变化，更不用说执行项目的人员肯定会发生变动。

一些人由于生病或受伤，或许会离开项目、退休或升迁，一些人会跳槽，还有其他一些人可能转到同一个公司另外的部门。无论什么原因，找到替代者，培训他们获得充分的知识和掌握要求的技能水平，都要花相当多的时间。有时候甚至不可能，因为有一些对项目决策和实施方法非常关键的知识是以内在的形式存在，我们称之为"固有知识"（implicit knowledge），也就是说，存在于工作者的脑子里。当这个工作者离开了，他所具有的固有知识也会随之而去。管理大型项目是个艰难的挑战。

我刚告诉你什么？那根本行不通

前面的章节描述了以人为本的设计流程在产品开发中的应用。关于理论和实践，还有个古老的笑话：

> 从理论上来说，理论与实践没有区别。
> 实际上，有区别。

以人为本的设计流程描述了理想的状态。但商业环境下的现实生活，经常迫使人们做出与理想极为不同的行为。一个在消费品公司工作，对此已不抱希望的设计团队的成员告诉我，尽管他所在的公司声称信赖用户体验，并且遵循以人为本的设计理念，实际上，他们驱动新产品设计只有两种方式：

1. 增加功能，同竞争者对抗。
2. 根据新技术的发展，增加功能。

"我们还需要用户需求吗？"他委婉地问，"不需要。"他自问自答。

这种情况很典型：市场驱动的压力，再加上以工程技术为核心的公司，会屈从于形势，不停地增加功能，使产品越来越复杂，然后用户越来越困惑。但是，即使一些公司确实打算开始收集用户需求，它们也会被严酷的产品研发流程挫败，尤其是挑战来自没有充足的时间和金钱。实际上，当看到许多产品死在这些挑战的道路上，我推荐一个"产品研发守则"。

唐·诺曼的产品研发守则

产品研发流程启动的那一天，就已经晚点，并且超预算。

新产品上市经常都有时间表和预算控制。通常时间表由外部条件决定，包括节假日，特殊的产品发布机会，甚至工厂的生产计划。我曾经参与的一个产品，竟然定出了不切实际的四周时间表，因为西班牙的工厂即将休假，当工人们返回工作岗位时，想及时赶上圣诞购物季，已经来不及。

此外，即使启动产品研发也需要时间。人们从来不可能坐在一起无事可干，就等着被通知研发新产品。是的，我们应该招募这些研发人员，审查资格，然后让他们从现有岗位交接。这些都需要时间，而很少有人规划这段时间。

　　所以，可以想想一个设计团队，当被告知将要参与一个新的产品研发的情景。"太好了，"他们叫起来，"我们立即让设计调查人员去研究目标客户。""这要多长时间？"产品经理问。"噢，我们可以快点儿做：一到两周做好安排，然后两周在现场调研。或许一周用于提炼调查报告。四到五周……""抱歉，"产品经理说，"我们没有那么多时间。就这件事，我们没有预算，可以将一个团队送到现场两周时间。" "但真正了解客户很重要！"设计团队争论。"你绝对正确，"产品经理说，"但我们已经落后于时间表，无论时间还是金钱，都承担不起。下次，下次我们好好做。"忘掉下次吧，不会再有下次，因为当下次来临，同样的争吵还会重复：产品研发启动时已经晚点，超预算了。

　　从设计师到工程师，再到程序员，生产，包装，销售，市场和服务，产品研发混合了一系列不可思议的部门。并且，吸引现有客户的产品，也会被推广到新客户手里。现如今，形形色色的专利为设计师和工程师设置了雷区，几乎不可能在设计或制造中不被专利所困扰，这意味着要在雷区里从头到尾地重新做设计。

　　每个单独的专业部门都从不同的角度影响产品，各不相同，但必须满足它们的特殊要求。通常，每个专业部门提出的要求又常常与别的领域相冲突，或互不相容。但从各自的立场和角度，它们都是正确的。然而，在很多公司，这些规范分别地起作用，设计团队将结果转给工程师和程序员，他们会更改要求以适应自己领域的规范。然后工程师和程序员将开发的结果交给生产厂，在哪儿还会被进一步修改，接着市场人员也会要求改动。真是乱成一团。

　　怎么解决？

　　磕磕绊绊的时间问题，会使执行设计调研的能力打折扣，解决之道是将设计与产品团队分开：让设计调研者时常处于现场，一直研究潜在的产品和用户。于是，当产品团队成立后，设计师可以说："我们已经考察过这个情况，这是我们的建议。"市场调查者也可以采取同样的方法。

相互冲突的规范可以交由多部门的联合团队来解决，他们会理解并尊重每个规范要求。优秀的产品研发团队是个很融洽的合作小组，包含了来自相关部门的代表，他们始终出席，表达并沟通不同意见。如果所有参与者理解了所有的观点和要求，通常可能激发出有创意的方法，去解决大多数问题。注意，与这样的团队合作也是一个挑战。每个人都说不同的技术语言，每个专业部门都认为自己是程序中最重要的部分。尤其是，每个专业领域经常认为其他人愚蠢无知，搞出那些毫无意义的要求。有技巧的产品经理才能协调好这个团队，达到共同理解和互相尊重。这能够做到。

双钻模式和以人为本的设计理念所描述的设计方法是理想化的。尽管理想与实践有很大差距，坚持理想还是有很大好处，但是对待时间和预算的挑战要采取现实的态度。如果正视挑战，精心规划设计流程，这些问题都能被克服。多部门的团队能够加强沟通合作，节约时间和成本。

设计的挑战

做好的设计有难度。那也就是为什么这是一门需要广博学识、倾心投入的职业，设计的结果是强大的，实实在在的。设计师需要解决如何管理复杂的事物，协调技术与用户之间的互动。好的设计师是快速学习者，今天他们可能在设计一个相机，明天，则被要求设计运输系统，或某个公司的组织架构。一个人如何才能在很多不同领域游刃有余？这是因为以人为本设计的基本原则在所有领域都是一样的。人类有共性，所以设计原则也是相同的。

生产一个产品，需要不同专业的人员参与，设计师只是这复杂程序链的一部分。尽管这本书的主题讲关于满足人们需求的重要性，即重视那些最终使用产品的用户需求，产品的其他方面依然很重要——例如，产品的工程效能，包含它的能力、可靠性、可维护性等等；产品的成本；还有产品的财务价值，通常指利润率。人们会购买它吗？产品的每一个方面都呈现出一系列要求，有时候一些方面看起来同别的方面对立。时间与预算经常就是最苛刻的约束。

设计师不辞辛苦，确认用户的真正需求，然后去实现它们，而市场关心影响人们实际购买产品的那些要素。用户的需求与他们购买什么产品是两件不同的事情，但都很重要。如果无人购买，再伟大的产品都毫无意义。类似的，如果一个公司的产品没有利润，公司很有可能退出此项业务。在功能失调的公司，公司的每个部门都被其他部门怀疑，是否对产品的价值增加有所贡献。

在运转良好的机构里，团队成员来自产品生命周期的各个不同方面，大家聚集在一起，分享自己的需求，协同工作，设计和生产产品，满足这些需求，或者至少达成最低限度的一致。在功能失调的公司，每个团队孤立地工作，经常同别的团队争吵，经常看到自己的设计或规范被别人更改，而每个人都认为那是不合理的行为。生产一个出色的产品，远不只是要求具备好的技术水平，还要求一个协调一致、畅通无阻、精诚合作、互相尊重的组织。

设计过程必须应对不计其数的约束因素。在以下的章节中，我会一一研究这些其他的因素。

具有多个互相冲突的需求的产品

设计人员必须让自己的客户满意，但这些客户未必是产品的最终用户。电炉、电冰箱、洗碗机、洗衣机、烘干机、水龙头、电热器和空调设备这类主要的家用产品往往是由房屋开发商或房屋租赁人采购的。在大型公司里，需要采购什么东西是由专门的采购部决定的；在小型公司里，则是由老板或经理做出采购决定。在所有这些情况下，采购者或许只对产品的价格、大小或外观感兴趣，而几乎不会考虑到产品的适用性，并且在采购和安装完毕后，就不会再过问这些产品。制造商关注的焦点是这些决策者，即产品的直接消费者，而不是产品的最终用户。

在一些情况下，成本是主导因素。例如，假设你是设计团队的一员，为办公室打印机做设计。在大公司，打印机由打印复印中心采购，然后分发到各个不同部门。中心在采购时，首先会向厂家和代理商发出一份正式的"请购单"，购买与否大都取决于产品的价格，外加一大堆要求的功能，易用性？根本不会考虑。培训成本？不会考虑。维护费用？没有考虑。根本就没有关于产品易懂性和易用性的要求，尽管后来产品的这些方面会最终让公司损失一大笔费用，体现在浪费时间，维护呼叫电话费用和培训费用的增加，而且让员工士气低沉，工作效率下降。

在我们的工作场所，不得不使用不好操作的复印机和电话，过分关注售价，是其主要原因。如果有足够多的用户抱怨，产品的易用性或许会被列为采购的一项要求，而且这一要求会逐步反馈给设计人员。如果没有这样的反馈，设计人员就会一直设计最便宜的产品，因为只有这样的产品才能销售出去。设计师需要了解他们的客户，在很多情况下，客户是直接采购产品的人，而不是实际使用产品的人。对最终使用产品的人做用户调查，与对采购人员做调查同样重要。

事情会越来越复杂，另外一些人的需求也应当被考虑：工程师、研发人员、生产者、服务人员、销售人员和市场人员等，他们都承担着将设计团队的灵感转化为实物的职责，还要负责销售，发货后的售后支持等。这些团队也是用户，不是产品本身，而是设计团队输出的用户。设计师通常会关心产品使用者的需求，但很少考虑参与产品生产制造流程其他团队的要求。如果忽略这些要求，当产品研发流程从工业设计推进到工程设计、市场营销、生产制造等等，每一个新的团队都会发现产品设计不能适应自己要求的地方，然后就会修改。但是这种局部性地补救式地修改会弱化产品内在的一致性。如果在研发流程一开始就考虑这些需求，就能得到更加令人满意的设计方案。

公司里不同的部门常常会有一些聪明人，试图做些对公司有利的事情。当他们改动原始的产品设计时，也只是因为自己的要求没有被充分满足。他们的疑惑和需求都是合理的，但是以这种方式来修改设计经常有损于原始设计。应对这种改变的最好方式就是，在整个产品的设计过程，从决策开始到产品上市，从给客户发货到服务需求，维修和故障件返回流程，让每个部门的代表都全程参与。以这种方式，所有问题都会在第一时间被注意。一定要有一个跨部门的团队，管理整个设计、工程和生产过程，从项目开始的第一天起，分享所有部门的问题和疑惑，这样每一个人都参与设计，满足各自需求。当发生冲突时，团队坐在一起确定最满意的方案。不幸的是，很少有公司以这种组织方式来设计产品。

设计是个复杂的过程。让这个复杂的流程凝聚起来的唯一方法，就是所有相关的参与者像一个团队那样一起工作。不是设计抵触工程，违背市场，影响生产，而是同所有其他参与者一起来设计。为什么设计工作如此具有挑战，因为设计方案必须同时考虑销售和市场，服务和支持，工程和生产，成本和时间。当融合所有要素设计出一个成功的产品之后，设计是那么让人兴趣盎然，回馈丰厚。

为特殊人群设计

每个人都不一样，所谓的典型人并不存在。这就给设计人员出了一道难题，因为他们通常设计出的产品必须适用于每一个人。设计人员可以参照相关书籍，了解手臂可伸出的平均长度，人们坐下时的平均高度，坐下时如果往后仰，一般能够仰多远，以及臀部、膝盖和胳膊肘所需的平均空间大小。专门研究这类问题的学科被称为人体测量学（physical anthropometry）。根据这些数据，设计人员就可以设计出适合 90%、95%，甚至是99% 的人使用的产品。假设你为 95% 的人设计一件产品，因为这些人不高不低，在平均身高的范围之内，那么就有 5% 的人被排除在外，这可不是一个小数字。美国有接近 3 亿的人口，5% 就意味着 1500 万人。即使你所设计的产品适合 99% 的美国人，那么也有 300 万人无法使用该产品。这还仅仅只是美国，全世界有 70 亿人口，如果你所设计的产品适合 99% 的世界人口，还有 7000 万人被排除在外。

有些问题不能通过调节或平均方法解决：将左撇子和习惯右手的人平均一下，你会得到什么结果？有时候仅仅设计出一个产品来满足每一个人的需要，基本上不可能，因而要设计产品的不同版本。毕竟，当看到商铺里只出售一个尺寸和型号的衣服，我们不会太开心：我们希望衣服合体，而人们的体形大为不同。我们不奢求在一家服装店里看到形形色色的大量商品出售，适合所有人及不同场合，但我们期望有不同品种的厨具、汽车和工具等等以供选择，充分满足每个人的需求。一种产品无法满足每一个人。即使是像铅笔这样简单的文具，需要对不同的场合和不同类型的人进行有差异的设计。

想一想那些年老体弱的人、残疾人、盲人或弱视的人、聋哑人或听力很差的人、个子太高或太矮的人，以及语言不同的人，设计人员应该考虑到这些人会遇到的问题和技能水平。不要局限于过分通用的、不正确的刻板形式。我会在下节论述这些人群。

面子问题

"我不想去护理中心，我只想和身边这些老人待在一起。"（一个95 岁老人的自白。）

　　设计许多设备的目的是帮助有特殊障碍的人群。可能设计得很好，也可以解决问题，但目标用户拒绝使用。为什么？很多人不想四处宣传他们的残疾。实际上，很多人不想承认自己有残疾，甚至是在面对自己的时候。

　　萨姆·法伯（Sam Farber）想开发一套家庭工具，以便患有关节炎的妻子也可以使用，他努力工作，想找到适用于任何人的好办法。结果就发明了这个领域一系列革命性的工具。例如，蔬果削皮器本来是个简单的、便宜的金属刀具，经常像图6.3左边的那种形状，笨拙难用，握在手里会硌手，即便在削皮时并不那么有效，每个人还认为它就应该是那个样子。

　　经过精心研究后，法伯设计了新的削皮器，如图6.3右边的样子。他开了个公司，命名为OXO，专门生产和销售这种削皮器。尽管这种削皮器是为关节炎病人设计的，它还是被宣传为每个人都能用的最好的削皮器。是的，尽管新的设计比传统的产品更加昂贵，它还是很成功，如今，许多公司都在生产这种新型的削皮器产品。将OXO削皮器当作革命性的产品，你可能会有疑问，因为如今很多产品都步其后尘。即使像削皮器这样简单的工具，设计也已经是主要的推动力量，看看图6.3中间的那个削皮器。

　　观察一下OXO削皮器的两个特殊之处：成本，和为患有关节炎的用户所做的设计。成本？传统的削皮器非常廉价，所以比非常廉价的东西贵很多倍的成本，依旧不是很贵。那么为患有关节炎的用户所做的设计怎么样？公司从来没有提到这个长处，用户怎样发现这个优点呢？OXO削皮器做得正好，让全世界都知道这是个优秀的产品。全世界用户注意到它，让它成为成功的产品。至于对那些需要更好的手柄的用户？不需要太长时间，全世界都知道了。如今，许多公司仍遵循OXO的思路，生产非常出色的削皮器，使用舒适，色彩斑斓。参考图6.3。

　　你使用助步器、轮椅、拐杖或者手杖吗？即使真的需要，很多人也尽量不用，因为他们认为使用这些东西，会给他们带来负面的形象：丢脸。为什么？在多年以前，手杖还是很时髦的东西：即使那些不需要使用手杖的人，也会在任何场合拿着手杖，转着玩，依靠着，遮掩饮过白兰地或威士忌之后的醉态，甚至有刀子或枪隐藏在手柄里。只要看看任何描绘 19 世纪伦敦的电影，就知道了。当今，为什么为那些有需求的人所设计的用具，不能够精益求精，变成时尚呢？

为了帮助老年人生活而设计的所有用具之中，或许最令人反感的是助步器。很多助步器都丑陋不堪，似乎在对外哭喊着："这儿有问题。"为什么不能将它们设计成老年人引以为豪的产品呢？或许，它们可以成为时尚的象征。这种想法已经在一些医疗设备的开发中生根发芽。一些公司为儿童和青少年生产助听器和眼镜，采用了特殊的颜色和形状，以便吸引这个年龄段的用户。让辅助工具变成时尚配饰，为什么不呢？

你们这些年轻人，别得意太早。生理机能可能从 25 岁左右就开始过早衰退，到了 45 岁左右，很多人的眼睛就不能很好地调节焦距，想观察全范围的视野，就需要一些辅助用具，不管是阅读用的老花镜、近视镜、放大镜、双光眼镜、隐形眼镜，还是外科矫正眼镜。

很多人到了八九十岁仍然精神矍铄，体态优美，多年积累的智慧让他们在很多场合表现出众。但是他们的体力开始减弱，身体的灵活性不如以前，反应迟缓，视觉和听力衰减，同时做几件事情的能力也在减弱，也不会再像以前那样，可以迅速地把注意力从一件事情转移到齐头并进的事情上。

对于正在逐渐老去的人们，我提醒你们，尽管身体机能随着年龄减弱，很多心智能力还在持续提高，尤其那些依靠经验累积的专业素养，深层的思考，还有强化的知识。年轻人更加机敏，渴望体验和担当风险。老年人博学而睿智。世界受益于新老世代的混合，设计团队亦如此。

为特殊人群设计经常被称作"和合设计"（inclusive design）或"普遍设计"（universal design）。这些名字很贴切，由于设计结果经常会让每一个人受益。让字母再大一些，使用高对比的字体，结果每个人都能更好地阅读。在昏暗的光线下，即使世界上视力最好的人也得益于较大的字体。设计可以调节的设备，你会发现更多人喜欢使用它。就像我在图 4.6 中提到的，当正常退出程序时，计算机提示这样操作是否正确的信息，这样就比纠正措施更容易避免差错，为特殊人群的需求定制特别的功能，经常会被推而广之，被更大范围的用户所使用。

为每个人设计会遇到困难，最好的解决方案就是灵活处理：在计算机显示屏上，图像的尺寸大小应该可调。桌椅的尺寸、高度和角度应该可调。应当允许用户调节他们自己的椅子、桌子和工作设备，允许他们调节显示屏的亮度、字体和对比度。至于公路的设计，则可以修建不同时速限制的车道。如果设计的产品在各方面都无法调节，肯定会让某些用户不满意。能够调节的物品至少可以给那些具有特殊需要的人提供一个机会。

复杂是好事，混乱惹麻烦

日常使用的厨房比较复杂。为了烹饪和就餐，我们准备了很多种厨具。一个典型的厨房里包括各种各样的刀具，加热和烹调设备。理解复杂性最简单的办法，就是找个不熟悉的厨房做顿饭。即使出色的厨师也会在新环境中碰到麻烦。

其他人的厨房看起来杂乱无章，而你自己的不是。可以说家里的其他房间也是这样。请注意，这种感觉上的混乱其实是一种认知。对你来说，我的厨房很混乱，但对我而言不是。所以说，混乱的不是厨房，是心理。"为什么不能简单点儿？"这是发自内心的呼声。好，原因之一，生活本来就是复杂的，我们碰到的任务亦如此。我们必须设计工具迎合这些复杂的任务。

对此我深有感觉，就此主题写了一本书来论述，《设计心理学 2：如何管理复杂》。在此书里我强调，物品的复杂性是基本特性，混乱才是不必要的。我还区分了"复杂性"和"繁杂性"。复杂性才能让我们应对所参与的行动，繁杂性，也可说成"混乱"。我们如何才能避免混乱？哦，这里才是设计师发挥技巧的舞台。

驯服复杂性的最重要原则之一，就是设计一个良好的概念模型，在本书里已经进行过细致的讨论。还记得是否厨房貌似杂乱无章？但使用厨房的人知道每样东西为什么都摆在那儿，表面上的随机其实隐含了习惯的结构，即使有例外，也要有规律，哪怕像这样的一些理由——"它太大了，放不进抽屉，我不知道该摆在哪儿。"这个理由足够去设计一个结构，并了解如此存放用具的用户的需求。一旦了解了事物何以复杂，复杂的事物就不再繁杂。

标准化和技术

如果我们研究所有技术领域的发展史，就会发现产品的改良有时来自技术的自然演变，有时则来自产品的标准化。汽车的早期历史提供了一个很好的例子。早期的第一批汽车很难操作，只有少数人具备驾驶这类汽车所需的力量和技巧。有些问题后来通过自动化得以解决，比如，阻风门、火花塞和发动机启动装置的问题。经过国际标准化组织的长期努力，汽车的其他一些方面和驾驶习惯已经标准化，如下：

- 驾车应该沿着公路的哪一边行驶（在一个国家内保持一定规则，但不同国家可能有不同规定）。

- 驾驶员应该坐在汽车的哪一边（依赖于驾车时沿着公路的哪一边行驶）。

- 方向盘、刹车、离合器和油门这些重要部件应该安装在哪个位置（同上，或者左侧或者右侧）。

标准化实际上属于另一种类型的文化约束因素。正是由于汽车的标准化，在你学会了开一辆车以后，你就有理由相信自己不管到世界的哪个角落，开什么样的车，都不会有问题了。标准化是产品易用性的一个重大突破。

建立标准

我的很多朋友在美国全国标准委员会和国际标准委员会工作，他们认识到确立国际上一致接受的标准需要辛勤努力。即使所有参与方同意了统一标准的框架，进一步选择和确立标准条款，却是个漫长的政治化的过程。一个小公司可以不费太大力气将自己的产品标准化，但一个行业、国家或者国际性组织要达成一致标准，则困难得多。竟然存在建立国家或国际标准的标准化流程。一些国家和国际性组织忙于制定标准，当新的标准被起草，就会在组织里遵循标准化流程发布实施。每一步都很复杂，比如做某件事有三种方式，就一定存在强烈支持每一种方式的拥护者，还要加上那些抱怨过早标准化的人群。

新标准被展示出来，并在标准委员会的会议上讨论，然后被返回到发起者——有时候是个公司，有时候是专业的社会团体——收集反对的和应对的意见。然后标准委员会再一次召开会议讨论这些反对的意见，一遍一遍又一遍。如果任何公司已经按照提议中的新标准，将产品上市，它们就会得到巨大的经济利益。相较于真正的技术发展，经济形势和政治因素经常对新标准的争论有更大影响。这个流程几乎要持续 5 年甚至更长时间。

最终确定的标准通常会折中处理不同竞争组织的利益，时常是最基本的妥协方案。有时候还会达成几个互不兼容的标准。注意观察，现在公制与英制度量单位仍然共存，左侧驾驶和右侧驾驶的汽车共存，电压及频率有好几种国际标准，存在几种完全不同的电源插头及插座标准（完全不能互换）。

为什么需要标准：一个简单的例子

标准化有这么多困难，伴随着不断进步的技术，真的还需要标准吗？是的，需要。以常用的钟表为例，它是一种标准化的产品。试想如果把钟上的时间刻度倒过来，让指针按逆时针方向移动，会带来多大的麻烦。然而，确实存在这样的钟表，主要成了幽默搞笑的谈资。如果一个钟表真的违背了常规标准，像图 6.4 所示，就很难让用户了解所显示的时间。为什么？其实逆时针的钟和顺时针的钟一样，时间显示没有任何违背逻辑之处：只有两处不同——其一是指针反向行走（逆时针），还有 12 点的位置，通常在钟表表盘的顶端，被移动了。除此而外，这种钟表同其他标准的钟表没有逻辑差别。我们无法接受它，是因为已经习惯了"顺时针"这一标准化的设计。如果当初没有把钟标准化，要想看懂钟上的时间会更加困难，因为一遇到不同类型的钟，你就得首先琢磨出其中的匹配关系。

标准太费时，技术先超越

我本人曾经参与过美国高清电视标准的制定，整个过程不可思议，旷日持久，充满复杂的政治因素。在 20 世纪 70 年代，日本研发出新的国家电视系统，其分辨率比当时正在使用的系统高很多：它们被称作"高清电视"。

在 20 年之后，1995 年，美国的电视行业向联邦通信委员会（FCC）推出自己的高清电视标准（HDTV），但是计算机行业的人士指出，此标准与计算机显示屏的图像标准不兼容，于是联邦通信委员会就拒绝了高清电视

图 6.3 三种蔬果削皮器。
左边是传统的金属削皮器，廉价但不合手。右边是
OXO 削皮器，彻底改变了原来的形状。中间显示的
是一种改进型，来自瑞士库恩·里肯（Kuhn Rikon）
公司，色彩缤纷，舒适耐用。

图 6.4 非标准的钟表。
几点了？这个钟表的逻辑与标准钟表一样，但指针向
相反方向转动（逆时针），而且 12 点钟不在通常的
位置。尽管有同样的逻辑，为什么这么难以读数？现
在显示的是几点钟？当然，是 7 点 11 分。

标准的申请。苹果公司鼓动其他行业一起参与，我作为苹果公司高级技术部门的副总裁，成为苹果公司的发言人。（在接下来的描述里，可以忽略那些术语——那不重要。）电视机行业对清晰度标准提出了一个宽泛多样的许可形式，包括定义矩形像素和交叉扫描。由于 20 世纪 90 年代的技术限制，最高质量的画面应该具有 1080 交叉扫描线（1080i 线），而我们只想要行扫，所以坚持 720 线，即行扫显示为 720 像素，并且坚决主张，行扫描的自然机制会弥补因较少的扫描线而带来的图像质量下降。

论战进入白热化。联邦通信委员会要求所有对立的组织，把自己锁在一个房间里，告诉他们，除非达成一致，否则不能出来。结果，我在律师的房间里煎熬了数个小时。我们最终达成一个疯狂的协议，认可了几种不同的标准，像 480 线和 480 像素（被称作标清），720 像素和 1080 线（被称作高清）还有两个不同的屏幕显示比例（宽与高之比），4∶3（≈1.3）——这是传统的显示标准，和 16∶9（≈1.8），这是新的显示标准。除此而外，还支持一大堆画面显示速率（基本上指的是图像每秒更新的速率）。是的，这就是标准，或者更准确点儿说，一堆标准。实际上，图像的传输方式之一就是使用任何可能的方法（直到它与信号传输一样有了自己的规格）。场面一团混乱，但至少达成一致。当这个官方标准在 1996 年正式发布，大约 10 年之后，高清电视行业最终推出新一代，宽幅、超薄和廉价的电视显示屏，行业才勉强接受了这个标准。从日本首次公开高清这个概念，大概用了 35 年时间才走完整个标准流程。

值得大动干戈吗？是，也不是。在制定标准的 35 年里，技术在不断发展，结果最终的标准已经与很多年前最初的提议远不相同。而且，如今的高清电视比起我们那时候所谓的高清电视（现今已叫标清），有了巨大的飞跃。当年计算机与电视行业论战所关注的细枝末节，如今看来微不足道。我的技术专家仍然喋喋不休地向我展示 720 像素的图像对于 1080 线的图像的优越之处，我不得不花费数个小时时间，在专家的指导下观察特殊的镜头，分辨交叉扫描的图像差异（差异仅仅存在于复杂的动态图像中）。我们为什么要关心这个？

电视的显示和压缩技术发展很快，已经不再需要交叉扫描技术。曾经认为不可能实现的1080像素，现在已经很普遍。复杂的算法和高速微处理器能够转换不同的制式，即使矩形的像素也不再是个问题。

当我写这本书的时候，主要矛盾在于画面比例。电影有多种不同的输出比例（没有哪个是新标准），所以当使用电视屏幕看电影时，它们要么削掉部分图像，要么留下一些黑屏。为什么高清电视的画面比设定为16：9（或1.8），但没有电影使用这个比例呢？因为工程师喜欢16：9，将传统的4：3画面按比例放大，你就会得到16：9的画面。

现如今，我们得着手制定另外一个与电视争斗的标准。首先，出现了3D电视，所以就提出超清的概念：2160线（而且是两倍的水平/行分辨率），这是现今最好的高清电视（1080像素）分辨率的4倍。有些公司想生产8倍分辨率的电视，还有些公司提出21：9（≈2.3）的画面比例。我看过这些公司的图像，简直不可思议。尽管它们需要观看者贴近显示器才能发现差别，而且只对大屏幕有显著影响（至少对角线尺寸60英寸，或1.5米）。

建立标准，可能旷日持久，当它们被实际应用时，可能已经过时了。无所谓，标准还是必需的。标准让我们的生活更简单，让不同品牌的产品可以和谐地工作在一起。

没有达成标准：数字时间

标准化，你的生活会更简单：每个人只需要学习一次。标准化要掌握时机，不能过早进行标准化，否则你可能会被禁锢在不成熟的技术之中，或是到头来发现标准化时设立的一些规则非常不实用，甚至会诱发差错；倘若标准化太晚，则很难达成一套国际标准，因为各方都坚持自己的做法，不肯让步。如果人们已经习惯了某种老式的技术，要想改变，则要耗费巨额资金。例如，用十进位度量衡来测量距离、重量、体积和温度要比老式的英制度量衡体系（英尺、磅、秒、华氏度）简单易用得多。但是那些早已习惯了英制体系的工业国家声称，改用十进位公制的费用太高，而且会造成使用上的混乱。如此一来，我们不得不同时使用这两种度量单位，这种情况至少还要持续几十年。

你想不想改变时间的表示法？目前使用的方法是随机确立的。一天被分为 24 个小时，但我们习惯以 12 个小时为一个周期，把一天分为两个周期，用"上午"和"下午"来明确所说的时间属于哪一个周期。然后，我们把每小时分为 60 分钟，每分钟分为 60 秒。

如果我们改用十进制，便会有十分之一秒、百分之一秒、千分之一秒和十分之一天、百分之一天和千分之一天。为表示区别，我们姑且把这些时间单位称为数字小时、数字分钟和数字秒。使用起来应该很方便，一天被分为 10 个数字小时，100 数字分钟等于一个数字小时，100 数字秒等于一数字分钟。

每个数字小时是原来一小时的 2.4 倍，相当于 144 分钟。学校里每节课或是电视台每个节目的持续时间为原来的一个小时，现在改用时间的数字单位，持续时间就得规定为 0.5 个数字小时，或 50 数字分钟——这仅仅比以前延长了 20%。数字时间表示法似乎差别不大，我们应该可以轻松地习惯新的体系。

觉得怎么样？我非常赞同。毕竟，十进制是世界上大多数人用来数数和计算的基础，使用十进制，结果在公制体系里计算会非常简单。许多社会曾经使用过其他体系，比较常见的如 12 进制和 60 进制。因此"一打"代表 12 个，"一英尺"是 12 英寸，"一天"有 24 小时，"一年"有 12 个月；秒作为基本刻度，"一分钟"有 60 秒，"一小时"有 60 分钟。

1792 年，在法国大革命期间，主要发生了向公制计量体系的转换，也曾经提出过十进制的时间计量体系。最后，公制的重量和长度体系建立起来，而时间体系没有成功。专门为十进制时间所设计的十进制钟表生产了很长一段时间，最终被完全废弃。太糟了。很难改变长久以来根深蒂固的习惯。我们仍然在使用 QUERTY 键盘，美国人衡量东西，仍然使用英寸、英尺、码、英里、华氏度、盎司和磅等等。全世界都在以 12 和 60 为单位来计算时间，将圆周分割为 360 度。

在 1998 年，斯沃琪（Swatch），一家瑞士的钟表制造商，开始尝试推介十进制时间，被称作"斯沃琪国际时间"（Swatch International Time）。斯沃琪将一天分成 1000 次"点脉动"（. beats），每一次脉动稍微少于传统的 90 秒（每次点脉动相当于一个数字分钟）。这个系统不采用世界时区，所以全世界的用户必须与他们的时钟同步。但这样做并没有使同步会议时间的问题得以简化，相反，因为全球都用一个时间，日出日落的时间就很难确定了。人们仍然希望在日出时醒来，而这在斯沃琪的国际时间里，根据地域体现为不同的时间点。结果，尽管人们让自己的时钟与斯沃琪国际时间同步，仍然不确定各地的人们什么时候起床、吃饭、上下班，然后上床睡觉，因为这些时间在全球各地都不一致。尚不清楚斯沃琪是很严肃地提出这个新的计时方法，还是仅仅是个噱头，为了一次大规模的营销而已。经过几年的宣传，还在公司生产以点脉动计时的数字手表过程中，它就寿终正寝了。

从标准化角度来说，斯沃琪将它的基本时间单位称作"点脉动"（. beats），第一个单词是个句号。这是个不标准的拼写，对于拼写纠错系统带来很大的影响，因为纠错系统不能够处理以标点符号开头的单词。

故意制造困难

良好的设计如何做到既注重产品的易用性、易懂性，又能满足产品

　　在"安全，隐私和保密"方面的要求？有些产品被应用在很敏感的领域，需要严格控制用户的身份。但总不能为了达到让一般人也能够明白某些产品的使用方法这一目标，就使产品的保密特性大打折扣吧？有些物品是不是应该设计得不那么友好？是不是应该保留某些物品的操作难度，只让那些拥有操作许可证和专业知识的人才能使用？当然，我们可以使用密码、钥匙或是采取其他安全检测措施，但从专业用户的角度来看，这些方法用起来太麻烦。由此看来，我们有时必须忽视优良设计的原则，否则那些用于保密的产品就会丧失其存在的价值。（摘自我的学生迪娜·科尔克奇发给我的一封电子邮件，这是非常好的讨论。）

　　在英国斯德波福德，我穿过一所学校的大门，非常难打开，由于要同时打开两个插销，一个插销位于门的最顶部，另外一个位于最底部，既不容易看到，也不容易触摸到，很难使用。必须制造这些困难，这是一个优秀的设计。因为这所学校是专为残疾儿童开办的，校方不愿让学生在没有大人的陪同下，擅自走出校门。只有成人才有力气同时操作两个门插销。可见，在需要的时候也可以违背易用性原则。

　　很多东西本应该设计得很好用，但却没有办到；有些东西是故意设计得很难用，但这样的设计却合情合理。仔细想想，你就会惊奇地发现，在我们的生活中有很多这样的例子：

- 不允许人们随便进出的门。
- 仅供经授权的人群使用的安全系统。
- 严格控制使用范围的危险设备。
- 如果意外操作或操作不当，可能会带来伤害或生命危险的操作行为。
- 隐秘的门、橱柜以及保险箱。你绝对不想让一般人知道这些东西的位置，更不用说单独操作了。
- 故意干扰正常的操作动作（在第五章中我称其为"强迫性功能"）。例如，从计算机中永久地删除某个文件时，计算机就会要求用户对此操作进行再度确认；又如枪支上的保险栓和灭火器上的安全针。

- 需要同时操作才会启动系统的控制按键，分散在互相隔离的区域，必须由两个人同时操作，防止单个人进行未经授权的操作（通常在安保系统或重大安全操作上使用）。
- 为了保护小孩，把装有药和其他危险品的橱柜和瓶子设计得很难打开。
- 游戏的设计是要故意违背易用性和易懂性原则。难玩的游戏才有意思，玩游戏的挑战就在于玩者要琢磨出应该做些什么以及如何去做。

尽管有很多东西需要设计得难以理解、难以使用，但这并不意味着要抹杀设计原则的重要性。这有两个原因：首先，这类物品并没有完全排斥易用性，设计人员通常把物品的某一部分设计得很难使用，以便控制该物品的用户范围，但是物品的其他部分仍旧遵循优良设计的原则；其次，即便要增加使用某类物品的难度，也要让用户知道如何操作，在这种情况下，仍然要遵循一些规则，只不过恰恰为了任务而反向使用规则。我们可以把以往的规则反过来叙述：

- 隐藏关键的部位，使用户看不出相关的操作信息。
- 在任务执行阶段利用不自然的匹配关系，使控制器和受控物之间的关系不相称，或具有任意性。
- 增加操作的物理难度。
- 要求把握非常精确的操作时机和操作步骤。
- 不提供任何反馈信息。
- 在任务评估阶段利用不自然的匹配关系，使用户难以了解系统状态。

安全系统的设计是一个特殊的难题。出于安全方面的考虑，给物品添加的某一特征往往会带来新的问题。例如，工人在马路上挖了一个洞，他们就必须在周围设置路障，以免有人跌入洞中。路障的确可以起到作用，但它本身也会带来交通危险。为了解决这个新问题，工人们又给路障配备警示灯和醒目的标志。紧急安全门、警示灯和报警器上也必须配有使用时间和方法的说明。

设计：为了人类发展科技

设计是个非凡的学科，将科技与人，商务与政治，文化与社交结合在一起。设计需要承受不同的严酷压力，给设计师带来巨大的挑战。同时，设计师必须在头脑中一直保持最重要的理念，产品要被用户使用，这才是对设计最大的奖赏；从另一方面说，设计是个机会，开发那些能够帮助并丰富人们生活的产品，愉悦身心，造福社会。

译者注：

①应用人类学（applied ethnography），即将人类学的研究方法与理论，应用于实际问题的分析与解决。由于人类学包含四大分支：体质人类学、文化人类学、考古学、语言人类学，因此任何一个分支的实际运用即可称为应用人类学。

②以活动为中心的设计，简称 ACD，这种设计方法强调要先理解活动。比如人类对手边的工具很熟悉，如果理解了人们通过手边这些工具来进行的活动，就有利于帮助这些工具的设计。

全球商业化中的设计

真实世界对产品设计施加了很多苛刻的约束。迄今为止，我描述了设计的理想状况，假设可以在真空中进行以人为本的设计，也就是说，不考虑真实世界中的竞争、成本和时间。从不同渠道涌来的相互冲突的要求都合情合理，都需要被满足。因而，参与设计的各方必须达成妥协。

现在，应该审视一下，在以人为本的设计之外，还有什么影响产品的开发过程。我将从影响产品的竞争力开始，讨论对产品不断增加新功能，这经常会导致产品过于复杂。这种弊端的成因被戏称为"功能主义"（featuritis），其主要病症是"功能蔓延"（creeping featurism）。自此，我会开始研究科技驱动力，然后审视推动产品更新的所有动力。当新技术逐渐显露出来，就会诱使厂家立即研发新产品。但彻底考验新产品是否成功，需要几年，几十年，在一些领域甚至是几个世纪的时间。这促使我研究产品创新与设计的两种形式：渐进式创新（没那么刺激，但很普遍），和颠覆式创新（很刺激，但很少成功）。

我们将以回顾历史、展望未来的反思结束本书。本书的第一版历久不衰，度过了黄金岁月。对一本关注技术的书来说，持续出版25年是不可思议的，现在仍然有参考价值。如果这个更新和扩展的新版本能够再持续相同的时间，这意味着《设计心理学》将迎来50大寿。在未来的25年里，科技会有什么样的新发展？科技在我们的生活中将扮演何种角色？科技会如何影响未来的书籍？什么是专业设计的道德规范？最后，这本书所阐述的原则能够适用多久？不出意外，我认为这些原则将会像25年前一样有参考价值，就像它们在当今设计里的重大意义。为什么？原因很简单，科技产品的设计，必须满足人们的需求和能力，而这取决于人类的心理特点。所以，科技在发展，但人的本性不变。

竞争压力

现今，全世界生产商都在彼此竞争。竞争的压力很残酷。毕竟，厂家只能以少数几种方式进行竞争：最重要的三个因素是，价格、功能和质量——很不幸，这个也是重要性次序。速度很重要，厂家唯恐其他公司抢先上市。在这些压力之下，想遵循完整的、反复循环的产品持续改进流程很难。即使相对稳定的家庭用品，像汽车、厨具、电视、电脑等等，面临着竞争市场的多方压力，促使新产品在没有充分测试和完善改进的情况下就匆匆上市。

这里有个简单的真实的案例。我曾经同一家刚起步的公司合作，开发一种新型的烹调设备。这个公司的创始人有一些独特想法，想推动技术应用于厨具，使其远远领先于其他任何家庭用具。我们做了大量的实地调查，制造出很多样品，还邀请了世界级的工业设计师参与。基于潜在用户的早期反馈和行业内专家的建议，我们对最初的产品概念做了多次更改。正当我们打算使用手工模具生产一些可以操作的样品，展示给投资者和客户的时候（对个人创建的小公司，这样做已经耗资巨大），其他公司已经开始在商贸展会上展示相似的概念。怎么了？他们偷走了这些主意吗？不，这被称作"时代思潮"（Zeitgeist），一个德语单词，意为"时代的精神"（spirit of the time）。换句话说，时机成熟了，新主意就会"风行"。当我们做出第一个产品的时候，竞争就不约而至。一个刚刚起步的小公司如何应对？没有钱同大公司竞争，不得不修改方案，在竞争中尽量保持领先，在随后的产品展示中，让未来客户叫好，让潜在投资者惊艳，更重要的是，要征服产品的经销商。真正的客户是经销商，不是那些在商店里购买，在家里使用的用户。这个例子展现了公司碰到的真正的商业上的压力：对产品上市速度的要求，对成本的关注，竞争可能会迫使公司改变初衷，迎合几个不同的客户——投资者、经销商，当然，还有实际使用产品的用户。一个公司应当将它有限的资源投放在何处？是更多的用户调查，还是更快的开发？或者是新奇的、独特的功能？

刚起步的公司所面临的压力，同样会影响已经创建好的公司，它们还会遇到其他压力。大多数产品都有1到2年的开发周期。为了每年都推陈出新，对新型号产品的设计流程必须提早开始，甚至在前一个型号交付给客户之前。此外，很少存在收集和反馈客户使用体验的机制。在早期，设计师和用户会紧密协作。而现在，他们之间障碍重重，天各一方。有些公司甚至不允许设计师同客户接触，这是一种奇特的不可理喻的限制。他们为什么这么做？部分原因是防止新设计被泄露到竞争对手一方，另外还担心，客户一旦相信更加先进的新产品即将上市，他们就会拒绝购买现有产品。但即使没有这些限制，在组织复杂的大公司，持续不断地完成新产品的压力，也让设计师同用户的沟通非常困难。回想一下第六章的诺曼法则：产品开发流程启动之日，时间已经落后，预算已经超支。

功能主义：致命的诱惑

在每个成功的产品背后，都潜藏着一种阴险的病菌，叫"功能主义"，伴随着重要的症状"功能蔓延"。在1976年，这种病被首次发现并命名，但它的源头或许可以上溯到最早的科技产生，在很长的年代里深深地潜伏，直到历史的结束。它看起来不可避免，没有已知的防护措施。让我来解释一下。

假设我们按照本书的指导原则，设计出一个精彩的以人为本的产品。它遵循所有的设计原则，解决了所有的问题，满足了一些重要的需求。它讨人喜欢，易学易用。结果，这个产品很成功，很多人都买它，并且口耳相传，他们的朋友也跟着买。会有问题吗？

当这个产品上市一段时间以后，不可避免地出现一些因素，促使厂家增加新的功能——功能蔓延。这些因素包括：

- 现有用户喜欢这个产品，但表达愿望——希望更多的特色、功能和性能。

- 一个处于竞争中的公司，正在给自己的产品增加新功能，给竞争对手带来更多竞争压力，但也给公司在竞争中领先提供优势。

- 用户很满意，但销售在下降，因为市场在饱和：每个想要的人已经拥有了它。是时候加强它的功能，增加一些亮点，这样能够吸引用户购买新型号，升级旧版产品。

功能主义具有很强的传染性。新产品总是更加复杂，功能更强，形状尺寸也同第一个产品有区别。在音乐播放器、手机、计算机，尤其是智能手机、智能平板电脑等产品上，你能看到这个趋势。一些产品像汽车、家用冰箱、电视机还有厨房灶具等等，同样在每一次更新换代后变得更加复杂，体积更大，功能更强。

无论产品变得更大还是更小，每一个新版本总是比以前增加更多的功能。功能主义是非常狡猾的病毒，难以摧毁，不可能具有免疫力。以市场压力为由，坚持增加新功能易如反掌，但是没有人要求——或者就此来说，没有预算——去除旧的，不需要的功能。

你怎么知道自己是否碰到功能主义呢？通过其主要症状：功能蔓延。想要个例子？看图 7.1，它显示了一个简单的乐高摩托车的发展变化，从本书第一版我首次碰到它直到现在。最初的摩托车（图 4.1 和图 7.1A）只有 15 个零件，可以在没有任何说明的情况下拼装起来，因为它设计了充分的约束条件，每一个零件只有唯一的位置和方向。但现在同样的摩托车，如图 7.1B 所示，已经变得比较臃肿，有 29 个零件，需要说明书才能装配起来。

图 7.1　受到功能主义冲击的乐高。
图 A 显示的是 1988 年当初的乐高摩托车玩具，我曾经在本书第一版用过，图 B 是 2013 年新版的玩具。老版的玩具只有 15 个零件，不需要说明书就能拼装起来。新版玩具，包装盒上自豪地宣称 "包含 29 个零件"。图 B 显示了就在我不得不求助于说明书之前，拼了一半的新版玩具。为什么乐高认为一定要更改摩托车玩具？或许功能主义已经蔓延到真正的警用摩托车，体积增大，越来越复杂，乐高觉得自己的玩具摩托车也应当与现实世界中真实的摩托车相像。

功能蔓延就是向产品增加更多功能的倾向，通常会疯狂地扩张到很大的数量。随着时间增长，一旦产品具有了所有这些为特殊目的而增加的功能，产品再也不可能易学易用。

在哈佛教授扬米·穆恩（Youngme Moon）的书《差异》（Different）里，她认为，正是由于不断地应对竞争，才最终使得所有产品同质化。通过努力设计出同竞争者功能一致的产品，公司才能增加销售额，但最终会伤害自己。毕竟，如果两家公司的产品从功能上一一对应，消费者也就没有理由喜欢其中一个，而不喜欢另外一个。这就是由竞争驱动的设计。不幸的是，与对手公司的产品功能完全相符，这种思路在许多公司根深蒂固。即使第一版的产品做得很好，以人为本，关注真正的用户需求，很少有组织能够心甘情愿地让好的产品远离功能主义的传染。

很多公司将自己的产品功能同竞争对手进行比较，以确定自己的弱点，然后就加强这些方面。穆恩认为，这是错误的。好的策略是专心于已经占据优势的地方，让强者更强。然后聚焦于市场和宣传，大力推广已有的优势。这样做能够让产品从众多庸俗的同类中脱颖而出。对于产品的劣势，穆恩说，忽视那些不相干的功能。教训很简单：不要盲目跟随；要关注优点，而不是缺点。如果产品真正具有优势，即使存在其他"差不多就好"的方面，它仍然会取得成功。

优秀的产品设计需要从竞争的压力中抽出身来，确保整个产品风格一致，结构明晰，易于学习。这种态度要求公司的领导者能够承受市场的压力，市场部门总是喋喋不休地要求增加功能，而且认为每个功能都对某些细分市场很重要。忽视这些关于竞争的言论，关注真正的使用产品的用户的需求，才能设计出优秀的产品。

杰夫·贝索斯（Jeff Bezos），亚马逊网站的创建者兼首席执行官，称自己"被用户附体"。他做的每一件事都关注亚马逊用户的需求，无视竞争，忽略传统的市场需求。焦点就在于简单的来自用户的问题：用户想要什么？

如何最好地满足他们的需求？在提升客户服务和客户价值方面还能做得更好吗？关注客户，杰夫说，让其他东西自然处之。很多公司声称自己渴求这种理念，但很少能够真正做到。通常只有当公司的老板、首席执行官，同时也是公司的创立者时，关注客户才有可能实现。一旦公司被交给其他人管理，尤其是那些遵循传统的 MBA 教条、将公司盈利置于客户需求之上的管理者，情形就每况愈下。在短期内，利润可能确实有所增加，但产品质量最终会下降，客户也会弃之而去。只有持续地关注并留意你的客户，产品质量才会更好。

新技术推动变革

如今，我们有了新的需求。比如在小尺寸、便携式设备上输入，根本没有全尺寸键盘的空间。触摸屏和姿态感应屏容许新的输入方式。还可以通过手写识别和语音识别来完全跳过键盘输入。

图 7.2 展示了四种产品。在它们诞生的世纪里，其外观和操作方式已经发生了根本改变。例如图 7.2A，早期的电话机，根本没有数字键盘，需要人工转接才能通话。当自动拨号系统首次替代人工转接时，所谓的"键盘"只是一个有 10 个孔的转盘，每个孔代表一位数字。当按键替代了转盘后，功能主义有些抬头：拨号的 10 个刻度被 12 个按键代替，10 个数字加上 * 键和#键。

更有趣的还在于这些产品的融合。从个人计算机发展到笔记本电脑，一种小型便携式电脑。电话机发展成小巧的蜂窝手机（在世界大多数地方叫移动电话）。现在智能手机拥有更大的触摸屏，靠手势操作。不久计算机就演化为平板电脑，手机亦然。照相机被集成到手机里。如今，聊天、视频会议、书写、拍照（包含静止照片和录像），还有各种类型的交互协作，越来越多地被一个单一的设备所囊括，这种设备具有大量不同尺寸的

图 7.2 电话和键盘的百年历史。

图 A 和 B 显示了电话的变迁。图 A 是西屋电气（Western Electric）20 世纪初发明的摇柄式电话机，当转动电话机右边的曲柄时，就会触发一个信号给总机话务员。图 B 则是 21 世纪初的手机。它们看起来没有任何共同点。图 C 和 D 比较了 20 世纪初与 21 世纪初的键盘。键盘布局仍然是老样子。首先，老式键盘需要对每一个键进行机械地按压操作；其次，新式键盘可以快速追踪手指在相关字母上移动的手势（图示正在输入单词 many）。（图片致谢：图 A，图 B 和图 C 由作者拍摄。承蒙加州帕洛阿尔托研发中心和美国遗产博物馆提供图 A 和 C 中的实物。图 D 中的 Swype 键盘来自 Nuance 公司。承蒙 Nuance 通讯公司提供图片。）

显示屏，强大的处理器，便于携带。将它们叫作计算机、电话或照相机都不合适，它们需要一个新的名字，就叫它们"智能屏幕"吧。到了 22 世纪，我们还需要电话吗？可以预测，尽管人们仍然需要隔着一定距离互相谈话，但我们不再使用一种叫作电话的东西。

大尺寸触屏的出现，迫使物理键盘走向消亡（尽管有人努力制造微小的键盘，可以用单个手指或拇指操作）。当需要时，键盘可以显示在屏幕上，每次敲击一个字母。即使系统试图联想正在键入的单词，当正确的单词跳出来时，可以暂停输入，直接进行选择，这还是太慢了。很快就开发出几种系统，可以让手指或光笔沿着即将输入的单词里字母的轨迹来追踪，这些叫单词形态系统。单词的形态彼此大不相同，因而在输入时不需要触及所有的字母——当然，只有趋向正确路径的模式，并足够接近期望的单词，才能完成输入。这种输入法迅捷并且容易（如图 7.2D）。

有了手势感应系统，不得不重新思考一个大问题。为什么还要将键盘字母按照 QWERTY 方式排列？使用单个手指或光笔勾画单词时，如果将字母重新排列以优化速度，出现图案会更快捷。好主意。一个先驱者叫翟树民，开发了这个技术，然后 IBM 试用了，他碰到一个习惯问题。人们已经习惯了 QWERTY 键盘布局，不愿意学习新的不一样的键盘结构。如今，用来输入的单词手势感应系统已经被广泛应用，但还是以 QWERTY 键盘为基础（就像图 7.2D 所示）。

技术在改变人们做事的方式，但最基本的需求仍未改变。比如将头脑中的想法写下来，讲故事，或者进行重要的评审，或者写小说和非虚构类作品，这些需求仍然存在。即使在应用新科技的设备上，一些人乐于使用传统键盘，因为键盘仍然是向系统输入单词最快的方法，无论目标是纸面的或电子的，物理的或虚拟的。一些人更乐于讲出他们的主意，口述内容。但口头的语句还是要转换为打印文字（即使输入在设备的显示屏上），因为阅读的速度远远快于聆听。人们可以迅速地阅读：每分钟可以阅读大约

300 个单词，而且可以略读，前后跳跃，仅仅为了高效获取信息，每分钟阅读的速度可以达到上千单词。聆听就比较慢，得依次而来，通常每分钟大约 60 个单词。经过语音压缩技术和培训，聆听的速度可能会翻倍或三倍增长，但还是远远落后于阅读，而且不容易略读。但是新的媒体和技术可能会补其不足，这样书写就不再像过去那样占主导地位，在过去，书写可是唯一被广泛使用的媒质。现在任何人都能够打字和口述，拍照片和录影像，绘动漫，而且创造性地表达经验，而这些在 20 世纪都要求大量的技术和大批具有特殊才能的人力。能够支持人们完成这些工作的设备，以及它们的操作方法，在未来将会爆发式增长。

在文明社会，书写的角色在五千年存在的历史中不断变化。今天，书写已经越来越普遍，而且出现越来越多简短的非正式的信息。人们使用各种不同的沟通工具：语音、影像、手写和打字等等，有时候使用所有十根手指，有时候仅仅用大拇指，还有时使用手势。随着时间的过去，人们互动和沟通的方式也会随着技术而改变。但由于人类的基本心理没有太大变化，这本书所讲的原则仍然适用。

当然，不仅仅沟通和书写方式在改变，技术发展影响到人们生活的方方面面，从教育到医疗、食物、穿衣还有交通等等。现在人们可以在家里使用 3D 打印技术来生产东西，可以同世界各地的玩家一起打游戏。汽车能够自动驾驶，汽车发动机也从单纯的内燃机发展到纯电动或混合动力。请说出一个行业或任务，如果现在它还没有被新技术改造，那么将来一定会。

科技是变革的巨大驱动力。只不过有时候变得更好，有时候变得更差。有时会满足重要的需求，有时仅仅因为技术而做出改变。

新产品上市需要多长时间

从想法变成产品，究竟需要多长时间？产品上市之后，持久成功还需

　　要多长时间？创业公司的投资者和创业者喜欢将从点子到成功的过程想象成单一的流程，都以月份来衡量。实际上，这是多个流程的混合，总的时间要以几十年，有时几个世纪为基础。

　　科技发展迅速，但人类和文化在缓慢改变。因此，变化既快又慢。几个月就可以将发明转化为产品，但是接下来的几十年——有时数十年——产品才被用户完全接受。老的产品在不得不退市或销声匿迹之前，长期徘徊不前。很多日常生活仍然被延续了几个世纪的毫无意义的习惯所左右，除了历史学家，这些习惯的源头早已被人遗忘。

　　即使最先进的科技也遵循这个时间循环：迅速地被发明出来，慢慢地被接受，再慢慢地逐渐褪色，直至消亡。在 2000 年早期的时候，使用手势操控手机、平板电脑和普通电脑已经商业化，彻底地改变了人们与设备互动的方式。然而以前的电子设备，在外观上都有很多旋钮和按键，还有物理键盘，可以触发很多命令菜单，滚动切换菜单，选择需要的命令。而现在，新的设备几乎消除了所有的物理操作和菜单。

　　开发用手势操控的平板电脑是革命性的变革吗？对很多人来说是的，但对科技人员，触摸屏能够探测同时发生的指压（即使有很多人摁压）的位置，这一技术在实验室已经研发了将近 30 年（当时被称作多点触摸屏）。第一个具有此功能的设备，在 20 世纪 80 年代早期就由多伦多大学开发出来。日本的三菱公司据此开发了一个产品，销售给设计学院和研发实验室，现如今的很多手势识别技术已经在那个时候就被研究开发。为什么从多点触摸设备变成如今成功应用的触摸屏，耗费了那么长的时间？因为将科研技术转换为零部件，再集成为便宜的可靠的日用产品，需要数十年时间。无数的小公司试图生产屏幕，但最初能够支持多点触摸的设备非常昂贵，可靠性也不好。

　　还有另外一个问题：大公司一贯的保守性。很多激进的点子都失败了：大公司不容忍失败。小公司可以跳跃到新的有趣的点子上，即使失败了，成本也相对较低。在高科技领域，很多人有了新点子，会召集一些朋友，雇用早期愿意冒险的员工，就可以开始一个新的公司，去探索他们的理想。很多这样的公司都失败了。只有很少数能够成功，然后成长为一个巨大的公司，或者被大公司并购。

绝大多数的创新都失败了，数量之多，可能让人惊讶，但仅仅因为它们湮没在历史中，人们只知道那些成功的少数。很多创业公司都失败了，但在充斥着高科技公司的加利福尼亚州，失败并不是件坏事。实际上，它还是荣誉的象征，因为失败意味着公司具有远见，敢于承担风险，勇于努力尝试。即使公司失败了，员工从中得到了学习，这样下次尝试就更容易成功。失败的原因有多种：或许市场环境还未成熟，或许技术还不能商品化，或许公司在走向正常经营之前已经花光了所有的钱。

一个早期创业的公司，手指工作室（FINGERWORKS），正致力于开发一种与多点触摸不同，他们能够投资得起，可靠性高的触摸屏，由于花光了所有的钱，他们基本上就快崩溃了。然而，苹果公司来了，急切地想进入这个市场，就购买了手指工作室。当变成苹果的一个部门之后，手指工作室就得到财务支持，它的技术也成为苹果新产品的强劲动力。如今，手势操控的设备比比皆是，这种交互方式显而易见，看起来很自然，然而在那个时候，它既不显眼，也不自然。经历了30多年，才从多点触控技术的发明，过渡到厂家可以使用此技术生产出足够可靠、多种多样、成本低廉的必需品，应用于家庭消费市场。从概念到成功的产品，好点子需要旷日持久地跨越漫漫长途。

可视电话：构思于 1879 年，仍然在路上

在维基百科上，有关可视电话的文章，图 7.3 就摘抄于此，它这样描述道：乔治·杜·莫里耶（George du Maurier）描画的"一个电动的照相

暗箱"，经常被引用，作为早期电视的雏形，还有对可视电话的预言，它竟然是宽幅屏幕和平板显示。尽管图画的标题将其指为托马斯·爱迪生，其实爱迪生什么都没做。有时候这被叫作斯蒂格勒（Stigler）法则，即牵强附会地使用名人的头衔标记一些主意，尽管这些名人与之毫无瓜葛。

产品设计中出现很多斯蒂格勒法则的例子。产品的原始发明者被遗忘，创新经常被认为是成功商业化的公司所发现的主意。在产品开发领域，原始想法很简单，将想法变成成功产品的实际过程却很艰难。考虑一下视频会议的想法，想到这个主意并不难，就像我们在图7.3中所看到的，《潘趣》（Punch）杂志刊登了杜·莫里耶的这幅画，而这才是发明电话机的两年后。画家能画出这个想法，或许这个主意已经在社会上流传。到19世纪90年代后期，亚历山大·格雷厄姆·贝尔（Alexander Graham Bell）才开始仔细思考设计中的许多问题。一个半世纪过去了，杜·莫里耶展现出的精彩想法仍未成为现实。直到今天，可视电话还是不能作为日常通讯的手段。

为了保证新想法能够实现，开发所有必要的细节极其困难，更不用说最终的零部件还要在生产中保证质量和可靠性，让用户负担得起。对一个全新的概念，经过数十年，公众才能接受它。发明者常常认为自己的新主意会在几个月彻底改变世界，但现实很残酷。许多新发明失败了，即使成功得以发展的少数几个也得熬过几十年。是，即使是我们觉得"快"的那些发明。很多时候，尽管一些新技术已经遍布世界各地的研发实验室，或者已经被少数没有成功的创业公司还有早期冒险家所尝试，公众也不会留意到它们。

太超前的想法会失败，即使其他人最终成功地推出它们。我已经很多次看到这种情况。当我第一次加入苹果公司时，我注意到他们曾经发布了一个非常初级的商业数码相机：苹果快照（Apple QuickTake），但它失败了。也许你没有听说过苹果曾经制造过相机。苹果相机的失败是因为技术受到限制，价格太贵，而且那个时候的市场还不成熟，人们并没有打算丢弃胶片和照片的化学处理过程。我曾经担任一个新兴公司的顾问，准备生产世界上首个数码相框，也失败了。再一次，由于技术不能很好地支持产品，产品太昂贵。当然，现今数码相机和数字相框是非常成功的产品，但产品不属于苹果公司，也不属于我曾经参与的那个新兴公司。

即使当数码相机刚刚开始在拍照领域立足，它完全取代用于静止影像的胶卷也花费了数十年。用数码摄影机拍摄数字电影，取代传统的胶片电影用了更长时间。我写这本书时，只有很少的电影使用数字技术，很少的电影院使用数码放映机。得奋斗多久才能看到成果？当开始努力时，很难断定，但肯定要经过漫长的时间。高清电视代替传统的清晰度很差的前一代电视（在美国是 NTSC 制式，世界其他地方用 PAL 和 SECAM 制式）用了几十年。为什么得到更好的画面、更好的声音需要这么久？因为人们太保守，因为电视台必须更换所有的设备，因为家庭电视机也需要更新换代。总的来说，只有技术狂热者和设备制造商，才热衷于推动这样的变革。在电视台和计算机行业还发生了尖锐的冲突，每一方都想使用不同的标准，这也推迟了高清电视的普及（参考第六章）。

例如图 7.3 中展示的视频电话，插图非常精彩，但奇怪的是缺少细节。视频相机应该安放在什么位置，才能显示孩子们玩耍的精彩全图？注意，"皮特和主妇"坐在暗处（因为视频影像由一个"照相暗箱"投影，输出光线很弱）。视频相机放在什么位置，才能拍摄到父母，而且如果父母坐在暗处，又如何能够看得清楚？有趣的是，尽管视频影像的质量看起来比我们现在能做到的还要好，声音却仍要经过喇叭形状的古老电话系统来传输，打电话的人要握住话筒，贴近脸部，然后大声讲话。想到使用视频通讯的点子相对容易，然而要考虑细节，就非常困难，还要能够制造出来，大家都能使用——好吧，自从那个插图被画出来，已经思考了一个世纪，人们还在顽强地努力去实现这个梦想，基本上还没有成功。

第一个能够工作的视频电话历时 40 年才出现（在 20 世纪 20 年代），

然后又花了 10 年时间才生产出第一个产品（德国，20 世纪 30 年代中期），但失败了。直到 20 世纪 60 年代，美国才开始尝试商业化的视频电话服务，这种服务又失败了。各种想法都曾经尝试过，包括专用的视频电话设备，或是使用家用电视机，使用家庭个人电脑进行视频会议，在大学和公司设置专门的视频会议室，使用小型的视频电话，其中一些还可以戴在手腕上。直到 21 世纪初期，视频电话才得以推广。

最后，视频会议在 2010 年左右流行起来。在商业和大学里，建造了极端昂贵的视频会议系统。最好的商业化系统能让你开会时身临其境，仿佛与远程的与会者坐在同一个房间里，它使用高质量的影像传输，还有多个巨大的监视器，显示出坐在桌子旁边的实际尺寸的人像（思科公司，竟然出售配套的会议桌）。距首次公开视频通话的想法，已经过去 140 年，距第一个可以实际操作的演示，过去了 90 年，从第一个商业化的产品至今，过去了 80 年。此外，视频会议的成本，包括每个站点的设备和数据传输费用，远远高于一般人或普通业务所能承受的范围，所以目前它们主要被用于公司总部的会议室。现在，很多人可以使用自己的智能显示设备接入视频会议，但个人的感受无法与使用最好的商业化视频会议设施相比较。相对而言，没有人认为视频会议的体验，能够与大家坐在一个屋子里面对面开会的体验相提并论。而那些拥有最好质量的商业化视频会议设施的公司，正雄心勃勃地试图实现这一想法。

每一项现代创新，尤其是那些对生活有重大影响的创新，从概念到产品成功需要数十年。经验法则之一，从研发实验室首次展示到产品商业化，需要二十多年，然后还需要十几年或二十几年从首次商业发布到被市场广泛接受。除此而外，实际上大多数创新完全失败，从来不会出现在公众的视野中。即使特别精彩的点子，经常在第一次面世后，终结于屡次失败。我曾经参与过很多面世后失败的产品的研发设计过程，只有被其他公司重新推出才获得成功，所不同的只是时间。在首次商业化推介后失败的产品包括美国的第一辆汽车杜里埃（Duryea）、第一台打字机、第一个数码相机，还有第一台家用电脑（例如，在 1975 年推出的 Altair 8800）。

打字机键盘演变的漫长历史

打字机是一个古老的机械装置，虽然一些新兴的发展中国家仍在使用，但现在大多只能在博物馆中找到。除了迷人的历史，打字机的演化也展现了在社会上推介新产品的困难，还有市场对设计的影响，以及接受新产品所需的长期的艰难的历程。历史影响着所有人，打字机给世界提供了今天还在使用的键盘布局，尽管有证据表明键盘并不是最有效的排列。无数人伴随着传统和习俗，已经习惯了现有方案，让改变非常困难，甚至不可能改进。这又一次是历史遗留问题：传统的沉重势头会抑制变革。

研发第一台成功的打字机，不仅仅是简单地设计出在纸上压印字母的可靠结构，虽然这个任务本身就很困难，更多的问题是如何处理用户界面：应该怎样把字母呈现给打字员？换句话说，键盘的设计。

看看打字机的键盘，按键呈斜线排列，似乎没有什么规律，字母的排列顺序也很随意。目前的标准键盘是克里斯托弗·莱瑟姆·肖尔斯（Christopher Latham Sholes）于 19 世纪 70 年代设计的。肖尔斯设计的打字机，连同那个古怪的键盘，最终变成了雷明顿牌打字机，它的键盘布局不久就被所有打字机采用。

键盘的设计经历了一个漫长而奇特的过程。早期的打字机样式繁多，但有三个基本的模式。第一种模式是圆形键盘，上面的字母按照 26 个字母的顺序排列，操作人员必须首先找到所需要的字母，然后按下一个小杠杆，再将一根轴棍抬起来，当然还有其他规定的机械操作动作。第二种键盘上的字母被排列成长长的一行，看起来像是钢琴键盘，一些早期的键盘都被设计成这样，包括一种早期的肖尔斯键盘，甚至还有黑白两种键。后来证明，圆形键盘和钢琴式键盘使用起来都很麻烦。而第三种模式，即字母仍按顺序排列的长方形键盘得到了广泛认可。当时由按键控制的一个个连杆不仅体积大，样子也很难看。按键的大小、间隔和排列都是由机械因素决定的，完全没有考虑到用手操作时的特点。键盘上字母的排列顺序到后来又做了修改，其原因是为了克服一个机械问题：当打字员的操作速度太快时，铅字连动杆会撞在一起，将机器卡住。即使我们不再使用机械连接，键盘的设计却没有改变，许多最现代的电子设备仍然使用这种传统的键盘布局。

打字机键盘的字母顺序似乎是合理的，合乎逻辑的：为什么要改变它呢？原因根植于键盘的早期技术。早期的打字机用长的杠杆连接字母键。这些杠杆移动单独的铅字连动杆，通常使其接触到打字纸的背面（正在打印的字母从打字机前面看不到）。这些长杆经常会发生碰撞，甚至互相锁住，需要打字员手动分开它们。为了避免干扰，肖尔斯重新安排字母键和连动杆，让频繁输入的字母序列不会来自相邻的连动杆。经过几次反复实验，一个标准的键盘出现了，即今天还在全世界范围内使用的键盘，虽然在在不同地区可能有些变化。美式键盘最上面一行键有 Q W E R T Y U I O P，就得到了这个键盘布局的名称：QWERTY 键盘。全世界都采用这个基本布局，虽然在欧洲，我们可以找到例如 QZERTY，AZERTY 和 QWERTZ 等键盘。不同的语言使用不同的字母而已，很明显，一些键盘不得不移动字母位置，以便为其他字符提供空间。

请注意，民间传言，字母键这样排列的目的是为了减缓打字速度，这是错误的：这样安排的目的是让打字机的机械连杆可以彼此大角度接近，从而最大限度地减少碰撞的机会。实际上，我们现在知道 QWERTY 键盘排列保证了快速地打字。通过将频繁使用的字母序列搁置在相对较远的位置，会提高打字速度，因为它会让打字员用两只不同的手同时输入字母。

有一个未经证实的故事，一个销售员重新排列了键盘，使之可以在第

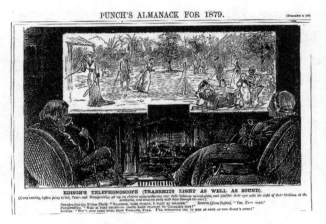

图 7.3　预测未来：1879 年的可视电话。

图片说明："爱迪生的视频电话（可以同时传输声音与图像）。（每天晚上睡觉之前，父母都会打开卧室里壁炉上方的电子相机，一边高兴地看着他们远在澳大利亚和新西兰的儿女们，一边用电话线愉快地交谈。）"［摘自《潘趣》（Punch）杂志，1878 年 12 月 9 日。维基百科"视频电话"词条。］

图 7.4　1872 年的肖尔斯打字机。

雷明顿成功地生产出第一台打字机，还制造了缝纫机。图 A 显示了缝纫机对打字机的影响，打字机的设计借鉴了缝纫机的脚踏板，最终演变成计算机键盘上的"回车"（Return）键。在每次敲击键入字母后，或者打字员将左手下方的长方形大平板压下时（这就是空格键 space bar），打字机框架上的沉重横梁会将承纸盒前进一格。踏下脚踏板改变字母的大小。图 B 显示了键盘的局部放大图。请注意，第二行有个句号键（.）来代替"R"字母。［图片来自《科学美国》（Scientific American's）杂志的文章《打字机》（The Type Writer），作者不详，1872 年。］

二行输入 typewriter，这一变化违背了分开频繁输入的字母序列的设计原理。图 7.4B 表明，早期肖尔键盘并不是 QWERTY 键盘：第二排按键有一个句号（.）（而现在我们使用的键盘是 R），并且 P 和 R 键均排在底部（以及其他方面的一些差异）。将 R 和 P 从第四排移到第二排，便有可能仅使用第二排的字母键打出 typewriter。

没有办法证实这个故事的真实性。另外，我只听到过交换句号键和 R 键的位置，没有考虑 P 键。暂且假设这是个真实的故事：可以想象，工程师的智慧被践踏了。这听起来像是顽固的、习惯于逻辑思维的工程师与不可理喻的销售和市场力量之间又一次习以为常的冲突。销售人员错了吗？（注意，今天我们称之为营销决策，但当时根本就不存在营销这一行当。）好，在选择站在哪一边之前，要意识到，在此之前，每个打字机公司都失败了。雷明顿要推出一个古怪的键盘排列的打字机。销售人员的担心是对的。他们尝试任何可能提高销售的努力都是正确的。事实上，他们成功了：雷明顿打字机成为打字机界的翘楚。实际上，它的第一个模型没有成功。公众花了很长一段时间才接受打字机。

真的更改了键盘，让打字机可以在一排键上打出 typewriter 吗？我无法找到任何确凿的证据。但很显然，比较图 7.4B 的键盘与今天的键盘，R 和 P 的位置被移动到第二排。

键盘的设计经历了一个演化的过程，但主要的驱动力是机械和营销。即使使用电子键盘，电脑和打字的方式已经改变，不存在冲突的问题，我们仍然在使用这种键盘，也许永远被困住了，但不要绝望：这真的是一个很好的排列。真正值得关注的方面，是降临到打字员身上的一种高发病率的伤害：腕管综合征。这种疾病是由于手和手腕进行长期频繁和重复性动作的后遗症，所以常见于打字员、音乐家以及需要做很多手写、缝纫、运动和装配线工作的人群。使用手势键盘，如图 7.2D 所示，可以降低发病率。美国国家卫生研究院（US National Institute of Health）建议："人体工程学对此有帮助，如分离的键盘、键盘托盘、打字衬垫和手腕支撑等等，可用于改善打字时手腕的姿势。打字的时候经常休息，或着有刺痛和疼痛时就停下来。"

奥古斯特·德沃夏克（August Dvorak），一位教育心理学家，在 20 世纪 30 年代精心地研发出一个更好的键盘。德沃夏克键盘布局确实比 QWERTY 键盘优越，但也没有宣称的那样好。我在实验室的研究表明，德沃夏克键盘打字速度仅略慢于 QWERTY 键盘，还不足以推翻原有的产品（QWERTY 键盘）。而且，如果采用德沃夏克键盘，成千上万的人不得不学习一种新的打字方式，数以百万计的打字机将被淘汰。一旦确立了一个标准，现有做法的既得利益会阻碍变革，即使这会是一个进步的变革。此外，将 QWERTY 键盘与德沃夏克键盘相比较，不值得为了这一点儿增益付出重新学习的痛苦。这是"足够好"的又一次胜利。

按字母顺序排列的键盘怎么样？现在已经没有键盘顺序的机械约束，为什么不让键盘更容易学习呢？不是。因为字母都必须放在几行之内，只知道字母是不够的。你还必须知道字母行在哪里断开，现今每一个字母键盘都在不同位置换行。QWERTY 键盘的最大优势——频繁敲打的字母序列可以用两只手来输入——也不再存在。换句话说，忘记它。在我的研究中，QWERTY 键盘和德沃夏克键盘的打字速度比其他那些字母键盘要快。按字母顺序排列的键盘并不会比随机排列的键盘更快。

如果我们一次能按下一个以上的手指，会不会更快？法庭上速记员的打字速度无人能比，但他们用的是"音节式"键盘，在纸上直接打出的是音节，而不是单个的字母。每个音节可以模拟同时按下多个字母键，每个组合就被称作"音节"。美国法庭速记员最常用的键盘要求允许同时按下 2~6 键，可以记录数字、标点以及英语的语音组合。

虽然使用音节式键盘可以非常快地输入——常见的超过每分钟 300 字——但音节很难学习和记住；所有的操作知识都必须储存在头脑中。

若是普通的键盘，你不用学就知道如何使用——只需找到某些字母的位置，再用手指按下去。但若是音节式键盘，你就得同时按下数个键，而且按键上无法标注各种组合类型，光靠看键盘根本无从知道如何操作。想做临时速记员，没有那么好运气。

创新的两种形式：渐进式和颠覆式

产品创新有两种主要形式：一种是顺其自然、缓慢的渐进式过程；另外一种，通过颠覆式的全新开发来实现。通常，人们会认为创新就是颠覆式的根本性的改变，实际上，最常见的和有影响力的创新反而是微小的渐进式的革新。

尽管渐进式革新的每一步都很节制，随着时间发展，持续而缓慢的、稳步的提高能够产生相当显著的改变。回顾一下汽车的发展，在 1700 年前后诞生了蒸汽驱动的汽车（第一辆汽车）。第一辆商业化生产的汽车，在 1888 年被德国人卡尔·本茨（Karl Benz）制造出来，他的公司奔驰公司（Benz & Cie），后来兼并了戴姆勒公司，然后就成为今天家喻户晓的梅赛德斯-奔驰公司。

奔驰汽车是一个颠覆式创新的实例。尽管这个公司生存下来，它的很多竞争对手已经不复存在了。美国的第一个汽车公司是杜里埃（Duryea），仅仅存活了几年：第一个并不保证获得成功。汽车本身是个颠覆式创新，自从它诞生以来，年复一年地进行着持续而缓慢的、稳步的改进，经过一个多世纪的渐进式创新（伴随着几次零部件的颠覆式创新），汽车技术不断提高。由于一个多世纪的渐进式提高，比起早期的汽车，现在的汽车更加安静和高速，高效能，还更加舒适和安全，而且便宜（根据通货膨胀率折算）。

颠覆式创新会改变现有模式。打字机就是颠覆式创新的例子，它对办公室和家庭书写产生了不可估量的影响。打字机给办公室的女性提供了一个新的职位，即打字员或秘书，这重新定义了传统的秘书的职责，与其说秘书是通往管理岗位的第一步，倒不如说终结于打字机。类似地，汽车改变了人们的日常生活，让人们可以生活在距离工作场所较远的地方，并且彻底地影响了商业世界。同时汽车又是空气污染的主要源头（尽管它将马粪从街头清除掉了）。车祸还是意外死亡的罪魁祸首，全球每年有超过百万的致命事件发生。电灯、飞机、收音机、电视、家用电脑还有社交网络等等，都有重大的社会影响。手机彻底改变了电话机行业，应用于信息交换的分组交换①技术给通信系统带来了互联网革命。这些都是颠覆式创新。颠覆式创新在改变着我们的生活和行业，渐进式创新让产品更完善，这两种我们都需要。

渐进式创新

　　通过不断测试和改善，很多设计靠渐进式创新向前发展。在理想状况下，测试新的设计，发现问题并改正，然后产品就被不断地测试和改善。如果一个更改使得事情更糟，好吧，那就在下一次继续改善。最终，不良的性能被改善了，好的保留了下来。这个流程的专业名词叫登山法（hill climbing），模仿盲目地爬山。向一个方向迈出步子，如果是向下，就换个方向。如果是向上，就继续下一步。不停地这么试探前行，直到所有的方向都是向上时，就攀登到山顶，或者至少在一个山峰的峰顶。

　　登山法，就是渐进式创新的秘诀。这也是在第六章讨论过的以人为本的设计的核心思想。登山法是否一直有效？尽管它保证设计能够达到最完美的顶峰，但如果设计不是面对最合适的山峰呢？登山并不能发现更高的山峰，它只能找到所攀登的山顶。想不想试试不同的山峰？那就进行颠覆式创新。可能找到好的山峰，同样可能找到更差的山峰。

颠覆式创新

渐进式创新从现有的产品开始，使之更加完善。颠覆式创新则是全新的，经常来自能够衍生新功能的新技术。例如，真空电子管的发明就是颠覆式的创新，为高性能的收音机和电视机铺平了道路。与此类似的是，半导体的发明更加激动人心，使得电子设备性能更卓著，计算能力更强，提高了可靠性，还降低了成本。开发出全球卫星定位系统，掀起了基于定位服务的浪潮。

另一个因素是重新考虑技术的含义。当代的数据网络服务就是例子。报纸、杂志和书籍曾经被当作出版业的一部分，与广播和电视极为不同，而这些又与电影和音乐产业有区别。但是自从互联网风行天下，加之低成本、高性能的计算和显示能力，这些都越来越清楚地表明，所有这些不同的行业，实际上仅仅不过是信息提供的不同形式而已。这种重新定义瓦解并整合了出版业、电话、电视和有线广播，还有音乐产业。人们仍然读书，看报纸、杂志和电视，观影，了解音乐人和听音乐，但是，它们的发布方式已经被改变，由此相关的行业也大规模重组。电子游戏，是另外一个颠覆式创新，一方面结合了影视和影像的元素，另一方面结合了书本中的内容，形成了用户互动参与的新形势。传统行业的瓦解仍然在发生，代替它们的会是什么，现在仍不清楚。

由于颠覆式创新影响巨大，引人注目，很多人都追求它。但许多激进的主意都失败了，即使那些存活下来的，就像在这一章已经讲到的，也要几十年甚至几个世纪才能成功。渐进式创新也很困难，但与颠覆式创新所碰到的挑战相比，这些困难显得不再艰难。每年有上百万的渐进式创新，而颠覆式创新少之又少。

什么行业准备好了进行颠覆式创新？可能是教育、交通、医药和住宅等领域，所有这些行业对重大变革都期待已久。

设计心理学：1988～2038

科技发展日新月异，而人和文化的变化极其缓慢。就像法国的谚语：改变越多，终归于同。

对社会来说，改良式的更新一直在发生，但人类进化的步伐以千年来衡量。人类文化的变迁稍微快一些，也需要几十年或几个世纪。亚文化，像青少年与成人的区别，在一代人里就可能改变。这些意味着尽管科技持续不断地影响着做事的方式，人类对于改变习惯做法仍然持保守态度。

仔细考虑下面三个简单的例子：社交、通讯和音乐。这些是人类三种不同的活动，每一个都是生活的基本构成，所有三类活动贯穿了人类有记载的历史，尽管支持这些活动的技术已经发生了巨大改变，它们仍将继续存在。它们同饮食类似：新技术改变了人类享用食物的形状和烹调方式，但不会消除人类对吃的需求。经常有人要我预测"下一个伟大的变革"，我对他们的回答是，仔细审视一些基本的东西，像社交、通讯、运动、游戏、音乐和娱乐等等。变革会发生在这些领域。只有这些才是基本的吗？当然不是：还可以加上像教育（和学习）、商业（和贸易）、交通、自我表达、艺术，当然，还有性。不要遗漏重要的生存活动，例如对健康的需求，食物和饮水，衣物，以及住房等。基本需求大体保持不变，即使它们会以截然不同的方式来满足民众。

《设计心理学：日常的设计》一书首版面世于 1988 年（那时候叫作《日常设计心理学》）。从初版以来，科技已经有很大发展，但设计的基本原则不变，从 1988 年来很多实例不再具有参考性。人与设备的交互方式也发生了变化。哦，是的，大门和门锁，水龙头和阀门依旧像过去那样给人们带来困难，现在我们又有了新的困惑来源。以前适用的同原则依旧有效，但这次它们必须应用于智能设备上，应用到与大数据源持续地交互使用上，应用到社交网络上，以及通信系统和通信产品上，人们一生都会用它们与全球的朋友和熟人保持互动。

人们使用手势和舞姿与设备互动，反过来，设备通过声音和触摸，以及各种各样尺寸的显示屏同人们互动。这些显示屏，有些是穿戴式，有些固定在地面、墙上或天花板上，还有些直接投影在人们的眼睛里。人们同设备讲话，设备可以回应。当这些设备越来越智能化，它们可能承担很多以前被认为只有人类才能完成的工作。人工智能渗透进人们的生活和日常用具，从空调恒温器到汽车。科技一直在经历革新。

科技发展，人会停留在原地吗？

当人们研发新的互动和通讯的形式时，需要什么样的原则？当人们戴上扩增实境的眼镜（augmented reality glasses），或越来越多的科技产品嵌入人们的身体，会发生什么？姿势和身体移动会很有趣，但不是很精确。

很多个千禧年以来，即便科技发生了颠覆性的改变，人们仍然停留在原地。在未来世界仍然如此吗？如果人们将越来越多增强功能的产品植入人体，会发生什么事情呢？装备了假肢的人会跑得更快，更加强壮，比正常的赛跑者或运动员更优秀。人们已经在使用植入式的听力设备、人工晶体和角膜等。植入式的记忆体和通信设备能够让一些人永久地增强现实感，从来不会遗漏信息。植入式的计算设备能够增强思维，帮助解决问题和做出决策。人类可能会变成合成人：一半是生物体，一半是人工科技。机器反而会变得更加像人类，具有类似神经计算的能力，具有同人类相仿的行为。更进一步，新的生物学发展或许会同人类的遗传改良，机器的生物芯片和设备一样，加入到人工补充物的名单中。

应该注意，所有这些改变都会带来伦理问题。从长远的角度来看，随着科技发展，人们不再可能保持原有方式。因而，正在产生一个新的物种，人工智能设备具有很多动物和人类才有的能力，有时还会超越这些能力。（这种在某些方面比人还强的机器早已成为现实，它们明显地更加强大和快速。即使简单的桌面计算器，做算数也比人类快多了，所以我们使用它。很多计算机程序能够进行更高级的运算，比人强多了，成为人们有用的帮手。）人们在变化，机器也在发展。这也意味着文化在改变。

毫无疑问，科技发展已经极大地影响了人类文明。我们的生活、家庭规模、居住安排，以及商业扮演的角色，在生活里接受的教育等等，都被科技的某个领域所支配。现代通信技术改变了人们协同工作的方式。当有些人由于植入设备获得先进的认知技能，一些机器依赖高科技、人工智能或者生物技术具有了人类的能力，我们会看到更大的变化。科技、人类和文化，都在发生改变。

增进智慧

将全身的姿态和运动与高质量的视听显示相结合，再加上周围世界的声响和影像去增强它，去描述和注解，人们就得到了超越所有以前已知事物的能力。当需要信息时，机器能够提醒人们所有以前发生过的事情，人类记忆的限制还有什么意义？一种争论是科技让人更聪明：人们能够回忆起更久远的事情，人类的认知能力大幅提高。

另外一个视点恰恰相反，科技让人更蠢笨。确实如此，同机器一起工作，我们看起来挺聪明，但如果没有机器的帮助，我们的能力甚至比以前曾经拥有的更糟糕。人们越来越依赖科技去探索世界，进行明智的交谈，进行才华横溢的写作，还有记忆历史。

一旦科技能够代替人类进行算数，帮助人类记忆，告诉人们如何行动，那么人们就不需要学习这些事情了。一旦没有科技的帮助，人们就会变得无助，不能做任何基本的事情。现在，人们如此依赖技术，当技术被剥夺时，就会遭受痛苦。人们不能够利用植物和动物的毛皮来给自己制作衣物，不能够种植和收获农作物，捕捉野兽。没有科技，人们会被饿死或冻死。没有了认知技术，人们将重新回归到愚昧状态。

这种担心已经伴随我们很久了。在古希腊，柏拉图告诉我们，苏格拉底担心书籍对人类的影响，认为人类对书写材料的依赖，不仅仅会削弱记忆力，还会减少对思考、辩论和通过讨论来学习的切实需求。毕竟，苏格拉底说，当一个人告诉你某件事，你可以提出问题，讨论和争辩，从而充实材料，加强理解。那么，面对一本书，你能做些什么？你不能当面驳斥它。

但岁月流逝，人的大脑仍然同以前一样。人类的智慧并没有减少。确实，人们已经不再记忆大量的材料，不再需要完全精通数学，计算器可以帮助我们完成任务，有专门的计算器，或者可以在任何一个电脑或手机上进行。这样会让人们变得愚蠢吗？我再也不用记自己的电话号码，这个事实暗示我越来越虚弱吗？不，恰恰相反，它会将大脑从纠结于琐碎事务中解放出来，专心于关键和重要的事情。

对科技的依赖是人类的福音。有了科技的帮助，大脑既没有更好，也没有更坏。相反，是承担的任务改变了。比起单独的人或机器，人类和机器的结合会更加强大。

最好的电脑棋手能够打败最优秀的人类棋手。想象一下，人类加上机器就可以打败最好的人类或最好的机器。再者，构成这种胜利组合的不需要是最好的人力或机器。麻省理工学院的教授埃里克·布伦乔夫森（Erik Brynjolfsson）在国家工程学院（National Academy of Engineering）的一次会议上宣称：

现在，世界上最好的国际象棋棋手不是一台计算机，或一个人，而是由一些计算机和人组成的协作团队。在自由式国际象棋比赛中，会有人类和计算机的团队竞争，胜者不再是拥有最强大计算机的团队，也不是最优秀的人类棋手，胜利的一方属于那些能够将人类的独特技巧与计算机结合工作的团队。这是人类未来如何向前发展的象征：以新的方式让人和科技协同工作，创造价值。（布伦乔夫森，2012 年。）

为什么会这样？布伦乔夫森和安德鲁·麦卡菲（Andrew McAfee）引述国际象棋世界冠军加里·卡斯帕罗夫（Gary Kasparov）的话，来解释为什么"在最近的自由式象棋巡回赛中，总的来说胜利者既不是最好的人类棋手，也不是最强大的计算机"。卡斯帕罗夫这样描述一个团队：

美国的一对业余棋手同时使用三台计算机，他们在操控和"指导"他们的计算机方面技巧高超，可以深谋远虑，有效地迎击大师级别的对手，还有其他更加强大的计算机。弱小的队员＋机器＋良好的程序，超过了单独工作的强大的计算机，更引人注目的是，超越了优秀的队员＋机器＋低劣的程序。（布伦乔夫森和麦卡菲，2011 年。）

布伦乔夫森和麦卡菲进一步指出可以在很多活动中发现同样的情形，包括商务和科学领域："赢得比赛的关键不是与机器竞争，而是和机器一起竞争。幸运的是，人类完全有能力，而机器相对弱小，造就了潜在的最佳组合。"

在加利福尼亚大学圣迭戈分校，认知科学家（和人类学家）埃德温·哈钦斯（Edwin Hutchins）坚持分布式认知的力量，即把一些任务分配给人（或许还可以进一步根据时间和空间来分配），另外一些任务分配给技术来合作完成。正是他让我知道这种人与机器的结合多么强大。这也回答了上面的问题：新技术会让人们更加愚蠢吗？不，恰恰相反，它们只是改变了人们承担的任务而已。就像最好的象棋棋手是人类与科技的结合，人与科技结合之后，比以前更加聪明。我在自己的书《增进智慧之事》（*Things That Make Us Smart*）指出，没有援助的头脑，其力量被过分高估了，正是其他东西让我们更加聪明。

> 没有援助的头脑，其力量被过分高估了。没有外部的帮助，进行深入而持久的推理会非常困难。没有辅助力量，记忆力，以及思考和推理能力都受到限制。人类的智慧异常灵活，容易适应，擅长发明程序和目标，克服自身的局限。人们怎样增强记忆力，以及思考和推理的能力？依靠发明外部辅助设备：正是这些东西让我们更聪明。一些帮助来自合作，社交行为；一些产生于对周围环境中信息的开拓；还有一些来自思维工具的开发，比如认知工具，用来补充思维能力，增强智力。（摘自《增进智慧之事》第三章的开场白，1993 年。）

书籍的未来

使用工具来帮助写作传统的书是一回事，而使用工具让书籍的面貌大为改观是另外一回事。

为什么一本包含了文字和一些图片的书，要从前向后线性阅读呢？为什么它不能由一些小的章节组成，不论按照何种次序都能阅读呢？为什么不能缤纷多彩，内含视频和音频？或许还能根据阅读者来变化，还可以包括其他阅读者或评论者的备注，或者还吸收了作者最近的想法，当阅读时随之改变，在这儿单词"文本"意味着任何东西：声音、视频、影像、图表还有文字等等。

一些作者，尤其是小说家，或许仍然喜欢线性叙事。作者是讲故事的人，在故事里，人物和事件的出场次序很重要，是制造悬念，吸引读者，安排情节跌宕起伏，讲述精彩的故事的基础。但对于非小说类，就像这本书，次序就不重要。这本书不打算刺激你的情绪，让你有悬念，也不会让你激动地尖叫。你可以用自己喜欢的次序来体验本书，跳出现有章节，跳过任何与你的需要无关的内容。

假设这本书是交互式的？如果你在阅读理解中遇到难处，你可以点击页面，我就能跳出来向你解释。好多年以前我就在自己的三本书里尝试过，所有的内容集成为可以交互式阅读的电子书。但这个尝试在产品设计的演示阶段就没有成功：好主意出现得太早，容易失败。

我们花了很大精力制作那本书。我同航行者书店（Voyager Books）一个大的团队合作，飞到加州的桑塔莫尼卡，大概用了一年的时间拍摄录像，记录我那一部分内容。航行者书店的领导，罗伯特·斯坦（Robert Stein），组织了一个天才团队，包括编辑、制片人、图像师、交互设计师和插图师。唉，设计结果在一个叫 HyperCard 的计算机系统上展示，这个系统工具由苹果公司开发，但从来没有得到过充分的支持。最终，苹果公司停止支持它，现在，即使我仍然保有原始拷贝，但已经不能在任何现有的设备上运行了。（即使它们能够运行，按照现在的标准，视频图像的分辨率也太低了。）

请注意，"花费了很多精力来制作那本书"。我已经不记得多少人参与制作，但应当感谢以下所有人：编辑，制片人，艺术总监和图片设计师，程序师，界面设计师（4 个人，包括我自己），制作团队（27 个人），还要特别感谢其中的 17 个人。

是的，现在任何人都能轻松地录音或录像，任何人都可以拍摄一段视频然后做简单的编辑。但要制作一本专业水平的多媒体书籍，有 300 多页，还有两个多小时的视频（一些靠剪辑），能够被全球读者阅读和欣赏，这需要巨大的人力和多种不同的技能。业余爱好者能够制作 5～10 分钟的视频，任何超过这个大小的就要求极好的编辑能力。再者，还要有文字创作者、摄像师、录音师、灯光师等等。还需要一个总监来协调所有的动作，

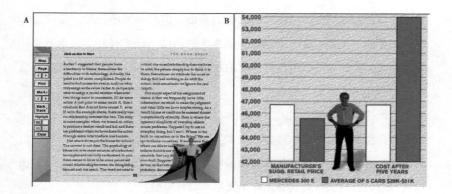

图7.5 航行者书店交互式电子书。
左边的图 A，我站在《设计心理学》
的页面前面。右边的图 B，显示我正
在讲解《增进智慧之事》一书中图表
设计的要点。

为每一幕（章节）选择最好的方式。需要熟练的编辑将影像片段拼接在一起。一本关于环境的电子书，阿尔·高尔（Al Gore）的交互式多媒体书《我们的选择》（*Our Choice*，2011），罗列了大量职位头衔，感谢为这本书工作的人员，他们包括：出版商（2人）、编辑、制作总监、制作编辑、制作组长、软件架构师、用户界面设计师、工程师、交互式图像师、动画师、图表设计、图片编辑、视频编辑（2人）、录像制作人、音响师和封面设计人员。书的未来会怎样？非常昂贵。

新技术的出现，使书籍和交互式媒体，还有各种各样的教育和娱乐材料更易于被人们接受。这许多工具中的每一样都使得制作更加容易。结果，人们就会看到各种材料的泛滥。其中很多来自业余爱好者，制作得不完整，有时不连贯。但即使业余制作也能对人们的生活增加价值，就像互联网上播放的不计其数的家庭制作的视频，教给我们各方面的事情，从如何做韩国"冷面"，修理水龙头，一直到如何理解麦克斯韦尔的电磁波方程式。但要制作高质量、专业的材料，以可靠的方式讲述条理分明的故事，事实都经过了验证，信息都得到授权，清楚流畅，这就需要专家参与制作。结合运用技术和工具，可以使初期制作更加轻松、快捷，但是后期修饰和专业水平的润色会更加困难。未来的社会：可以期待有愉悦，有沉思，也有恐惧。

设计的道义责任

设计会影响社会，对设计师已不是新鲜的事。许多设计师很认真地从事这项工作。但社会意识对设计的操纵具有严重的缺陷，最低限度的事实是，并非每个人都同意合理的目标。因此，设计呈现出政治的意义，确实，设计哲学在不同的政治体系具有举足轻重的地位。在西方文化中，设计反映了资本市场的重要性，强调外观功能，被视为吸引购买者的主要方式。

在消费市场，对于昂贵的食品和饮料，品尝不是评判标准，易用性也不是家居和办公用品的首要标准。人们周围充斥着的都是被要求的商品，而不是好用的商品。

多余的功能，不必要的模式：对商业有利，对环境有害

在消费品世界里，例如食品和新闻，一直存在越来越多的需求。当产品被消费，客户就成了消费者。这是一个从来不会终止的循环。在服务领域，具有同样的特征。一些人在餐馆里烹饪和提供食品，一些人照顾患病的病人，一些人从事人们都需要的日常事务。因为一直存在需求，服务可以自给自足的。

但是制造和销售耐用品的商业领域，就面临一个问题：想要某个产品的人一旦拥有了它，就不再需要更多同样的产品。销售会终止，公司将会出局。

在20世纪20年代，生产商故意计划一些方式，让他们的产品淘汰（尽管在此之前其业务还要存续很久）。生产的产品具有一定的寿命。汽车被设计得会散架。有故事说，亨利·福特购买废弃的福特汽车，让他的工程师分解这些汽车，研究哪些零件会失效，哪些仍然良好。工程师以为这么做是为了发现脆弱的零部件，然后让它们更牢固。不，福特解释说他想找到那些仍然完好的零件，如果工程师能够将这些零件重新设计，让它们与其他零件一样，在同一时间失效，这样公司就能节省大笔资金。

让零部件失效并不是维持销售的唯一手段。女人的时装行业就是一个例子：今年流行的样式绝不会在明年继续流行，所以女人被鼓动着将自己衣橱里的衣物每季、每年进行更换。同样的思路很快就扩展到汽车行业，对基本车型的风格进行出其不意地改变，创造流行，让那些落伍的用户，开着老款车子的用户，追随时尚；人们使用的智能显示屏，如相机和电视

等都是如此。甚至连厨房和洗衣房里那些使用了几十年的用具，也能看到时尚的影响。现在，过时的功能，过时的样式，还有过时的颜色，这些都怂恿家庭主妇去更换家里的用品。还有一些性别的不同，男人不像女人那样对潮流衣物敏感，但他们热衷于最流行的车型和其他技术，这多少弥补了男女之间的差别。

当旧电脑仍然功能良好，为什么还要买新的呢？为什么要买新的炉具、冰箱、电话或相机呢？我们真的需要冷却管分布在门上的冰箱、门上带有液晶显示的烤箱、使用三维图像的导航系统吗？为了生产这些新产品，得消耗自然界多少物料和能量，更不用说安全处理老产品所面临的问题。

另外一个可持续发展的模式是订阅。你有电子阅读器、音乐或视频播放器吗？可以订阅那些提供文章和新闻、音乐和娱乐、视频和电影的服务。这些都是消费品，所以即使智能显示屏是不变的耐用品，订阅可以保证服务提供商获得稳定的现金流。当然，只有耐用品的生产商同时又是服务提供商时，这个模式才能运转。如果不是，有什么可选择的方案吗？

噢，型号的年度：每年都会推出新型号，同前一年差不多，仅仅宣称新型号会更好。一直在增加功率和功能。看看所有那些新功能吧，没有它们你还能活下去吗？同时，科学家、工程师和发明家忙于开发更新的技术。你喜欢你的电视吗？如果是三维电视会怎么样？带有多声道环绕立体声呢？带有虚拟眼镜，让你置身于360度环绕屏幕呢？转转你的头或身体，看看身后发生了什么。当你观看运动赛事时，仿佛就在团队之中，以参与者的方式体验正在进行的比赛。汽车不仅仅可以自动驾驶，安全抵达，沿途还提供很多娱乐节目。视频游戏不断地增加层次和章节，添加新的故事线索和人物，当然了，还有3D虚拟环境。家居用品可以互相聊天，将运行方式的信息告诉远程控制的家庭主妇。

日用品的设计步入巨大的危险之中，设计出越来越多奢侈、过量和不必要的东西。

设计思维与思考设计

只有当最终产品成功，设计才是成功的。产品成功意味着人们购买产品，使用它，分享它，然后传播到全世界。人们不肯购买的产品就是失败的设计，无论设计团队认为它有多么出色。

设计师需要让产品符合用户需要，从功能方面，从易学易用性方面，还有产品能否让用户情感愉悦，感到自豪和快乐。换句话说，设计必须考虑用户的整体体验。

但成功的产品所需要的不仅是出色的设计，还要能够被可靠地、高效地按计划生产出来。如果设计使制造陷入麻烦，不能以有限的成本和时间实现，这种设计也是有缺陷的。同样，如果制造商不能生产产品，这种设计也是无效的。

考虑市场很重要。设计师想满足用户需求，市场确保人们实际购买和使用产品，这是两种不同的需求，设计必须同时满足它们。如果人们不会买，再伟大的设计都没有用。如果人们开始使用时就不喜欢它，有多少人买这种产品又有什么意义。设计师学习销售和市场知识，还有商业的财务知识，工作会更加有效率。

最后，产品具有复杂的生命周期。许多人在使用设备时需要帮助，要么由于设计或指导手册不清楚，要么由于他们正在做的事情出现异常，而这些异常是新产品开发时没有考虑到的，或种种其他原因。如果不能为这些用户提供充分的服务，该产品将可能被损坏。同样，如果该设备必须维护、修理或升级，那么如何管理这些环节，将会影响人们对产品的评价。

在今天这样一个对环境敏感的世界里，必须用心考虑产品的全部生命周期。产品所使用的材料、制造流程、分销、服务和修理的环境成本都是多少？什么时候该更换组件，对产品进行回收或再利用时对环境的影响是什么？

　　产品开发流程复杂而艰巨。对我来说，这就是最好的奖励。经过一系列的挑战才能产生出色的产品。为了满足无数的需求，需要技巧和耐心。产品开发需要结合高超的技术手段，优秀的商业技能，和很多个人的社交技巧，与参与产品开发的许多其他团队进行互动，每个团队都有自己的时间表，每个方面都相信他们的要求是至关重要的。

　　设计包括一系列精彩的、令人兴奋的挑战，每个挑战都是一个机会。像所有伟大的戏剧，都包含情绪的高低起伏，高潮与低谷。出色的产品会跨越低谷，最终止于巅峰。

　　现在你是你自己。如果你是一名设计师，就要为产品的易用性而战斗。如果你是用户，那么将你的呐喊加入到那些急需易用性产品的声音里，写信给生产者，联合抵制不好用的设计。通过购买表达对优良设计的支持，即使这需要你不厌其烦地行动，即使它意味着花费更多一点钱。在经销产品的商铺里说出你的疑虑，生产者会倾听他们客户的声音。

　　当你参观科技博物馆时，询问那些你不理解的问题。无论展品好或不好，请提供有用的反馈。鼓励博物馆向可用性和可理解性方面向前走得更好。

　　尽情享受吧！周游世界，研究设计的细节，学习如何观察。请善意地对待那些全心投入、精心设计细微之处的人，以微小但有益的事情为豪。认识到即使是小小的细节问题，设计师也可能不得不费力争取这些有帮助的东西。如果你有困难，请记住，这不是你的错：这是个糟糕的设计。给那些努力达到优秀的设计颁奖：送鲜花。嘲笑那些差劲的设计：送杂草。

　　科技在不断地发展。很多向好的方面，也有很多走向不好。所有的技术可能被以别的方式利用，而这是其发明者没有料到的。令人兴奋的发展就是我所说的"草根的崛起"。

草根的崛起

我憧憬个人的力量，无论是一个人还是小团队，释放他们的创造精神、他们的想象力，以及他们的才华，进行大量广泛的创新。新的技术带来希望，使这一切成为可能。现在，历史上的第一次，个人可以分享他们的主意、想法和梦想。他们能生产自己的产品，提供自己的服务，并且提供给世界上任何人。他们自己能够掌控一切，发挥他们具有的任何特殊的天赋和兴趣。

什么在驱使这个梦想？草根的崛起，这是个有效的工具，让个人更加强大。如果要列个清单，那会很长，而且在持续增加。回顾一下音乐探索的旅程，经历了传统、电子和虚拟设备。再看看自助出版的兴起，绕过传统的出版商、印刷厂和分销商，以廉价的电子版本代替他们，现在，世界上任何人都可以下载电子书阅读器。

目睹几十亿的小视频蓬勃发展，可以提供给所有人。有些仅仅为自我服务，有些竟然事关教育；有些幽默，还有些严肃。它们涵盖了任何东西，从如何制作 SPätzle（德国的一种面食），到如何理解数学，或仅仅是如何跳舞，如何演奏一种乐器。有些电影纯粹为了娱乐。大学也开始行动，共享全部的课程，包括视频讲座。大学生将他们的课堂作业以视频和文字的方式上传，让全世界都从他们的努力中受益。同样的现象也发生在写作、新闻报道，以及音乐与艺术创作中。

将这些功能添加到廉价的电机、传感器、计算和通信系统上。现在，思考一下 3D 打印机性能提高、价格降低后的潜力，它将允许个人在需要时生产定制项目。全世界的设计师可以打印自己的想法和计划，使全部新产生的客户定制可以进行大规模生产。小批量产品也可以像大批量产品一样廉价，个人可以设计自己的项目，或依靠数量不断增加的自由设计师，他们会发布产品计划，然后可以在当地的 3D 打印店，或自己家里进行定制和打印。

再看看那些帮助准备和烹饪食物的专家的兴起，他们还修改设计来满足需求和实际情况，在各种各样的话题中做指导。专家们在自己的博客和维基百科上分享他们的知识，都出于利他主义，正在得到读者的感谢。

我梦想人才辈出，人们能够投入地创造，去发挥他们的技能和天赋。有人可能出于安全和稳定的考虑为组织工作；有人可能希望创业；有人可能为了爱好做事；有人可能结成紧密的小团体进行合作，更好地组合现代技术所需的各种技能，分享他们的知识，互相学习，集合所需的各种资源，即使是为了小的项目；有人独立咨询，可以为大型项目提供所需的必要的技能，同时仍然保持自己的自由和权威。

以前，创新发生在发达国家，随着时间的推移，每项创新都越来越强大，越来越复杂，功能也越来越冗余，陈旧的技术被转移给发展中国家，很少考虑环境成本。但随着小的、新的、灵活的和廉价的技术兴起，创新的力量发生了转移。今天，世界上任何人都可以创造、设计和制造。新的发达国家正在利用这些优势，为自己进行设计和制造。此外，出于需求，他们开发先进的设备，需要较低的能耗，很简单，便于制造、维护和使用。他们开发不需要冷藏或连续电力供应的医疗流程。代替流传下来的陈旧技术，他们的研究结果为我们所有的人增加了价值——这叫作推陈出新的技术。

随着全球互连，全球通信的兴起，所有人都可以拥有强大的设计和制造方式，世界正在迅速改变。设计是强大的、平等的工具：所需要的是观察、创造和努力——任何人都可以做到。随着共享的软件，便宜的共享的 3D 打印机，甚至开放式教育的兴起，任何人都可以改变世界。

世界在变，什么不变？

在巨大的社会变化中，一些基本原则会保持不变。人类一直都是社会性的人。社交和保持与他人联系的能力，跨越地域，跨越时空，将一直是我们的一部分。这本书的设计原则将不会改变，有关可视性及反馈的原则，示能、意符、映射和概念模型的作用，将始终坚持。即使是完全自主、自动化的机器也将遵循这些原则进行互动。我们的技术可能会改变，但相互作用的基本原理将永久存在。

译者注：

①分组交换（packet switching），在计算机网络和通信中是一种相对于电路交换的通信范例，分组（又称消息或消息碎片）在节点间单独路由，不需要在传输前先建立通信路径。分组交换是数据通信中一种新的且重要的概念，现在是世界上互联网通讯、数据和语音通信中最重要的基础。在此之前，数据通信是基于电路交换的想法，就像传统的电话电路一样，在通话前先建立专有线路，通信双方要在电路的两端。

致　谢

这本书的原版被命名为"设计心理学"（*The Psychology of Everyday Things*，POET)[①]。这个名称是学术界和产业界之间存在差异的一个很好的例子。POET 是一个优雅的、可爱的书名，深得学术界朋友们的喜爱。当双日/流通（Doubleday/Currency）出版商同我接触，想出版这本书的平装版时，编辑们还说："当然，书名必须要改掉。"更改书名？我吓坏了。但我决定按照自己在本书里的建议，对读者做一些研究。结果发现，尽管学术界喜欢这个书名和它的优雅，但商界人士不这样看。事实上，企业往往忽视了这本书，因为书名传递了错误的信息。而且，书店通常把书摆放在心理学部分的书架上（同其他关于性、爱和励志类的书籍摆在一起）。当我被邀请，同某个全球领先的制造企业的高级管理团队座谈时，主持人把我介绍给听众，他先是极力称赞这本书，然后抱怨那该死的标题，并告诉他的同事，不要管书名如何，尽管去读。这次事件是对此书名的最后的、致命的一击。

对 POET 团队的感谢：

在 20 世纪 80 年代末，我就开始了这本书的构思和前几稿的写作，当时我在英国剑桥的应用心理学研究所（Applied Psychology Unit，APU），它从属于英国医学研究理事会的研究所（这个所现在已经不存在）。在应用心理学研究所，我遇到了另一位来访的美国教授，杜克大学（Duke University）的戴维·鲁宾（David Rubin），他那时正在研究对史诗的记忆。鲁宾告诉我，并不是所有的史诗内容都留存于记忆中，有很多信息存在于周围世界，或至少在故事和诗意的结构中，以及人们的生活方式里。

在剑桥的应用心理学研究所度过秋冬季后，我在春夏季去了得克萨斯州的奥斯汀（是的，相反的顺序，有点儿别扭，就看你怎么预测并看待这两个地方的天气）。在奥斯汀，我待在微电子和计算机协会（Microelectronics and Computer Consortium，MCC），在那儿我完成了此书的手稿。最后，当我回到自己家，在加州大学圣迭戈分校（UCSD），我多次修改本书。我在课堂用它当教材，发送拷贝给各种各样的同事以获取建议。与以下这些机构的交流，使我受益匪浅，它们是：应用心理学研究所，微电子和计算机协会，当然，还有加州大学圣迭戈分校。我的学生和读者的评论对我来说是无价之宝，让我对原始版本进行了较大规模的修订。

在英国的应用心理学研究所，接待我的主人们最热情，特别是艾伦·巴德利（Alan Baddeley），菲尔·巴纳德（Phil Barnard），托马斯·格林（Thomas Green），菲尔·约翰逊－莱尔德（Phil Johnson－Laird），托尼·马塞尔（Tony Marcel），卡拉琳·帕特森和罗伊·帕特森（Karalyn and Roy Patterson），蒂姆·沙利斯（Tim Shallice），以及理查德·杨（Richard Young）。在得克萨斯的微电子和计算机协会（另一个机构，不再存在）逗留期间，皮特·库克（Peter Cook），乔纳森·格鲁丁（Jonathan Grudin），以及戴夫·弗罗布莱夫斯基（Dave Wroblewski）让我受益匪浅。我要特别感谢加州大学圣迭戈分校心理学135和205班级的学生，在那里，我对本科和研究生讲授的课程就叫"认知工程"。

我对于如何与世界互动的理解得到发展和深化，这些得益于多年的讨论，还有同加州大学圣迭戈分校的非常强大的团队的合作，这个团队的成员来自认知科学、心理学、社会学、人类学等部门，由麦克·科尔（Mike Cole）组织了几年每周一次的非正式会晤。主要成员有罗伊·德·安德拉德（Roy d'Andrade），阿龙·西科莱尔（Aaron Cicourel），麦克·科尔（Mike Cole），巴德·米恩（Bud Mehan），乔治·曼德勒（George Mandler），琼·曼德勒（Jean Mandler），戴夫·鲁梅哈特（Dave Rumelhart）和我。在以后的几年里，我从吉姆·霍兰（Jim Hollan），埃德温·哈钦斯（Edwin Hutchins），和戴维·基尔希（David Kirsh）那里受益颇多，他们都是加州大学圣迭戈分校的认知科学教授。

经过同事们认真的阅读，我极大地完善了《设计心理学》的早期手稿。我要特别感谢此书的主要编辑朱迪·格赖斯曼（Judy Greissman），在《设计心理学》的几次改版中耐心地提供了很多建议。

我在设计界的同人们也提出了最有帮助的意见，他们是：麦克·金（Mike King），米哈伊·纳丁（Mihai Nadin），丹·罗森堡（Dan Rosenberg），比尔·韦普兰克（Bill Verplank）。必须特别感谢菲尔·阿格雷（Phil Agre），舍曼·德·福里斯特（Sherman De Forest），热夫·拉斯坎（Jef Raskin），他们所有人都用心地阅读了原稿，提供了许多宝贵的意见。当我带着相机周游世界时，收集插图成为最有趣的经历。艾琳·康韦（Eileen Conway）和迈克尔·诺曼（Michael Norman）帮助收集、组织图表和插图。像对我所有的书一样，朱莉·诺曼（Julie Norman）给予帮助，并校对、编辑、评论和鼓励。埃里克·诺曼（Eric Norman）提供了宝贵的意见和支持，还有那些很上镜的脚和手。

最后，感谢我在加州大学圣迭戈分校认知科学研究所的所有同事自始至终的帮助，部分通过国际互联网的电子邮件，部分通过他们在书出版过程中帮助处理细节问题。我特别要指出比尔·盖弗（Bill Gaver），麦克·莫泽尔（Mike Mozer），和戴夫·欧文（Dave Owen），感谢他们详细的注释。还要感谢在此书写作之前的研究阶段，还有写作中的几年里，在各处施予援助的很多人。

对改版后的《设计心理学1：日常的设计》团队的感谢：

由于这个新版本遵循了第一版的组织结构和原则，我在上面提到的，前一版的致谢仍适用于增订版。

自本书第一版以来的许多年，我学到了很多东西。首先，我是学院里的学者，曾经短暂地在几个不同的公司工作。最重要的经验是在苹果公司收获的，我开始明白科学家很少关注的问题，诸如预算、进度、竞争压力和已建立的产品平台等等，如何在商业世界做出产品决策。当我在苹果公司时，它正在走下坡路，但在处于困境的公司中能获得更好的学习经验：必须拥有快速学习的能力。

我学到了计划和预算，来自各部门的竞争需求，比如市场营销、工业设计、图形、易用性和交互设计（现在一起放在体验设计的标题下）。我参观了位于美国、欧洲和亚洲的许多公司，曾与众多的合作伙伴和客户交流。这是一个很好的学习经验。我要感谢戴夫·内格尔（Dave Nagel），他雇用了我然后晋升我为高级技术副总裁；还有约翰·斯卡利（John Scully），我在苹果公司合作的第一任 CEO：约翰对未来有正确的远见。我从很多人那里学习，名字太多，难以罗列（快速回顾我在苹果曾经紧密合作，至今仍在我的联系人列表中的人，已经超过 240 名）。

我首先从鲍勃·布鲁纳（Bob Brunner），然后是乔纳森（约尼）·伊夫［Jonathan（Joni）Ive］学到工业设计。（约尼和我一起战斗，说服苹果管理层采用他的设计。瞧瞧，苹果对我的改变多大！）乔伊·芒福德（Joy Mountford）在高级技术部门管理设计团队，波利安·斯特里兰德（Paulien Strijland）在产品部门管理易用性测试小组。汤姆·埃里克森（Tom Erickson），哈里·萨德勒（Harry Saddler），奥斯汀·亨德森（Austin Henderson）和我一起在用户体验设计师办公室工作。拉里·特斯勒（Larry

Tesler），艾克·纳西（Ike Nassi），道格·所罗门（Doug Solomon），迈克尔·梅斯（Michael Mace），里克·拉费弗尔（Rick LaFaivre），格里诺·德·卢卡（Guerrino De Luca），休·迪伯利（Hugh Dubberly）帮助我不断接触到新的知识。特别重要的是苹果公司的研究员艾伦·凯（Alan Kay），盖·川崎（Guy Kawasaki），加里·斯塔克韦瑟（Gary Starkweather）。（我最初被聘为苹果的研究员。所有的研究员都汇报给高级技术部门的副总裁。）由于一个奇特的巧合，史蒂夫·沃兹尼亚克（SteveWozniak），作为苹果的一名员工，而我是他的老板，这让我和他一起度过一个愉快的下午。非常抱歉那些帮助了我，但我不能在这里一一罗列的朋友。

　　感谢我的妻子和挑剔的读者，朱莉·诺曼，她不断反复、耐心地仔细阅读手稿，当我犯傻，行文累赘，或过于啰唆时就会及时告诉我。在第一版的两个图片里，埃里克·诺曼作为小朋友出现，现在，25 年后，他读了整个手稿，提供了有说服力的、有价值的批评。我的助手，米米·加德纳（Mimi Gardner），帮我处理汹涌而来的电子邮件，让我可以专心写作。当然，尼尔森·诺曼的小组提供了很多灵感。谢谢你，雅各布。

　　40 年来，我经常与帕洛阿尔托研发中心的丹尼·博布罗（Danny Bobrow）合作，我们还是科学论文的合著者，他给我持续地提供建议和极具说服力的批评。莱拉·博罗迪斯凯（Lera Boroditsky），与我分享她在空间和时间方面的研究，并离开斯坦福，加入到我发起成立的加州大学圣迭戈分校的认知科学研究所，这让我高兴万分。

　　当然，我很感激东京大学的教授佐伯裕（Yutaka Sayeki），同意使用他如何应付自己摩托车的转向灯的故事。在第一版中我就使用了这个故事，但隐瞒了名字。一个用功的日本读者一定要知道他是谁，所以在这个版本里，我得到佐伯裕教授的同意，将他的名字公之于众。

　　李坤朴（Kun-Pyo Lee）教授邀请我每年花费两个月时间，连续三年在韩国尖端科学技术大学（Korea Advanced Institute for Science and Technology,

KAIST）的工业设计部门做研究，这让我更加深入地了解设计教学、韩国的技术和东北亚文化，交了许多新的朋友，并对泡菜产生了永久的爱恋。

在旧金山的市场街，亚历克斯·科特洛夫（Alex Kotlov）看守大楼入口处的目标层控制电梯，在那里我拍到了电梯的照片。他不仅仅让我拍照，而且还阅读了《设计心理学1：日常的设计》！

在《设计心理学》和《设计心理学1：日常的设计》出版以后的几年里，我对设计实务已经有相当了解。在 IDEO 我很感激戴维·凯利（David Kelly）和蒂姆·布朗（Tim Brown），以及其他研究员巴里·卡茨（Barry Katz），克里斯蒂安·西姆萨里安（Kristian Simsarian）。我与肯·弗里德曼（Ken Friedman）进行过许多富有成效的讨论，他是墨尔本的斯文本科技大学（Swinburne University of Technology）设计学院前院长。同时，我还要感谢我在全球许多知名设计学院的同事，他们遍布美国、伦敦、代尔夫特、埃因霍温（Eindhoven）、伊夫雷亚（Ivrea）、米兰、哥本哈根和香港等地。

还要感谢桑德拉·迪科斯彻（Sandra Dijkstra），她是我合作了几乎 30 年的出版代理人，《设计心理学》是她的第一本书，但是现在她拥有了一个大的团队和成功的作者。谢谢你。

当安德鲁·哈斯金（Andrew Haskin）和凯利·法德姆（Kelly Fadem）还是旧金山加州艺术学院（the California College of the Arts，CCA）的学生时，就帮我制作了书中的全部插图，那比我自己在第一版中的插图强多了。

亚纳基·（迈蒂利）·库马尔［Janaki（Mythily）Kumar］，是德国软件公司 SAP 的用户体验设计师，对真实世界中的设计提供了很多有价值的建议。

托马斯·凯莱赫（Thomas Kelleher，TJ），是这本增订版书籍的首席编辑，提供了迅速的、有效的忠告和编辑意见（这让我对手稿又进行了较大的改动，极大地完善了此书）。道格·谢雷（Doug Sery）来自麻省理工大学出版社，帮助我编辑这本书的英国版本（同时还有《设计心理2：如何管理复杂》这本书）。就这本书，TJ 做了所有的工作，道格·谢雷则给予无私的鼓励。

译者注：

①尽管此书再版时，作者更改了书名，但中文版的书名一直使用《设计心理学》。鉴于作者在此次新版中，一再强调新书名的意义，故此次新版改用新书名《设计心理学 1：日常的设计》，直译为《日用品设计指南》。特此注明。

综合阅读和注释

在下面的注释部分，我首先提供综合阅读材料。然后，将在注释中逐章列出在书中使用或引用材料的具体来源。

在这个可以快速获得信息的世界上，你自己可以找到这里讨论的主题信息。这里有个例子：在第五章中，我讨论了根本原因分析，以及日本所采用的方法，称为"五个为什么"。虽然在第五章中描述这些概念可以满足大多数读者的需求，但想了解更多的读者则可以使用自己喜欢的搜索引擎，查找引用里出现的关键词句。

大多数相关信息可以在网上找到。问题是，网上信息的地址（URL）瞬息万变。今天有价值的信息的存储位置可能明天就不再处于同一个地方。这个喧闹的不可信任的网络，就是我们今天所拥有的全部，谢天谢地最终或许会被更好的方案取代。不管是什么原因，我提供的互联网地址可能不再有效。好消息是，该书出版已经多年，肯定会出现新的和改进的搜索方法，应该能够轻松地找到任何关于本书所讨论的概念的更多信息。

这些注释提供了极好的出发点，为书中讨论的概念提供了重要的参考，按照它们出现的章节顺序排列。引文有两个目的。首先，这些概念归功于它们的原始作者。其次，作为出发点，可以对这些概念有更深入的了解。对于更前沿的信息（以及更新的，有进一步发展的信息），读者可以抛开本书搜索。强大的搜索技巧是 21 世纪成功的重要工具。

综合阅读

本书的首版发行时，还不存在交互设计这个学科，人机交互领域也还处于起步阶段，大多数有关这方面的研究在"可用性"或"用户界面"的幌子下进行。几个完全不同的学科都在努力澄清这个主题，但这些学科之间常常很少或根本没有互动。计算机科学、心理学、人因工程和人体工程学都是各个学院开设的学科，各科系的人员都知道彼此的存在，还经常一起工作，但并不包括设计。为什么没有设计？请注意，所有这里列举的学科都属于科学和工程领域，换句话说，都与科技相关。而设计主要在艺术或建筑学院作为一种职业来教授，而不是作为一个研究性的学术学科。设计师涉猎科学和工程学的不多。这意味着，虽然培养了很多优秀的从业者，但基本上没有理论研究：学习设计要通过师傅带领，导师指导和经验积累。

在学术界，很少有人意识到设计是个很严肃的专业，结果，设计，尤其是图形、通信和工业设计的工作完全独立于新兴的人机交互学科，以及已经存在的人因工程和人体工程学科。一些产品设计在机械工程系教授，但同样没有涉及其他设计。设计不仅仅是一个学术学科，所以存在的问题是很少或没有学科间的共通或合作。至今仍然如此，尽管设计越来越成为研究型的学科，设计学科的教授具有实践经验以及博士学位。学科之间的边界在逐渐消失。

许多独立的、完全不同的小组对类似的问题各行其事地研究，这一特殊历史，使人们很难对交互和体验设计提供学术方面的指导，也很难对设计提供应用方面的指导。有关人机交互、体验设计和易用性方面的文章、书和期刊在爆发式增长，数量巨大，无法引用。在下面的资料中，我提供了非常有限的一些例子。当开始整理出一系列我认为重要的清单时，我发现它太长了。出现了巴里·施瓦茨（Barry Schwartz）在他的书《选择的悖论：为什么多即是少》（*The Paradox of Choice：Why More Is Less*，2005）中所描绘的问题。所以，我决定化繁为简。很容易能找到其他的，包括在本书之后即将出版的重要的作品。同时，我向许多朋友道歉，他们重要的和有价值的作品在整理清单时不得不被舍弃。

对于在设计领域中建立互动，工业设计师比尔·莫格里奇（Bill Moggridge）是非常有影响力的人物。他在第一台便携式计算机的设计中扮演了重要的角色。他是 IDEO 的三位创始人之一，而 IDEO 成为世界上最有影响力的设计公司。有关此学科的早期发展，比尔写了两本与关键人物访谈的书：《关键设计报告》（*Designing Interactions*，2007）和《设计媒体》（*Designing Media*，2010）。由于是从设计原则出发的典型讨论，他的作品几乎完全专注于设计实践，很少关注研究。巴里·卡茨（Barry Katz）是旧金山加利福尼亚艺术学院设计系教授和斯坦福设计学院的教授，还是 IDEO 的合伙人，在硅谷的公司里提供了极好的设计实践，请参考《创新生态系统：硅谷设计史》（*Ecosystem of Innovation：The History of Silicon Valley Design*，2014）。本赫德·布尔德克（Bernhard Bürdek）写了一本优秀的非常全面的关于产品设计领域历史的书——《设计：历史、理论，与产品设计实践》（*Design：History，Theory，and Practice of Product Design*，2005）。布尔德克的书最初在德国发行，但有一个出色的英文译本，是我能找到的最充实的产品设计史的书。对那些想了解基础设计历史的读者，我强烈推荐阅读此书。

现代设计师喜欢将他们的成就描述为深入洞察问题的结果，这远远超出了通俗的设计概念，即设计漂亮的物品。设计师通过以特殊的方式处理问题来强调职业的这一特征，他们形容这种方式为"设计思维"。关于设计思维有一个很好的介绍，来自《设计变革》（*Change by Design*，2009），由蒂姆·布朗（Tim Brown）和巴里·卡茨撰写。布朗是 IDEO 的首席执行官，卡茨也是 IDEO 的合伙人（见上一段）。

有一个精彩的关于设计研究的介绍，可以在简·奇普蔡斯（Jan Chipchase）和西蒙·斯坦哈特（Simon Steinhardt）合著的《众目之下》（*Hidden in Plain Sight*，2013）中找到。本书记述了一个设计研究者的生活，他通过观察世界各地的人们在自己家中、在理发店、在生活区等地的行为来研究用户。奇普蔡斯是青蛙设计的全球视野执行创意总监，现任职于上海办事处。休·拜尔（Hugh Beyer）和卡伦·霍尔茨布拉特（Karen Holtzblatt）的著作《情境设计：定义客户为中心的系统》（*Contextual Design：Defining Customer-Centered Systems*，1998）提出了一种分析行为方式的有效方法；他们就此还写了一个有用的工作指导手册。（霍尔茨布拉特、温德尔和伍德，2004）。

还有很多优秀的书籍可供参考。列举如下：

Buxton，W.（2007）. *Sketching user experience：Getting the design right and the right design.* San Francisco，CA：Morgan Kaufmann.［And see the companion workbook（Greenberg，Carpendale，Marquardt，& Buxton，2012）.］

Coates，D.（2003）. *Watches tell more than time：Product design，information，and the quest for elegance.* New York：McGraw – Hill.

Cooper，A.，Reimann，R.，& Cronin，D.（2007）. *About face* 3：*The essentials of interaction design.* Indianapolis，IN：Wiley Pub.

Hassenzahl，M.（2010）. *Experience design：Technology for all the right reasons.* San Rafael，California：Morgan & Claypool.

Moggridge，B.（2007）. *Designing interactions.* Cambridge，MA：MIT Press. http：//www. designinginteractions. com. 第十章介绍了交互设计的方法：http：//www. designinginteractions. com/chapters/10

有两个手册为这本书中的主题提供了全面的、详细的论述：

Jacko，J. A.（2012）. *The human-computer interaction handbook：Funda-*

mentals，*evolving technologies*，*and emerging applications*（3rd edition）. Boca Raton，FL：CRC Press.

Lee，J. D. ，& Kirlik，A.（2013）. *The Oxford handbook of cognitive engineering*. New York：Oxford University Press.

你应当读哪一本书呢？它们都很出色。尽管很贵，但对于想在这个行业发展的读者来说很有价值。《人机交互手册》（*The Human-Computer Interaction Handbook*）就像书名的含义，主要阐述计算机增强的互动技术。另外一本书《牛津认知工程手册》（*The Oxford Handbook of Cognitive Engineeing*）则涉猎广泛，博大精深。哪个更好？取决于读者正面临哪一方面的问题。对我来说，它们都很重要。最后，我再介绍两个网站：

交互设计基础（IDF）：请特别关注其中的百科全书式论文。

www. interaction-design. org

国际人机交互学会（SIGCHI：The Computer-Human Interaction Special Interest Group for ACM）

www. sigchi. org

第一章：日用品心理学

003 专为受虐狂设计的咖啡壶：由法国艺术家雅克·卡雷尔曼设计（1984）。这张照片显示的咖啡壶属于作者，灵感来自卡雷尔曼。艾米·沙曼（Aymin Shamma）为作者拍了这张照片。

011 示能：知觉心理学家吉普森发明了这个词，解释人们如何应付世界（吉普森，1979）。在本书的第一版（诺曼，1988），我将这个词引入了交互设计的世界。自那时以来，关于示能的文章不可胜数。使用此术语造成的混淆，促使我在《设计心理学 2：如何管理复杂》（诺曼，2010）一书中引入"意符"一词，并在这本书里贯穿始终，尤其在第一章和第四章。

第二章：日常行为心理学

043 执行与评估的鸿沟：关于执行与评估的鸿沟和桥梁的故事来自埃德温·哈钦斯（Ed Hutchins）和吉姆·霍兰（Jim Hollan）的研究，还有一部分来自海军人事研究和发展中心（Naval Personnel Research and Development Center）和加州大学圣迭戈分校的合作研究团队（霍兰和哈钦斯现在是加州大学圣迭戈分校的认知科学教授）。他们的工作主要是研究计算机系统的研发，使之易于学习，易于使用，他们尤其关注被称作"直控计算机系统"的发展。最初的成果在我们实验室出版的书《用户中心系统设计：关于人机交互的新观点》（User Centered System Design：New Perspectives on Human-Computer Interaction）（哈钦斯、霍兰和诺曼著，1986）的其中一章"直控计算机系统"中有描述。还可以参考霍兰、哈钦斯、戴维·柯什的论文《分布式认知：人机交互研究的新原则》（Distributed Cognition：A New Foundation for Human-Computer Interaction Research，2000.）。

048 莱维特："人们并不想买四分之一英寸的钻头，他们想要的是四分之一英寸的孔！"参考克里斯滕森、库克和哈尔，2006。实际上哈佛商学院的市场学教授莱维特对钻头和孔的论述正是斯蒂格勒定律的优秀例子："所有的科学发现都不是以最初的发现者的名字命名的。"莱维特本人将钻头和孔的论述归功于利奥·麦金内瓦（Leo McGinneva）。（莱维特，1983）斯蒂格勒定律本身就是一个优秀的案例：斯蒂格勒是统计学教授，他写道他从社会学家罗伯特·默顿（Robert Merton）得到这个定律。更多信息请参考维基百科"斯蒂格勒定律的由来"。

051 门把手：问题："三小时前在你待过的房子，当你走进前门时，门把手在左边还是右边？"来自我的论文《记忆，知识，以及问答》（Memory，Knowledge，and the Answering of Questions）（诺曼，1973）。

054 本能的，行为的和反思的：丹尼尔·卡纳曼（Daniel Kahneman）的书《快速思考和慢速思考》（*Thinking Fast and Slow*，2011），非常出色地介绍了意识和潜意识机制的现代概念。本能、行为和反思机制的区别，是我的书《设计心理学 3：情感设计》的基础（诺曼，2002，2004）。这个人类认知和情感系统的模型，在一篇科学论文中有更多技术细节的描述，由我与安德鲁·奥托尼（Andrew Ortony）和威廉·雷维尔（William Revelle）合著：《情绪与原情绪在有效机能的角色》（*The Role of Affect and Proto-affect in Effective Functioning*，2005）。还可以参考《设计师和用户：情感和设计的两维》（*Designers and Users：Two Perspectives on Emotion and Design*），诺曼和奥托尼著，2006。《设计心理学 3：情感设计》包含了设计在所有三个层次的角色实例。

062 温控器：有价值的温控器理论来自肯普顿（Kempton），发表在《认知科学》（*Cognitive Science*）杂志的一项研究（1986）。与第二章展示的简单温控器不同，智能温控器在设定后，能够及早打开或关闭系统，可以设定并确保在所需的时间达到所需的温度，不会超过或低于目标。

068 积极心理学：米哈里·齐克森米哈里关于"心流"的研究可以在他的几本书的相关主题中找到（1990，1997）。马丁·（马蒂）·塞利格曼［Martin（Marty）Seligman］发展了习得性无助感的概念，并将其应用于抑郁症（塞利格曼，1992）。然而，他认为心理学持续关注困难和异常现象是错误的，所以他与齐克森米哈里联手创造了一个积极心理学运动。有关的精彩介绍在《美国心理学家》（*American Psychologist*）杂志的文章中可以找到，由他们两人撰写（Seligman & Csikszentmihalyi，2000）。自那时以来，积极心理学的内容已经扩展到包括书籍、期刊和会议。

070 人为差错：用户自责。不幸的是，法律系统也责备用户。当发生重大安全事故，会成立官方的调查机构来评估责任。越来越多的责任归咎于"人为差错"。但在我的经验中，人为差错通常起源于糟糕的设计：为什么系统如此设计，使得单独一个人的单次行为会导致灾难？关于这个主题的一本重要的书，是查尔斯·佩罗（Charles Perrow）的《正常事故》（*Normal Accidents*，1999）。本书的第五章提供了对人为差错的详细分析。

076 前馈：前馈是控制理论的一个老概念，但我第一次碰到它被应用于行动的七个阶段，是在约·韦尔默朗（Jo Vermeulen），克里斯·卢伊藤（Kris Luyten），埃莉斯·范·登·霍温（Elise van den Hoven），和卡琳·科宁克斯（Karin Coninx）合著的论文中（2013）。

第三章：大脑中的知识与外部世界的知识

083 美元硬币：雷·尼克森和玛丽莲·亚当斯，还有戴维·鲁宾和西达·康提斯（Theda Kontis），认为人们无须回忆，也无须精确辨认美元硬币上的图案和文字。（尼克森和亚当斯著，1979；鲁宾和康提斯著，1983。）

088 法国硬币：法国政府发行 10 法郎的硬币，引自斯坦利·梅斯勒（Stanley Meisler）的文章（1986），得到《洛杉矶时报》的许可转载。

089 记忆中的描述：关于记忆的存储和检索是通过对碎片描述间接加工的观点，来自丹尼·博布罗和我共著的论文（1979）。在一般情况下，我们认为，描述的特异性取决于人们试图区分的一系列项目。记忆的检索包含相当长的一系列努力，在初期的检索描述会产生不完整的或错误的结果，所以人们必须不停尝试，每一次检索都尽力接近答案，有助于使描述更加准确。

091 押韵的约束：考虑到有意义的线索（首要任务），参与戴维·C·鲁宾和万达·T·华莱士测试的人在当时能猜出这些例子中三个目标单词的各自比例是 0，4%，和 0。同样，当相同的目标单词以押韵的形式来提示，他们仍然做得很差，一次猜测正确的比例分别是 0，0，和 4%。因此，每一条线索单独提供一点帮助。将意义的暗示与韵律的提示结合起来，就能得到完美的结果：人们一次 100% 猜对（鲁宾和华莱士著，1989）。

093 阿里巴巴：阿尔弗雷德·贝茨·洛德（Alfred Bates Lord）的结论在他的书《故事的歌手》（*The Singer of Tales*，1960）中进行了总结。引文《阿里巴巴和四十大盗》来自《一千零一夜》（*The Arabian Nights：Tales of Wonder and Magnificence*），由帕德里克·科拉姆（Padraic Colum）选编，爱德华·威廉·莱恩（Edward William Lane）翻译（1953）。这里的名字是个陌生的形式：我们大多数人都知道咒语为"芝麻开门"，但根据科拉姆，"森木塞姆"（Simsim）是正宗的音译。

094 密码：人们如何应对密码？有很多研究：见之于安德森，2008；弗洛伦西奥、埃利和焦什昆，2007；国家研究委员会和指导委员会关于计算机系统的易用性、安全性和隐私，2010；诺曼，2009；施奈尔，2000。想找到最常见的密码，只要使用一些短语诸如"最常见的密码"搜索就行。我写的关于安全的文章，导致众多的报纸专栏引用，可以在我的网站，和曾经在杂志上发表的关于人机交互的文章中见到，《人机交互》（*Interactions*），诺曼著，2009。

096 隐秘之地：引自谚语"专业窃贼知道人们如何藏东西"，来自威诺格拉德（Winograd）和索洛韦（Soloway）的研究《关于忘记存在特殊地方之物的存放地点》（*On Forgetting the Locations of Things Stored in Special Places*），1986。

100 记忆术：我的书《记忆力和注意力》（*Memory and Attention*）涵盖了记忆的方法，尽管这本书有些陈旧，记忆的技巧还要更古老，但内容没有修改（诺曼，1969，1976）。我在《学习和法则》（*Learning and Memory*，1982）中讨论了搜寻记忆的努力。记忆技巧很容易找到，只在网上搜索"记忆"即可。同样，很容易通过互联网搜索发现短期和长期记忆的特质，或者在任何实验心理学、认知心理学、神经心理学（与临床心理学相对）或认知科学的文本中查找。另外，可以在线搜索"人类记忆"、"工作记忆"、"短期记忆"或"长期记忆"。还可以参考由哈佛大学心理学家丹尼尔·沙克特（Daniel Schacter）的书，《记忆的七宗罪》（*The Seven Sins of Memory*，2001）。沙克特的七宗罪是什么？健忘，心不在焉，阻塞，张冠李戴，暗示性，持久性，和纠缠。

107 怀特海：关于阿尔弗雷德·诺思·怀特海（Alfred North Whitehead）的自发行为的力量，引自于他的书《数学导读》（*An Introduction to Mathematics*，1911）第五章。

113 前瞻记忆：对前瞻记忆和未来记忆的研究不可胜数，可以在以下文章中找到相关概要，迪斯穆克斯（Dismukes）有关前瞻记忆的文章，克里斯蒂娜·阿坦塞（Cristina Atance）和达尼埃拉·奥尼尔（Daniela O'Neill）对未来记忆的评论，或他们所谓的"未来情景思维"（episodic future thinking）（阿坦塞和奥尼尔，2001；迪斯穆克斯，2012）。

117 交换记忆：交换记忆这个词由哈佛大学心理学教授丹尼尔·韦格纳（Daniel Wegner）创造出来（路易斯和赫恩登，2011；D·M·韦格纳，1987；T·G·韦格纳和 D·M·韦格纳，1995）。

119 灶具控制：灶具的控制旋钮与炉灶之间困难的映射关系，已经被人因工程专家了解超过 50 年：为什么仍然设计如此糟糕的炉具？这个问题在 1959 就提出来，发表在当年的《人为因素杂志》（*Human Factors Journal*）上（查帕尼斯和林登鲍姆，1959）。

123 文化与设计：我关于文化影响映射的讨论很快就通过我与莱拉·博罗迪斯凯（Lera Boroditsky）的谈话传播开来，然后在斯坦福大学，接下来是现在的加利福尼亚大学圣迭戈分校认知科学系都有热议。参考她的书中章节"语言如何约束时间"（2011）。努涅斯（Núñez）和斯威策（Sweetser）撰写了关于澳大利亚土著居民文化的研究（2006）。

第四章：知晓：约束、可视性和反馈

134 InstaLoad：描述微软 InstaLoad 电池触点的技术由其网站上提供：

www. microsoft. com/hardware/en‐us/support/licensing‐instaload‐over-view.

136 文化框架：参考罗杰·尚克和罗伯特·B·埃布尔森的《剧本、计划、目标和理解力》(*Scripts*, *Plans*, *Goals*, *and Understanding*, 1977) 一书，或者欧文·戈夫曼的经典且影响力极大的两本书《日常生活中的自我表现》(*The Presentation of Self in Everyday Life*, 1959) 和《框架分析》(*Frame Analysis*, 1974)。我认为前一本最接近他的研究，而且浅显易读。

136 违反常规做法："试图违背文化惯例，看看如何让你和其他人都不舒服。"简·奇普蔡斯 (Jan Chipchase) 和西蒙·斯坦哈特 (Simon Stein-hardt) 的书《隐匿于平常》(*Hidden in Plain Sight*) 提供了很多例子，设计人员故意违反社会规范，然后了解文化对设计的影响。奇普蔡斯记录了一个试验，身强力壮的年轻人要求坐地铁的乘客将自己的座位让给他们。试验中有两件事情令人惊讶。首先，很大一部分人服从要求。其次，受影响最大的人是试验者自己：他们不得不强迫自己扮演恶人，之后很长一段时间对此感到难过。故意违反社会习俗的行为让违法者和受害者都不舒服。(奇普蔡斯和斯坦哈特，2013。).

145 灯光开关面板：组装我家灯开关面板的结构，我主要依赖于机电天才达夫·瓦戈 (Dave Wargo)，实际上是他帮我设计、施工以及安装开关。

165 自然的声音：比尔·盖弗 (Bill Gaver) 现在是伦敦大学格尔德史密斯学院的知名设计研究员。他的博士论文以及后来的系列专著，首次提醒我关注自然声音的重要性 (W·盖弗，1997；W· W·盖弗，1989)。从早期就有相当多对自然声音的研究，例如，参考盖吉 (Gygi) 和沙菲罗 (Shafiro) 的著作 (2010)。

167 电动汽车：引自美国政府关于电动汽车声响的条例，可以在交通运输部的网站上查询 (2013)。

第五章：人为差错？不，糟糕的设计

有很多研究差错、可靠性和修复过程的论著。除了下面列举的以外，维基科学上关于人为因素的文章就是很好的资源（Wiki of Science，2013）。还可以参考《人为差错背后》（*Behind Human Error*）一书（伍兹、迪克、库克、约翰内森和萨特，2010）。

两个在人为差错研究方面非常重要的人物是英国心理学家詹姆斯·里森和丹麦工程师延斯·拉斯姆森。还可以参考瑞典调查员悉尼·德克尔（Sidney Dekker），麻省理工学院教授南希·莱韦森的著作（德克尔，2011，2012，2013；N·莱韦森，2012；N·G·莱韦森，1995；拉斯姆森、邓肯和勒普拉，1987；拉斯姆森、派伊特森和古德斯坦，1994；J·T·里森，1990，2008）。

除非另有说明，本章中的所有失误的案例都是我收集的，主要是我以及我的研究伙伴、同事和我的学生曾经犯的错误。每个人都仔细记录他或她的失误，只有一个要求，那些被立即记录下来的故事才能被添加到案例里。许多都是第一次被诺曼收录到书中并出版（1981）。

172 F－22 空难：有关空军战机 F－22 坠毁的分析来自政府的公报（美国国防部监察长，2013）（这个报告还将空军的原始调查报告作为附录 C）。

177 失误和错误：有关基于技巧的、基于规范的和基于知识的行为描述节选自延斯·拉斯姆森的相关论文（1983），至今仍是最精彩的论述。将差错分为失误和错误两大类，由我和延斯合作完成。将错误归类为基于规范的和基于知识的，则源于拉斯姆森的文章（拉斯姆森、古德斯坦、安德森和奥尔森，1988；拉斯姆森、派伊特森和古德斯坦，1994；J·T·里森，1990，1997，2008）。记忆失效差错（包括失误和错误）不再从源头

上与其他差错分开：它们后来被归为单独的一类，但与我在本书中的做法不一样。

180 基米尼滑翔机：被加拿大人称作基米尼滑翔机的事故是加拿大航空公司一架波音 767 因燃油耗尽，不得不滑翔迫降在基米尼，加拿大一个废弃的空军基地。事故中发生了很多错误：搜索"基米尼滑翔机事故"了解更多。（我建议使用维基百科。）

183 撷取性失误：撷取性失误的分类由詹姆斯·里森提出（1979）。

187 空客：关于空客与其型号的困惑见于航空安全网（Aviation Safety Network，1992），和维基百科（Wikipedia contributors，2013a）。空客存在另外一个令人不安的设计问题——两个驾驶员（机长和副驾驶）都能控制操纵杆，但没有反馈，于是一个驾驶员并不知道另外一个人正在做什么——参考英国报纸《电报》（The Telegraph）上的文章（罗斯和特威迪著，2012）。

190 巴西圣塔玛丽亚甜蜜之吻夜总会的火灾：巴西和美国的多个报纸均有报道（在网上搜索"甜蜜之吻夜总会火灾"），我第一次从《纽约时报》（罗梅罗撰文，2013）得知这个消息。

195 特内里费空难：关于特内里费空难，我的资料来源于罗伊施（Roitsch）、巴布科克（Babcock）和埃德蒙兹（Edmunds）的报道，由美国航空飞行员协会发行。它与翻译过来的西班牙政府的报道不同，而西班牙政府的报道与荷兰航空事故调查委员会的报告也有出入，这并不稀奇。关于 1977 年特内里费事故有一篇很好的评论（写于 1978 年），显示其持久的重要性，已被帕特里克·史密斯（Patrick Smith）记录在网站 Salon. com（史密斯，2007，星期五，4 月 6 日，04：00 AM PDT）上。

196 佛罗里达航空空难（Air Florida crash）：关于此空难的信息和引文来自国家交通安全局的报告（1982），还可以参考两本书，都名为"飞行员的错误"（Pilot Error，赫斯特，1976；R·赫斯特和 L·R·赫斯特，1982）。这两本书有很大区别，第二本比第一本要好，部分由于写作第一本书时，很多科学的证据还没有被发现。

198 医用检查清单：在杜克大学医学中心，我们能看到一些知识类错误。一个精彩的例子就是使用用药检查清单（尽管有很多社会压力延迟了清单的应用），由阿图尔·加汪德（Atul Gawande，2009）提供。

200 自动化：有关丰田自动化的文章和丰田生产系统的文章，来自汽车制造商网站（Toyota Motor Europe Corporate Site，2013）。很多书和网站上都有防呆（Poka-yoke）的介绍。我发现有两本书提供了非常有价值的观点，它们由防呆的发明者新乡重夫（Shigeo Shingo）著述或至少得到其协助。

201 航空安全：NASA 的航空安全报告系统网站提供了细节，还有报告的历史信息（NASA，2013）。

205 事后诸葛亮：巴鲁克·菲施霍夫的研究成果是《事后诸葛亮 ≠ 预见：对不确定情况下的判断的事后认知效果》（*Hindsight ≠ Foresight：The Effect of Outcome Knowledge on Judgment Under Uncertainty*，1975）。如果你正致力于这个方面，就请参考他最近的新书（菲施霍夫，2012；菲施霍夫 & Kadvany，2011）。

206 防错设计：我在《美国计算机协会通讯》（*Communications of the ACM*）的一篇论文中讨论过防错设计，在文中我分析了人们使用计算机系统时的许多失误，并给出一些减少差错的系统设计原则的建议（诺曼，1983）。这个思想也遍布研究小组整理的书籍中：《用户中心系统设计》（*User Centered System Design*）（诺曼和德雷珀，1986）；有两章内容对此做了特别讨论，它们是我写的《认知工程》（*Cognitive Engineering*），还有我与克莱顿·路易斯合著的《为错误而设计》（*Designing for Error*）。

207 多任务处理：关于多任务处理的风险和低效率已有不少研究。我偏爱的评论来自斯平克·科尔和沃勒的著作（2008）。犹他州大学的戴维·L·斯特雷耶（David L. Strayer）和他的同事们做了不计其数的研究，证明在驾驶行为中使用手机会造成相当严重的后果（斯特雷耶和德鲁兹，2007；斯特雷耶、德鲁兹和克劳奇，2006）。即使是行人也会因为使用手机而分神，这一研究成果来自西华盛顿大学的一个研究小组（伊曼、博斯、怀斯、麦肯齐和卡贾诺，2010）。

208 骑独轮车的小丑（Unicycling clown）：关于不引人注目的蹬独轮车的小丑的故事，见于《你有看见蹬独轮车的小丑吗？边走路边打电话，就会导致非注意盲视》（海曼、鲍斯、维斯、麦肯齐和卡贾诺，2010）。

215 瑞士奶酪模型：詹姆斯·里森在1990年提出这个影响深远的瑞士奶酪模型（J·里森，1990；J·T·里森，1997）。

217 赫斯曼：德博拉·赫斯曼关于飞机设计理念的描述来自2013年2月7日她的谈话，讨论国家交通安全局试图了解波音787客机电池舱起火的原因。虽然大火导致飞机紧急着陆，但没有乘客或机组人员受伤：多层冗余保护保证了飞机的安全。然而，火灾造成的损害非常严重，难以想象，所有航空公司的波音787停飞，直到所有参与方都已经完成了对事件发生原因的深入调查，然后通过美国联邦适航局的一个新的认证流程（在美国，并通过其他国家的相应机构来实施）。虽然这代价昂贵，并带来极大的不便，但是个良好的主动预防案例：在事故导致受伤和死亡之前采取措施（美国国家交通安全局，2013）。

219 修补回复工程：摘录自《修补回复工程》（*Resilience Engineering*）一书的《序：修补回复工程的概念》，摘录得到出版商许可（霍纳格尔、伍兹和莱韦森，2006）。

220 自动化：我有很多研究和著作涉及自动化。早期的论文《驾驶员座舱中的咖啡杯》（*Coffee Cups in the Cockpit*）指出了这个问题。事实上，当谈论发生在一个大的国家，或者遍及全球的"百万分之一的机会"，可不是好的概率（诺曼，1992）。在我的书《设计心理学4：未来的设计》中展开讨论这个问题（诺曼，2007）。

222 女王陛下号事故：关于模式差错的一个精彩的分析来自女王陛下号的事故分析，收录在阿萨夫·德加尼（Asaf Degani）关于自动化的书中《2001 年后的界面设计》（*Taming HAL：Designing Interfaces Beyond* 2001，2004），还见于吕佐夫特（Lützhöft）和德克尔（Dekker）的分析以及美国国家交通安全局的正式报告（吕佐夫特和德克尔，2002；美国国家交通安全局，1997）。

第六章：设计思维

在综合阅读章节指出，《设计变革》是关于设计思维的一篇很好的介绍文章，由蒂姆·布朗和巴里·卡茨在 2009 年合著。蒂姆·布朗是 IDEO 公司的 CEO，卡茨是加州大学艺术学院的教授，斯坦福设计学院的访问学者，还是 IDEO 的合伙人。在互联网上有很多资源，我喜欢 designthinking-foreducators. com。

228 双重发散—聚焦模式：双重发散—聚焦模式首次由英国设计协会在 2005 年发表，被称作"双钻设计流程模型"（英国设计协会，2005）。

229 以人为本的设计流程：以人为本的设计流程有很多变种，每一种的核心思想差不多，但细节有所不同。我描述的理论简介来自 IDEO 的以人为本设计书籍和工具包（IDEO，2013）。

235 打样：关于打样，见巴克斯顿关于草图的书和手册（巴克斯顿，2007；格林伯格、卡潘戴尔、马夸特和巴克斯顿，2012）。设计师应用多种方法理解问题的本质，得到潜在的解决方案。甚至维贾伊·库马尔（Vijay Kumar）的《101 种设计方法》（*101 Design Methods*，2013）都没有包含所有方法。库马尔的书是设计研究方法的优良指导，但其焦点在于创新，而不是产品的生产，所以它不包括实际的开发周期——打样、测试和重复，还有如市场的实际问题，本章最后一部分的主题和第七章的所有内容都不在这本书的范围。

236 奥兹向导：奥兹向导得名于鲍姆的书《奥兹的精彩魔术》，我使用的技术，来源于人工智能研究者丹尼·博布罗领导的小组在当时被称为施乐帕洛阿尔托研究中心的研究结果论文（1977）。坐在另外一个房间的"研究生"是艾伦·芒罗（Allen Munro），他后来持续的研究生涯很有影响力。

237 尼尔森：雅各布·尼尔森的观点，五个用户是最理想的测试人数，来源于尼尔森－诺曼小组网站（Nielsen Norman group's website）。

241 三个目标：马克·哈森萨勒在很多场合使用三个层次目标（想成为什么，计划目标和执行目标），但我强烈推荐他的书《经验设计》（*Experience Design*，2010）。三个目标来自查尔斯·卡弗和迈克尔·沙伊尔的研究成果，发表在他们使用反馈模式、紊乱和动态理论解释很多人类行为的里程碑式的书里。

253 年龄与成就：关于年龄对人为因素的影响，弗兰克·希伯（Frank Schieber，2003）提供了一份不错的评论。伊戈·格罗斯曼（Igo Grossman）和他的同事们的报告是一个典型的研究案例，精心揭示了随着年龄的增长，人们也会获得较高的成就。

262 斯沃琪国际时间：关于斯沃琪开发"点脉动"（.beat）时间和法国的十进制时间故事，参考维基百科上关于十进制时间的讨论。

第七章：在商业环境中设计

268 功能蔓延：一则科技史学家的笔记，我试图追踪这个词语的来龙去脉，上溯到 1976 年约翰·马舍伊（John Mashey）的一次谈话（1976）。那时马舍伊是贝尔实验室的计算机科学家。他是 UNIX 的早期开发者之一，UNIX 已经成为出名的计算机操作系统（是仍然活跃的操作系统如 Unix，Linux，和苹果 Mac 操作系统的底层内核）。

273 扬米·穆恩：扬米·穆恩的书《差异：跳脱竞争群体》（*Different*：*Escaping the Competitive Herd*，2010）主张："如果有一个传统智慧的力量遍及每个行业的每个公司，那么重要的就是通过激烈的竞争，将自己与竞争对手区分开来。然而，与竞争对手的正面交手——比如在产品的特性、产量增加等等方面——最终会适得其反，你会和其他人变得没有什么两样。"（请见 http：//youngmemoon. com/Jacket. html. ）

276 单词手势感应系统：单词手势感应系统可以追踪屏幕上虚拟键盘的字母输入，快捷和高效地键入字母（尽管还没有传统的使用十个手指的键盘速度快）。翟树民和克里斯藤松（Per Ola Kristensson）对此有很多详细论述，他们是这种输入法的开发者。

278 多点触摸屏：多点触摸屏的研发在实验室中已超过三十年，许多公司都推出过产品但失败了。尼米什·梅赫塔（Nimish Mehta）是多点触控的发明者，他在多伦多大学的硕士论文（1982）中已经做了探讨。比尔·巴克斯顿（Bill Buxton，2012）是这一领域的先驱之一，提供了宝贵的评论（20 世纪 80 年代早期，他也在多伦多大学研究多点触摸屏）。另外一篇关于多点触摸和手势系统的精彩评论（以及设计原则）由丹·萨弗（Dan Saffer）在他的书《设计手势界面》（*Designing Gestural Interfaces*）中提供（2009）。手指工作室和苹果的故事可以通过在网上搜索"Finger-works"（手指工作室）得到。

279 可视电话（Telephonoscope）："可视电话"的插图来源于 1878 年 12 月 9 日的英国《潘趣》杂志（为 1879 年的年鉴而作）。图片来自维基百科（2013d），由于太古老，已经公开版权。

280 斯蒂格勒法则：参考第二章相关注释。

284 QWERTY 键盘：QWERTY 键盘的历史在很多文章中有所涉及。在此我感谢斯特拉斯克莱德大学的教授尼尔·凯（Neil Kay），我们通过邮件联系，他的文章《重放历史的磁带，QWERTY 总是赢》（*Rerun theTape of*

History and QWERTY Always Wins，2013）引导我搜索由日本研究者安冈孝一（Koichi Yasuoka）和安冈素子（Motoko Yasuoka）建立的 "QWERTY People Archive" 网站，对键盘历史感兴趣人来说，这里有难以置信的、详细的和有价值的资源，尤其是 QWERTY 键盘的结构（Yasuoka & Yasuoka，2013）。关于打字机的文章，1872 年的《科学美国》杂志值得一读，很有趣：《科学美国》的风格从那时起彻底改变。

286 键盘的人机工程学：键盘对健康方面的影响请参考全国健康协会（National Institute of Health）的报告（2013）。

287 德沃夏克键盘：德沃夏克键盘的速度比 QWERTY 键盘快吗？是的，但没有快很多。黛安娜·费希尔（Diane Fisher）和我研究了多种键盘布局。我们以为按字母排序的键盘会有益于初学者，结果，不，不是的：我们发现字母知识在找寻按键时没有多大帮助。我们关于字母排序的键盘和德沃夏克键盘的研究刊登在《人为因素》研究杂志上（诺曼和费希尔，1984）。德沃夏克键盘的追随者声称会有超过 10% 的改善，以及更快的学习速率和减少疲劳的作用。但我会坚持我的研究和我的陈述。如果你想知道更多，包括值得一读的打字机的历史，请参考书籍《技巧打字的认识方面》（*Cognitive Aspects of Skilled Typewriting*），由威廉·E·库珀（William E. Cooper）编辑，包括了几章我的实验室研究（W. E. 库柏，1963；诺曼和费希尔，1984；诺曼和鲁迈哈特，1963；鲁迈哈特和诺曼，1982）。

288 渐进式创新与颠覆式创新：意大利商学院教授韦尔甘蒂（Roberto Verganti）同我讨论过渐进式创新和颠覆式创新的规律（诺曼和韦尔甘蒂，2014；韦尔甘蒂，2009，2010）。

289 登山法：设计的登山法见于亚历山大（Christopher Alexander）的书《关注形式的综合》（*Notes on the Synthesis of Form*，1964），和琼斯（Chris Jones）的书《设计方法》（*Design Methods*，1992，也可见琼斯的著作，1984）。

294 人与机器：评论来自麻省理工的教授布伦乔夫森在 2012 年 6 月的国家工程学院研讨会上关于生产、设计和创新的发言（布伦乔夫森，2012）。他与麦卡菲（Andrew McAfee）合著的书《与机器竞赛：数字革命如何加速革新，提高产量，以及不可更改地改变雇佣关系和经济》中包含了对设计和创新的精彩解读。

298 交互式媒介：阿尔·戈尔的交互式媒介出自著作《我们的选择》（*Our Choice*，2011）。我早期的互动式书籍中的一些视频仍然可用，见于诺曼（1994，2011b）。

304 草根的崛起：词语"草根的崛起"取自我为"铁箱公司"（Steel-case company）成立百年庆典所做的致辞，得到公司许可使用（诺曼，2011a）。

参考文献

Alexander, C. (1964). *Notes on the synthesis of form.* Cambridge, England: Harvard University Press.

Anderson, R. J. (2008). *Security engineering—A guide to building dependable distributed systems* (2nd edition). New York, NY: Wiley. http://www.cl .cam.ac.uk/~rja14/book.html

Anonymous. (1872). The type writer. *Scientific American, 27*(6, August 10), 1.

Atance, C. M., & O'Neill, D. K. (2001). Episodic future thinking. *Trends in Cognitive Sciences, 5*(12), 533–537. http://www.sciencessociales.uottawa .ca/ccll/eng/documents/15Episodicfuturethinking_000.pdf

Aviation Safety Network. (1992). Accident description: Airbus A320-111. Retrieved February 13, 2013, from http://aviation-safety.net/database /record.php?id=19920120-0

Baum, L. F., & Denslow, W. W. (1900). *The wonderful wizard of Oz.* Chicago, IL; New York, NY: G. M. Hill Co. http://hdl.loc.gov/loc.rbc/gen.32405

Beyer, H., & Holtzblatt, K. (1998). *Contextual design: Defining customer-centered systems.* San Francisco, CA: Morgan Kaufmann.

Bobrow, D., Kaplan, R., Kay, M., Norman, D., Thompson, H., & Winograd, T. (1977). GUS, a frame-driven dialog system. *Artificial Intelligence, 8*(2), 155–173.

Boroditsky, L. (2011). How Languages Construct Time. In S. Dehaene & E. Brannon (Eds.), *Space, time and number in the brain: Searching for the foundations of mathematical thought.* Amsterdam, The Netherlands; New York, NY: Elsevier.

Brown, T., & Katz, B. (2009). *Change by design: How design thinking transforms organizations and inspires innovation.* New York, NY: Harper Business.

Brynjolfsson, E. (2012). Remarks at the June 2012 National Academy of Engineering symposium on Manufacturing, Design, and Innovation. In K. S. Whitefoot & S. Olson (Eds.), *Making value: Integrating manufacturing, design, and innovation to thrive in the changing global economy.* Washington, DC: The National Academies Press.

Brynjolfsson, E., & McAfee, A. (2011). *Race against the machine: How the digital revolution is accelerating innovation, driving productivity, and irreversibly transforming employment and the economy.* Lexington, MA: Digital Frontier Press (Kindle Edition). http://raceagainstthemachine.com/

Bürdek, B. E. (2005). *Design: History, theory, and practice of product design.* Boston, MA: Birkhäuser–Publishers for Architecture.

Buxton, W. (2007). *Sketching user experience: Getting the design right and the right design.* San Francisco, CA: Morgan Kaufmann.

Buxton, W. (2012). Multi-touch systems that I have known and loved. Retrieved February 13, 2013, from http://www.billbuxton.com/multi-touchOverview.html

Carelman, J. (1984). *Catalogue d'objets introuvables: Et cependant indispensables aux personnes telles que acrobates, ajusteurs, amateurs d'art.* Paris, France: Éditions Balland.

Carver, C. S., & Scheier, M. (1998). *On the self-regulation of behavior.* Cambridge, UK; New York, NY: Cambridge University Press.

Chapanis, A., & Lindenbaum, L. E. (1959). A reaction time study of four control-display linkages. *Human Factors, 1*(4), 1–7.

Chipchase, J., & Steinhardt, S. (2013). *Hidden in plain sight: How to create extraordinary products for tomorrow's customers.* New York, NY: HarperCollins.

Christensen, C. M., Cook, S., & Hal, T. (2006). What customers want from your products. *Harvard Business School Newsletter: Working Knowledge.* Retrieved February 2, 2013, from http://hbswk.hbs.edu/item/5170.html

Coates, D. (2003). *Watches tell more than time: Product design, information, and the quest for elegance.* New York, NY: McGraw-Hill.

Colum, P., & Ward, L. (1953). *The Arabian nights: Tales of wonder and magnificence.* New York, NY: Macmillan. (Also see http://www.bartleby.com/16/905.html for a similar rendition of 'Ali Baba and the Forty Thieves.)

Cooper, A., Reimann, R., & Cronin, D. (2007). *About face 3: The essentials of interaction design.* Indianapolis, IN: Wiley.

Cooper, W. E. (Ed.). (1963). *Cognitive aspects of skilled typewriting.* New York, NY: Springer-Verlag.

Csikszentmihalyi, M. (1990). *Flow: The psychology of optimal experience.* New York, NY: Harper & Row.

Csikszentmihalyi, M. (1997). *Finding flow: The psychology of engagement with everyday life.* New York, NY: Basic Books.

Degani, A. (2004). Chapter 8: The grounding of the *Royal Majesty.* In A. Degani (Ed.), *Taming HAL: Designing interfaces beyond 2001.* New York, NY: Palgrave Macmillan. http://ti.arc.nasa.gov/m/profile/adegani/Grounding%20of%20the%20Royal%20Majesty.pdf

Dekker, S. (2011). *Patient safety:A human factors approach.* Boca Raton, FL: CRC Press.

Dekker, S. (2012). *Just culture: Balancing safety and accountability.* Farnham, Surrey, England; Burlington, VT: Ashgate.

Dekker, S. (2013). *Second victim: Error, guilt, trauma, and resilience*. Boca Raton, FL: Taylor & Francis.

Department of Transportation, National Highway Traffic Safety Administration. (2013). Federal motor vehicle safety standards: Minimum sound requirements for hybrid and electric vehicles. Retrieved from https://www.federalregister.gov/articles/2013/01/14/2013-00359/federal-motor-vehicle-safety-standards-minimum-sound-requirements-for-hybrid-and-electric-vehicles-p-79

Design Council. (2005). The "double-diamond" design process model. Retrieved February 9, 2013, from http://www.designcouncil.org.uk/designprocess

Dismukes, R. K. (2012). Prospective memory in workplace and everyday situations. *Current Directions in Psychological Science 21*(4), 215–220.

Duke University Medical Center. (2013). Types of errors. Retrieved February 13, 2013, from http://patientsafetyed.duhs.duke.edu/module_e/types_errors.html

Fischhoff, B. (1975). Hindsight ≠ foresight: The effect of outcome knowledge on judgment under uncertainty. *Journal of Experimental Psychology: Human Perception and Performance, 104*, 288–299. http://www.garfield.library.upenn.edu/classics1992/A1992HX83500001.pdf is a nice reflection on this paper by Baruch Fischhoff, in 1992. (The paper was declared a "citation classic.")

Fischhoff, B. (2012). *Judgment and decision making*. Abingdon, England; New York, NY: Earthscan.

Fischhoff, B., & Kadvany, J. D. (2011). *Risk: A very short introduction*. Oxford, England; New York, NY: Oxford University Press.

Florêncio, D., Herley, C., & Coskun, B. (2007). Do strong web passwords accomplish anything? Paper presented at Proceedings of the 2nd USENIX workshop on hot topics in security, Boston, MA. http://www.usenix.org/event/hotsec07/tech/full_papers/florencio/florencio.pdf and also http://research.microsoft.com/pubs/74162/hotsec07.pdf

Gaver, W. (1997). Auditory Interfaces. In M. Helander, T. K. Landauer, & P. V. Prabhu (Eds.), *Handbook of human-computer interaction* (2nd, completely rev. ed., pp. 1003–1041). Amsterdam, The Netherlands; New York, NY: Elsevier.

Gaver, W. W. (1989). The SonicFinder: An interface that uses auditory icons. *Human-Computer Interaction, 4*(1), 67–94. http://www.informaworld.com/10.1207/s15327051hci0401_3

Gawande, A. (2009). *The checklist manifesto: How to get things right*. New York, NY: Metropolitan Books, Henry Holt and Company.

Gibson, J. J. (1979). *The ecological approach to visual perception*. Boston, MA: Houghton Mifflin.

Goffman, E. (1959). *The presentation of self in everyday life*. Garden City, NY: Doubleday.

Goffman, E. (1974). *Frame analysis: An essay on the organization of experience*. New York, NY: Harper & Row.

Gore, A. (2011). *Our choice: A plan to solve the climate crisis* (ebook edition). Emmaus, PA: Push Pop Press, Rodale, and Melcher Media. http://pushpoppress.com/ourchoice/

Greenberg, S., Carpendale, S., Marquardt, N., & Buxton, B. (2012). *Sketching user experiences: The workbook*. Waltham, MA: Morgan Kaufmann.

Grossmann, I., Na, J., Varnum, M. E. W., Park, D. C., Kitayama, S., & Nisbett, R. E. (2010). Reasoning about social conflicts improves into old age. *Proceedings of the National Academy of Sciences*. http://www.pnas.org/content/early/2010/03/23/1001715107.abstract

Gygi, B., & Shafiro, V. (2010). *From signal to substance and back: Insights from environmental sound research to auditory display design* (Vol. 5954). Berlin & Heidelberg, Germany: Springer. http://link.springer.com/chapter/10.1007%2F978-3-642-12439-6_16?LI=true

Hassenzahl, M. (2010). *Experience design: Technology for all the right reasons*. San Rafael, CA: Morgan & Claypool.

Hollan, J. D., Hutchins, E., & Kirsh, D. (2000). Distributed cognition: A new foundation for human-computer interaction research. *ACM Transactions on Human-Computer Interaction: Special Issue on Human-Computer Interaction in the New Millennium, 7*(2), 174–196. http://hci.ucsd.edu/lab/hci_papers/JH1999-2.pdf

Hollnagel, E., Woods, D. D., & Leveson, N. (Eds.). (2006). *Resilience engineering: Concepts and precepts*. Aldershot, England; Burlington, VT: Ashgate. http://www.loc.gov/catdir/toc/ecip0518/2005024896.html

Holtzblatt, K., Wendell, J., & Wood, S. (2004). *Rapid contextual design: A how-to guide to key techniques for user-centered design*. San Francisco, CA: Morgan Kaufmann.

Hurst, R. (1976). *Pilot error: A professional study of contributory factors*. London, England: Crosby Lockwood Staples.

Hurst, R., & Hurst, L. R. (1982). *Pilot error: The human factors* (2nd edition). London, England; New York, NY: Granada.

Hutchins, E., J., Hollan, J., & Norman, D. A. (1986). Direct manipulation interfaces. In D. A. Norman & S. W. Draper (Eds.), *User centered system design; New perspectives on human-computer interaction* (pp. 339–352). Mahwah, NJ: Lawrence Erlbaum Associates.

Hyman, I. E., Boss, S. M., Wise, B. M., McKenzie, K. E., & Caggiano, J. M. (2010). Did you see the unicycling clown? Inattentional blindness while walking and talking on a cell phone. *Applied Cognitive Psychology, 24*(5), 597–607. http://dx.doi.org/10.1002/acp.1638

IDEO. (2013). Human-centered design toolkit. IDEO website. Retrieved February 9, 2013, from http://www.ideo.com/work/human-centered-design-toolkit/

Inspector General United States Department of Defense. (2013). *Assessment of the USAF aircraft accident investigation board (AIB) report on the F-22A mishap of November 16, 2010.* Alexandria, VA: The Department of Defense Office of the Deputy Inspector General for Policy and Oversight. http://www.dodig.mil/pubs/documents/DODIG-2013–041.pdf

Jacko, J. A. (2012). *The human-computer interaction handbook: Fundamentals, evolving technologies, and emerging applications* (3rd edition.). Boca Raton, FL: CRC Press.

Jones, J. C. (1984). *Essays in design.* Chichester, England; New York, NY: Wiley.

Jones, J. C. (1992). *Design methods* (2nd edition). New York, NY: Van Nostrand Reinhold.

Kahneman, D. (2011). *Thinking, fast and slow.* New York, NY: Farrar, Straus and Giroux.

Katz, B. (2014). *Ecosystem of innovation: The history of Silicon Valley design.* Cambridge, MA: MIT Press.

Kay, N. (2013). Rerun the tape of history and QWERTY always wins. *Research Policy.*

Kempton, W. (1986). Two theories of home heat control. *Cognitive Science, 10,* 75–90.

Kumar, V. (2013). *101 design methods: A structured approach for driving innovation in your organization.* Hoboken, NJ: Wiley. http://www.101designmethods.com/

Lee, J. D., & Kirlik, A. (2013). *The Oxford handbook of cognitive engineering.* New York: Oxford University Press.

Leveson, N. (2012). *Engineering a safer world.* Cambridge, MA: MIT Press. http://mitpress.mit.edu/books/engineering-safer-world

Leveson, N. G. (1995). *Safeware: System safety and computers.* Reading, MA: Addison-Wesley.

Levitt, T. (1983). *The marketing imagination.* New York, NY; London, England: Free Press; Collier Macmillan.

Lewis, K., & Herndon, B. (2011). Transactive memory systems: Current issues and future research directions. *Organization Science, 22*(5), 1254–1265.

Lord, A. B. (1960). *The singer of tales.* Cambridge, MA: Harvard University Press.

Lützhöft, M. H., & Dekker, S. W. A. (2002). On your watch: Automation on the bridge. *Journal of Navigation, 55*(1), 83–96.

Mashey, J. R. (1976). Using a command language as a high-level programming language. Paper presented at *Proceedings of the 2nd international conference on Software engineering,* San Francisco, California, USA.

Mehta, N. (1982). *A flexible machine interface.* M.S. Thesis, Department of Electrical Engineering, University of Toronto.

Meisler, S. (1986, December 31). Short-lived coin is a dealer's delight. *Los Angeles Times,* 1–7.

Moggridge, B. (2007). *Designing interactions.* Cambridge, MA: MIT Press. http://www.designinginteractions.com—Chapter 10 describes the methods of interaction design: http://www.designinginteractions.com/chapters/10

Moggridge, B. (2010). *Designing media.* Cambridge, MA: MIT Press.

Moon, Y. (2010). *Different: Escaping the competitive herd.* New York, NY: Crown Publishers.

NASA, A. S. R. S. (2013). NASA Aviation Safety Reporting System. Retrieved February 19, 2013, from http://asrs.arc.nasa.gov

National Institute of Health. (2013). PubMed Health: Carpal tunnel syndrome. From http://www.ncbi.nlm.nih.gov/pubmedhealth/PMH0001469/

National Research Council Steering Committee on the Usability Security and Privacy of Computer Systems. (2010). *Toward better usability, security, and privacy of information technology: Report of a workshop.* The National Academies Press. http://www.nap.edu/openbook.php?record_id=12998

National Transportation Safety Board. (1982). *Aircraft accident report: Air Florida, Inc., Boeing 737-222, N62AF, collision with 14th Street Bridge near Washington National Airport (Executive Summary).* NTSB Report No. AAR-82-08. http://www.ntsb.gov/investigations/summary/AAR8208.html

National Transportation Safety Board. (1997). *Marine accident report grounding of the Panamanian passenger ship ROYAL MAJESTY on Rose and Crown Shoal near Nantucket, Massachusetts June 10, 1995* (NTSB Report No. MAR-97-01, adopted on 4/2/1997): National Transportation Safety Board. Washington, DC. http://www.ntsb.gov/doclib/reports/1997/mar9701.pdf

National Transportation Safety Board. (2013). NTSB Press Release: NTSB identifies origin of JAL Boeing 787 battery fire; design, certification and manufacturing processes come under scrutiny. Retrieved February 16, 2013, from http://www.ntsb.gov/news/2013/130207.html

Nickerson, R. S., & Adams, M. J. (1979). Long-term memory for a common object. *Cognitive Psychology, 11*(3), 287–307. http://www.sciencedirect.com/science/article/pii/0010028579900136

Nielsen, J. (2013). Why you only need to test with 5 users. Nielsen Norman group website. Retrieved February 9, 2013, from http://www.nngroup.com/articles/why-you-only-need-to-test-with-5-users/

Nikkan Kogyo Shimbun, Ltd. (Ed.). (1988). *Poka-yoke: Improving product quality by preventing defects.* Cambridge, MA: Productivity Press.

Norman, D. A. (1969, 1976). *Memory and attention: An introduction to human information processing* (1st, 2nd editions). New York, NY: Wiley.

Norman, D. A. (1973). Memory, knowledge, and the answering of questions. In R. Solso (Ed.), *Contemporary issues in cognitive psychology: The Loyola symposium.* Washington, DC: Winston.

Norman, D. A. (1981). Categorization of action slips. *Psychological Review, 88*(1), 1–15.

Norman, D. A. (1982). *Learning and memory.* New York, NY: Freeman.

Norman, D. A. (1983). Design rules based on analyses of human error. *Communications of the ACM, 26*(4), 254–258.

Norman, D. A. (1988). *The psychology of everyday things.* New York, NY: Basic

Books. (Reissued in 1990 [Garden City, NY: Doubleday] and in 2002 [New York, NY: Basic Books] as *The design of everyday things*.)

Norman, D. A. (1992). Coffee cups in the cockpit. In *Turn signals are the facial expressions of automobiles* (pp. 154–174). Cambridge, MA: Perseus Publishing. http://www.jnd.org/dn.mss/chapter_16_coffee_c.html

Norman, D. A. (1993). *Things that make us smart*. Cambridge, MA: Perseus Publishing.

Norman, D. A. (1994). *Defending human attributes in the age of the machine*. New York, NY: Voyager. http://vimeo.com/18687931

Norman, D. A. (2002). Emotion and design: Attractive things work better. *Interactions Magazine, 9*(4), 36–42. http://www.jnd.org/dn.mss/Emotion-and-design.html

Norman, D. A. (2004). *Emotional design: Why we love (or hate) everyday things*. New York, NY: Basic Books.

Norman, D. A. (2007). *The design of future things*. New York, NY: Basic Books.

Norman, D. A. (2009). When security gets in the way. *Interactions, 16*(6), 60–63. http://jnd.org/dn.mss/when_security_gets_in_the_way.html

Norman, D. A. (2010). *Living with complexity*. Cambridge, MA: MIT Press.

Norman, D. A. (2011a). The rise of the small. *Essays in honor of the 100th anniversary of Steelcase*. From http://100.steelcase.com/mind/don-norman/

Norman, D. A. (2011b). Video: Conceptual models. Retrieved July 19, 2012, from http://www.interaction-design.org/tv/conceptual_models.html

Norman, D. A., & Bobrow, D. G. (1979). Descriptions: An intermediate stage in memory retrieval. *Cognitive Psychology, 11*, 107–123.

Norman, D. A., & Draper, S. W. (1986). *User centered system design: New perspectives on human-computer interaction*. Mahwah, NJ: Lawrence Erlbaum Associates.

Norman, D. A., & Fisher, D. (1984). Why alphabetic keyboards are not easy to use: Keyboard layout doesn't much matter. *Human Factors, 24*, 509–519.

Norman, D. A., & Ortony, A. (2006). Designers and users: Two perspectives on emotion and design. In S. Bagnara & G. Crampton-Smith (Eds.), *Theories and practice in interaction design* (pp. 91–103). Mahwah, NJ: Lawrence Erlbaum Associates.

Norman, D. A., & Rumelhart, D. E. (1963). Studies of typing from the LNR Research Group. In W. E. Cooper (Ed.), *Cognitive aspects of skilled typewriting*. New York, NY: Springer-Verlag.

Norman, D. A., & Verganti, R. (in press, 2014). Incremental and radical innovation: Design research versus technology and meaning change. *Design Issues*. http://www.jnd.org/dn.mss/incremental_and_radi.html

Núñez, R., & Sweetser, E. (2006). With the future behind them: Convergent evidence from Aymara language and gesture in the crosslinguistic comparison of spatial construals of time. *Cognitive Science, 30*(3), 401–450.

Ortony, A., Norman, D. A., & Revelle, W. (2005). The role of affect and proto-affect in effective functioning. In J.-M. Fellous & M. A. Arbib (Eds.), *Who *needs emotions? The brain meets the robot* (pp. 173–202). New York, NY: Oxford University Press.

Oudiette, D., Antony, J. W., Creery, J. D., & Paller, K. A. (2013). The role of memory reactivation during wakefulness and sleep in determining which memories endure. *Journal of Neuroscience, 33*(15), 6672.

Perrow, C. (1999). *Normal accidents: Living with high-risk technologies*. Princeton, NJ: Princeton University Press.

Portigal, S., & Norvaisas, J. (2011). Elevator pitch. *Interactions, 18*(4, July), 14–16. http://interactions.acm.org/archive/view/july-august-2011/elevator-pitch1

Rasmussen, J. (1983). Skills, rules, and knowledge: Signals, signs, and symbols, and other distinctions in human performance models. *IEEE Transactions on Systems, Man, and Cybernetics, SMC-13*, 257–266.

Rasmussen, J., Duncan, K., & Leplat, J. (1987). *New technology and human error*. Chichester, England; New York, NY: Wiley.

Rasmussen, J., Goodstein, L. P., Andersen, H. B., & Olsen, S. E. (1988). *Tasks, errors, and mental models: A festschrift to celebrate the 60th birthday of Professor Jens Rasmussen*. London, England; New York, NY: Taylor & Francis.

Rasmussen, J., Pejtersen, A. M., & Goodstein, L. P. (1994). *Cognitive systems engineering*. New York, NY: Wiley.

Reason, J. T. (1979). Actions not as planned. In G. Underwood & R. Stevens (Eds.), *Aspects of consciousness*. London: Academic Press.

Reason, J. (1990). The contribution of latent human failures to the breakdown of complex systems. *Philosophical Transactions of the Royal Society of London. Series B, Biological Sciences 327*(1241), 475–484.

Reason, J. T. (1990). *Human error*. Cambridge, England; New York, NY: Cambridge University Press.

Reason, J. T. (1997). *Managing the risks of organizational accidents*. Aldershot, England; Brookfield, VT: Ashgate.

Reason, J. T. (2008). *The human contribution: Unsafe acts, accidents and heroic recoveries*. Farnham, England; Burlington, VT: Ashgate.

Roitsch, P. A., Babcock, G. L., & Edmunds, W. W. (undated). *Human factors report on the Tenerife accident*. Washington, DC: Air Line Pilots Association. http://www.skybrary.aero/bookshelf/books/35.pdf

Romero, S. (2013, January 27). Frenzied scene as toll tops 200 in Brazil blaze. *New York Times*, from http://www.nytimes.com/2013/01/28/world/americas /brazil-nightclub-fire.html?_r=0 Also see: http://thelede.blogs.nytimes .com/2013/01/27/fire-at-a-nightclub-in-southern-brazil/?ref=americas

Ross, N., & Tweedie, N. (2012, April 28). Air France Flight 447: "Damn it, we're going to crash." *The Telegraph*, from http://www.telegraph.co.uk /technology/9231855/Air-France-Flight-447-Damn-it-were-going-to -crash.html

Rubin, D. C., & Kontis, T. C. (1983). A schema for common cents. *Memory & Cognition, 11*(4), 335–341. http://dx.doi.org/10.3758/BF03202446

Rubin, D. C., & Wallace, W. T. (1989). Rhyme and reason: Analyses of dual retrieval cues. *Journal of Experimental Psychology: Learning, Memory, and Cognition, 15*(4), 698–709.

Rumelhart, D. E., & Norman, D. A. (1982). Simulating a skilled typist: A study of skilled cognitive-motor performance. *Cognitive Science, 6*, 1–36.

Saffer, D. (2009). *Designing gestural interfaces.* Cambridge, MA: O'Reilly.

Schacter, D. L. (2001). *The seven sins of memory: How the mind forgets and remembers.* Boston, MA: Houghton Mifflin.

Schank, R. C., & Abelson, R. P. (1977). *Scripts, plans, goals, and understanding: An inquiry into human knowledge structures.* Hillsdale, NJ: L. Erlbaum Associates; distributed by the Halsted Press Division of John Wiley and Sons.

Schieber, F. (2003). Human factors and aging: Identifying and compensating for age-related deficits in sensory and cognitive function. In N. Charness & K. W. Schaie (Eds.), *Impact of technology on successful aging* (pp. 42–84). New York, NY: Springer Publishing Company. http://sunburst.usd .edu/~schieber/psyc423/pdf/human-factors.pdf

Schneier, B. (2000). *Secrets and lies: Digital security in a networked world.* New York, NY: Wiley.

Schwartz, B. (2005). *The paradox of choice: Why more is less.* New York, NY: HarperCollins.

Seligman, M. E. P. (1992). *Helplessness: On depression, development, and death.* New York, NY: W. H. Freeman.

Seligman, M. E. P., & Csikszentmihalyi, M. (2000). Positive psychology: An introduction. *American Psychologist, 55*(1), 5–14.

Sharp, H., Rogers, Y., & Preece, J. (2007). *Interaction design: Beyond human-computer interaction* (2nd edition). Hoboken, NJ: Wiley.

Shingo, S. (1986). *Zero quality control: Source inspection and the poka-yoke system.* Stamford, CT: Productivity Press.

Smith, P. (2007). Ask the pilot: A look back at the catastrophic chain of events that caused history's deadliest plane crash 30 years ago. Retrieved from http://www.salon.com/2007/04/06/askthepilot227/ on February 7, 2013.

Spanish Ministry of Transport and Communications. (1978). *Report of a collision between PAA B-747 and KLM B-747 at Tenerife, March 27, 1977.* Translation published in *Aviation Week and Space Technology,* November 20 and 27, 1987.

Spink, A., Cole, C., & Waller, M. (2008). Multitasking behavior. *Annual Review of Information Science and Technology, 42*(1), 93–118.

Strayer, D. L., & Drews, F. A. (2007). Cell-phone–induced driver distraction. *Current Directions in Psychological Science, 16*(3), 128–131.

Strayer, D. L., Drews, F. A., & Crouch, D. J. (2006). A Comparison of the cell phone driver and the drunk driver. *Human Factors: The Journal of the Human Factors and Ergonomics Society, 48*(2), 381–391.

Toyota Motor Europe Corporate Site. (2013). Toyota production system. Retrieved February 19, 2013, from http://www.toyota.eu/about/Pages

/toyota_production_system.aspx

Verganti, R. (2009). *Design-driven innovation: Changing the rules of competition by radically innovating what things mean.* Boston, MA: Harvard Business Press. http://www.designdriveninnovation.com/

Verganti, R. (2010). User-centered innovation is not sustainable. *Harvard Business Review Blogs* (March 19, 2010). http://blogs.hbr.org/cs/2010/03/user-centered_innovation_is_no.html

Vermeulen, J., Luyten, K., Hoven, E. V. D., & Coninx, K. (2013). Crossing the bridge over Norman's gulf of execution: Revealing feedforward's true identity. Paper presented at CHI 2013, Paris, France.

Wegner, D. M. (1987). Transactive memory: A contemporary analysis of the group mind. In B. Mullen & G. R. Goethals (Eds.), *Theories of group behavior* (pp. 185–208). New York, NY: Springer-Verlag. http://www.wjh.harvard.edu/~wegner/pdfs/Wegner Transactive Memory.pdf

Wegner, T. G., & Wegner, D. M. (1995). Transactive memory. In A. S. R. Manstead & M. Hewstone (Eds.), *The Blackwell encyclopedia of social psychology* (pp. 654–656). Oxford, England; Cambridge, MA: Blackwell.

Whitehead, A. N. (1911). *An introduction to mathematics.* New York, NY: Henry Holt and Company

Wiki of Science (2013). Error (human error). Retrieved from http://wikiofscience.wikidot.com/quasiscience:error on February 6, 2013.

Wikipedia contributors. (2013a). Air Inter Flight 148. *Wikipedia, The Free Encyclopedia.* Retrieved February 13, 2103, from http://en.wikipedia.org/w/index.php?title=Air_Inter_Flight_148&oldid=534971641

Wikipedia contributors. (2013b). Decimal time. *Wikipedia, The Free Encyclopedia.* Retrieved February 13, 2013, from http://en.wikipedia.org/w/index.php?title=Decimal_time&oldid=501199184

Wikipedia contributors. (2013c). Stigler's law of eponymy. *Wikipedia, The Free Encyclopedia.* Retrieved February 2, 2013, from http://en.wikipedia.org/w/index.php?title=Stigler%27s_law_of_eponymy&oldid=531524843

Wikipedia contributors. (2013d). Telephonoscope. *Wikipedia, The Free Encyclopedia.* Retrieved February 8, 2013, from http://en.wikipedia.org/w/index.php?title=Telephonoscope&oldid=535002147

Winograd, E., & Soloway, R. M. (1986). On forgetting the locations of things stored in special places. *Journal of Experimental Psychology: General, 115*(4), 366–372.

Woods, D. D., Dekker, S., Cook, R., Johannesen, L., & Sarter, N. (2010). *Behind human error* (2nd edition). Farnham, Surry, UK; Burlington, VT: Ashgate.

Yasuoka, K., & Yasuoka, M. (2013). QWERTY people archive. Retrieved February 8, 2013, from http://kanji.zinbun.kyoto-u.ac.jp/db-machine/~yasuoka/QWERTY/

Zhai, S., & Kristensson, P. O. (2012). The word-gesture keyboard: Reimagining keyboard interaction. *Communications of the ACM, 55*(9), 91–101. http://www.shuminzhai.com/shapewriter-pubs.htm